Machtfrage Change

Ökonom *Torsten Oltmanns* ist Partner und Direktor Global Marketing bei Roland Berger Strategy Consultants. Er hat den Umbau großer Unternehmen und die Reform von Verwaltungen realisiert und lehrt dazu an der Leopold-Franzen-Universität Innsbruck. Bei Campus veröffentlichte er den Titel »Eliten-Marketing«.

Daniel Nemeyer hat im Marketing von Roland Berger Strategy Consultants gearbeitet und hier vor allem zum Thema B2B-Marketing. Er ist heute selbstständiger Kommunikationsberater und SAP-Stipendiat an der Quadriga-Hochschule in Berlin.

Torsten Oltmanns, Daniel Nemeyer

Machtfrage Change

**Warum Veränderungsprojekte
meist auf Führungsebene scheitern
und wie Sie es besser machen**

Campus Verlag
Frankfurt / New York

Bibliografische Information der Deutschen Nationalbibliothek:
Die Deutsche Nationalbibliothek verzeichnet diese Publikation in der
Deutschen Nationalbibliografie. Detaillierte bibliografische Daten
sind im Internet unter http://dnb.d-nb.de abrufbar.
ISBN 978-3-593-39203-5

Copyright © 2010 Campus Verlag GmbH, Frankfurt am Main
Umschlaggestaltung: Guido Klütsch, Köln
Satz: Campus Verlag, Frankfurt am Main
Druck und Bindung: Druckhaus »Thomas Müntzer«, Bad Langensalza
Gedruckt auf Papier aus zertifzierten Rohstoffen (FSC/PEFC).
Printed in Germany

Besuchen Sie uns im Internet: www.campus.de

»Entscheidend ist nicht die Frage,
ob man Macht hat,
entscheidend ist die Frage, wie man
mit ihr umgeht.«

Alfred Herrhausen

Inhalt

Zur Entstehung dieses Buches   9

1. Der Fall Klinsmann: Trotz Erfolg gescheitert   11

**2. Change Management, die schlecht gelöste
Daueraufgabe**   17

Vom Sonderfall zum Tagesgeschäft   20
Nicht jeder Change muss gemanagt werden   24
Nur die Hälfte der Projekte ist erfolgreich   28

**3. Wie man alles richtig und trotzdem alles
falsch macht**   32

Change Management heute: Wandel durch Akzeptanz   32
Unilever – »Wachstumspfad ins nirgendwo«   44
Bundeswehr – Befehl und Ungehorsam   47
Der sozialpädagogische Ansatz – eine historische Last   53
Die Realität zeigt: Einsicht allein genügt nicht   58

4. Kein Change ohne Konflikt   68

Weniger Sicherheit, mehr Wettbewerb, neue Kontroversen   68
Vertikale Konflikte – vom Klassenkampf zur Kooperation   74
Horizontale Konflikte – neue Spielregeln für Führungskräfte . . .   89
Konsequenzen für das Change Management 103

5. Wer Konflikte entscheiden will, braucht
   Durchsetzungsvermögen 108

   Macht – allgegenwärtig und dennoch ein Tabubegriff 109
   Die machtlose Wirtschaftstheorie 136
   Entscheider brauchen Macht 145

6. Jenseits des Machiavellismus – ein funktionaler
   Zugang zur Konfliktbewältigung 152

   Wie die Realität der Wirtschaft entsteht 158
   Ein neues Bild von Führung 167

7. Wie man Change richtig macht 183

   Konflikte entscheiden: Eine Managementaufgabe 183
   Strategische Analyse – den Konfliktfall antizipieren 184
   Strategieentwicklung – Konflikte adressieren und managen 199
   Offensiv kommunizieren und steuern 202

8. Effizienter Change durch starke Führungskräfte 206

Literatur 210

Zur Entstehung dieses Buches

Dieses Buch ist eine Provokation. Macht ist ein Begriff, der in Diskussionen um Unternehmen und Wirtschaft keinen Platz hat. Die Nähe zu Zwang, Willkür und Missbrauch schreckt ab, und überhaupt scheint das Denken in Über- und Unterordnungsverhältnissen spätestens mit Beginn der »Wissensgesellschaft« endgültig überholt zu sein. Wir glauben aber, dass es sich lohnt, einmal über die funktionalen Aspekte von Macht nachzudenken und über die Frage, wie Führungskräfte sie vernünftig und zum Wohle ihrer Unternehmen einsetzen können.

Am Anfang steht dabei die Frage, wieso die Hälfte aller Unternehmen daran scheitert, ihre Strategien für eine Neuausrichtung auf veränderte Ziele in der Praxis umzusetzen, womit sich Torsten Oltmanns in seiner Dissertation auseinandergesetzt hat. Zum Management von Veränderungen und dem Zusammenhang von Führung und Kommunikation haben wir außerdem eine Reihe von Lehrveranstaltungen an der Universität Innsbruck durchgeführt. Die Ergebnisse dieser interdisziplinären Kurse, die unter der Verantwortung von Professor Dr. Ivo Hajnal stattfanden, und die Anregungen der engagierten und kreativen Studenten der Universität Innsbruck sind ebenso in dieses Buch eingeflossen wie die Arbeiten von Christiane Diekmann, Vera Böhm und die Thesis von Daniel Nemeyer zu Hierarchien, Konflikten und Kommunikationsverhalten von Unternehmen in Veränderungssituationen.

Natürlich wäre das Buch nicht denkbar ohne die enorme Erfahrung der Kollegen von Roland Berger Strategy Consultants, die in den vergangenen Jahren mehr als 2 000 Restrukturierungsprojekte betreut haben. Unser Dank gilt darüber hinaus den Sparringspartnern, die unsere Ideen hinterfragt und uns zum Weiterdenken motiviert haben, allen voran Professor

Dr. Burkhard Schwenker von Roland Berger Strategy Consultants, Professor Dr. Dietmar Fink und Bianka Knoblach von der Wissenschaftlichen Gesellschaft für Management, Professor Dr. Ivo Hajnal von der Universität Innsbruck, Professor Dr. Michael Kleinaltenkamp von der Freien Universität Berlin und Dr. habil. Michael Ehret von der Nottingham Trent University.

Dem erfahrenen Wirtschaftsjournalisten und Berater Rolf Antrecht verdanken wir viele sehr gute Ideen und eine lesbare Sprache. Julie Antz hat uns mit intensivem Lektorat und – gemeinsam mit Anne Martin – mit exzellenter Organisation unterstützt, wie auch Bernd Hops, Stefanie Heilmann und Sebastian Deck mit vielen Hinweisen. Unserer Editorin Juliane Topka danken wir für ein erstklassiges Qualitätsmanagement – und Dr. Rainer Linnemann vom Campus Verlag für eine exzellente, kritisch-konstruktive Begleitung.

Bei der gemeinsamen Arbeit an diesem Buch haben wir die wichtigsten Elemente erfolgreichen Veränderungsmanagements handfest kennen gelernt. Es braucht eine motivierende Vision, ein tragfähiges Konzept, ein gutes Team, die Fähigkeit, sich selbst (und manchmal andere) zu quälen, vor allem aber den nötigen Langmut und die Unterstützung von Familie und Freunden. Unser besonderer und herzlicher Dank gilt deshalb unseren Eltern, die uns lehrten, einen unvoreingenommenen Blick hinter die Kulissen zu werfen, Verena Butke sowie Maxine Oltmanns und H.-G. für ihre enorme Unterstützung.

Kapitel 1

Der Fall Klinsmann:
Trotz Erfolg gescheitert

14. Juni 2006, Fifa-WM-Stadion Dortmund, die 52. Sekunde der Nachspielzeit der Vorrundenbegegnung Deutschland gegen Polen: Metzelder zu Lahm, Lahm zu Frings, der nach rechts auf Schneider, Pass auf Odonkor, Flanke nach innen, Neuville kommt, das rechte Bein, er erwischt den Ball mit der Fußsohle, ein Schrei aus tausend Kehlen: eins zu null. Es ist 22.50 Uhr, und im Tumult der 65 000 im Stadion entlädt sich mit der Erleichterung die Gewissheit, dass von nun an nichts mehr so sein wird, wie es einmal war. Ein Mythos entsteht: das Sommermärchen.

Eine Nation im Taumel, kollektiver Rausch, Deutschland reloaded. Die Welt schaut zu – und applaudiert und singt und tanzt mit. Die Vierer-Kette als Friedensbewegung und Integrationsbeauftragter, Fußball-»Partyotismus« als Imagekampagne. Er wird diesen Moment in Dortmund später als Vulkanausbruch beschreiben, aber da ist er schon wieder in Kalifornien, der »Meister der extremen Form des Wandels«, wie ihn der *Harvard Business Manager* feiert: Jürgen Klinsmann – Reformator, Revolutionär, Rebell, die Symbolfigur der radikalen Veränderung. Seine Sprache ist die der Südkurve (»Wir knallen sie durch die Wand«), aber der Betriebswirtschafts-Professor Wolfgang Jennewein von der Universität St. Gallen sieht ihn als Begründer einer neuen Managementphilosophie. Nach diesem »Prinzip 4i« ist gute Führung identifizierend, inspirierend, intellektuell, individuell.

An diesem Sommerabend 2006 in Dortmund wird die schwarz-rot-goldene Fahne zur friedlichen Erkennungsmarke einer »Generation La Ola« – und Klinsmanns Führungsphilosophie populär. Ihr Ende folgt knapp drei Jahre später, am 27. April 2009, kurz nach neun Uhr. Jürgen Klinsmann, seit Juli 2008 Trainer und Change Agent des FC Bayern München, muss das Vereinsgelände an der Säbener Straße verlassen. Kurz zuvor hatte Bayern-Manager Uli Hoeneß der *Neuen Züricher Zeitung* die Verpflichtung Klinsmanns noch mit dem »Willen zum Change« in Obamas neuem Amerika verglichen. Nun ist die umfassende Veränderung des FC Bayern München beendet, die erkaufte Revolution gescheitert. Die Frage bleibt: Warum? Buddhas auf der Fensterbank, aber Luschen auf dem Feld, so lautet der Vorwurf der Klinsmann-Verächter, Wohlmeinende werfen ein, er habe die Leitwölfe unterschätzt und sich zu viel vorgenommen. Klinsmann findet eine andere Erklärung: zu wenig Macht. Der *Frankfurter Allgemeinen Sonntagszeitung* vertraut er an: »Es war eine der Lektionen, dass ich nicht das Gewicht und die Unabhängigkeit wie beim DFB hatte.«

Erfolgsfaktor Macht? Anführen statt Mitnehmen? Befehlen statt überzeugen? Hängt der Erfolg von Veränderungsprozessen eher von der Konfliktfähigkeit der Anführer ab und von ihrem Vermögen, sich gegen Widerstände durchzusetzen, als von der Einsicht aller? Und ist das Phänomen Klinsmann symptomatisch für das häufige Scheitern von Change-Prozessen in Unternehmen: zu wenig Macht oder ihr unzureichender Gebrauch?

Change Management scheitert zu oft

Gemeinsame strategische Vision, partizipative Arbeitsweise, Einbeziehung aller, Übertragung von Verantwortung, Teilung des Wissens – nach gängiger Lehrmeinung soll das Veränderungsmanagement vor allem das Denken der Mitarbeiter verändern. Das Ziel ist eine Transformation nicht gegen, sondern mit den Menschen.

So wünschenswert das wäre – die Praxis sieht ernüchternd aus. Jedes zweite Change-Projekt scheitert, jedes fünfte wird schlecht umgesetzt, in jedem zehnten steigt die Mitarbeiterfluktuation. Vielfach unterstützen externe Experten die Entwicklung der neuen Strategien, sie und die Unternehmensleitungen fragen sich, wieso exzellente Konzepte häufig nur unzureichend realisiert werden.

An sperrigen Belegschaften liegt das schon lange nicht mehr – Jahrzehnte fanden Konflikte über Umfang und Geschwindigkeit von Anpassungen und Veränderungen vertikal statt: ihr da oben, wir da unten, und umgekehrt. Doch längst hat sich das Konfliktpotenzial auch in eine andere Richtung verlagert: Veränderungsmanagement scheitert oft nicht mehr »in der Fläche«, sondern auch an Konflikten im Management, also auf horizontaler Ebene. Ob in lähmenden Machtkämpfen blockiert oder im Machtvakuum verhungert – das Ergebnis bleibt das Gleiche: Nichts geht weiter.

Die Gründe für das Scheitern liegen oft im Management

Macht ist die Fähigkeit, Menschen zu zwingen, Dinge zu tun oder zu unterlassen, die sie sonst nicht tun oder unterlassen würden, so jedenfalls die Definition des Militärstrategen Carl von Clausewitz[1]. Einige Experten unterscheiden »helle« von »dunkler« Macht. Hell ist die Gestaltungsmacht, die notfalls sogar mit harten Bandagen durchgesetzt werden kann: im Kampf. Erst mit Machtkompetenz würden Erfolge auch unter erschwerten Bedingungen möglich.

Wohin dagegen die dunkle Seite der Macht führt, wissen wir spätestens seit *Star Wars*: Bösartig ist sie, destruktiv, manipulativ, lügnerisch, zerstörend. Kaum ein anderer Begriff in der Wirtschaft ist so negativ belegt – vielleicht abgesehen von Boni, Gier und Geld. Kaum ein anderer Begriff ist von so vielen Missverständnissen und Fehlinterpretationen umstellt. Macht, so scheint es, führt nirgendwo anders hin als in den Untergang.

Macht ist verpönt. Alle haben sie, aber niemand will etwas mit ihr zu tun haben. Mag der Einfluss von Managern groß und gewünscht sein – ihre Macht sollte es besser nicht sein. Machtkämpfe, Machtspiele, Machtpoker, die Macht der Politik, die Macht der Wirtschaft, die Macht der Presse, die Macht des Kapitals, die Macht der Gewerkschaften, die Macht des Ruhms – so sehr die Fähigkeit von Personen oder Gruppen zur Steuerung des Denkens und Handelns von anderen unser Leben bestimmt, so wenig vertrauen wir ihr. Wie eine Warnung gilt die Spruchweisheit »Macht korrumpiert, absolute Macht korrumpiert absolut.«

Wer unbestritten Macht besitzt, schweigt besser – und agiert im Stillen. Das Thema verbietet sich von selbst – sogar in seiner leisesten Form. Beschrieben hat sie der Harvard-Professor John Kotter in *Power and Influence*:[2] die gleichsam schweigende Unterordnung unter eine Person mit Autorität oder hohem Ansehen, auf deren Unterstützung man unbedingt angewiesen ist. So selbstverständlich Menschen zu jeder Zeit und auf jeder Stufe Macht ausüben und der Staat sein Machtmonopol beansprucht – der

Generalverdacht des vermeintlichen Missbrauchs ist nicht weit. Absurd, ja gefährlich kommt der Gedanke an eine funktionale Dimension der Macht gerade in Unternehmen vielen vor. Mögen selbst Zwang als anerkannte Autorität und Aggression ohne Schädigung legitim und nicht destruktiv sein, in den Unternehmen bleibt Macht ein Tabu – manchmal mit verheerenden Auswirkungen.

Dreh- und Angelpunkt: der Umgang mit Macht

Nur wenige bekennen sich. Alfred Herrhausen, der ermordete Vorstandssprecher der Deutschen Bank: »Entscheidend ist nicht die Frage, ob man Macht hat, entscheidend ist die Frage, wie man mit ihr umgeht.« Er habe eine starke Position – erklärte der frühere Nestlé-Vormann Helmut Maucher öffentlich. Zu einem entspannten Verhältnis zur Macht und eigener Selbstreflexion führt das bei den ökonomischen Eliten bis heute nicht, vor allem dann nicht, wenn es um die Umwandlung ökonomischer in politische Macht geht. Nicht einmal der Vorwurf, erst deren ängstliche Tabuisierung führe zu unkontrolliertem Missbrauch, scheint den kritischen, aber unverstellten und offenen Umgang mit dem Thema auf den Führungsetagen der Unternehmen zu beflügeln – zu sehr steht es im Kontrast zur vorherrschenden Idee freier, effizienter Märkte und den Spielregeln, nach denen sich Führungskräfte nach außen am liebsten darstellen: im Team und mit kooperativem Führungsstil.

Führungskräfte führen. Sie führen Entscheidungen herbei, sie bestimmen, sie polarisieren, sie motivieren, sie setzen sich durch, sie üben ihre Macht aggressiv aus, indem sie sich selbst Ziele setzen und ihre Institutionen mitreißen. Die Macht, die dem Selbstzweck dient, ist Machtmissbrauch. So kann Macht ohne Führung existieren. Führung ohne Macht jedoch nicht – so die Theorie.

In der Praxis bleibt der Einsatz von Macht vor allem eine Störgröße. Aus Motivation wird Zwang, aus Zwang Unterdrückung, aus Unterdrückung Angst, aus Angst Schaden, so die Befürchtung. Für die Wirtschaft gilt offenbar nicht, was Eduard Spranger, ein führender Vertreter der geisteswissenschaftlichen Pädagogik, erkannt haben will: »Das ganze menschliche Leben ist von Machtrivalitätsverhältnissen durchzogen. Auch in den bescheidensten und engsten Kreisen spielt sie eine Rolle. Jeder Einzelne ist irgendwie ein Machtzentrum und auch wieder ein Machtobjekt.«

Acht Prinzipien sollte nach Meinung von Peter F. Drucker jede gute Führungskraft beherrschen[3]: Sie stellt sich jeder aktuellen Situation, sie entwirft Aktionspläne, sie übernimmt Verantwortung, sie sorgt für einen Kommunikationsfluss im Unternehmen, sie stellt sich auf Chancen und Risiken ein, sie tauscht sich aus – und sie vermittelt ein Wir-Gefühl. Die Aufgabe von Führungskräften sah Drucker darin, die Arbeit anderer zu koordinieren und entwickelte mit »Management by Objectives« das bis heute gültige Führungsprinzip durch Zielvereinbarung. Einer seiner gelehrigsten Schüler war der mächtige General-Electric-CEO Jack Welch. Dessen oberste Regel: »Fix, Close or Sell«. Drucker legte Welch eindringlich nahe, sich prinzipiell von allen Geschäftsbereichen zu trennen, in denen GE nicht mindestens Nummer zwei am Weltmarkt war. Welch tat, wie ihm geheißen. Sieht so wahre Macht aus?

Nach einer Studie der Universität Münster sollen Chefs in Change-Prozessen – getreu dem herrschenden Mainstream – »nicht einfach Befehle erteilen, sondern den Mitarbeitern zeigen, worin der Sinn ihrer Arbeit besteht«. Je mehr sich eine Führungskraft individuell um die Mitarbeiter kümmere, desto besser gehe es ihnen. Change-Orientierung und Mitarbeiterorientierung seien zeitintensiv, »auf Dauer zahlen sie sich jedoch aus, da die Mitarbeiter zufriedener sind und die Leistung steigt.«[4] Welchs eigene Managementtheorie »20-70-10« sieht das so: Die besten 20 Prozent der Mitarbeiter (»Stars«) sollen mit Boni belohnt, die 70 Prozent in der Mitte bestmöglich gefordert und gefördert, die schwächsten 10 Prozent (»Zitronen«) entlassen werden. Wegen seiner Sprengkraft handelte sich Welch den Spitznamen »Neutronen-Jack« ein. Für viele galt er als härtester Manager der Welt, spätestens seit er postulierte, dem Willen zur Veränderung auch Luft zu geben, wenn dadurch Teile des Unternehmens in ein totales Chaos gestürzt würden. Hoffnungsvollen Talenten im Unternehmen empfahl er sich gerne als Gärtner, der die Saat fürsorglich aufgehen lässt – und dabei natürlich auch Unkraut rupfen muss.

Mit diesem Buch zeigen wir, warum Veränderungen nicht nur mit den Betroffenen gestaltet werden müssen, sondern auch die Durchsetzung in Konflikten erfordert. Der Text zeigt, warum Change Management ein

Kampf um Weltbilder ist, welche Art von Macht nötig ist, um Weltbilder zu verankern, und wie Führungskräfte sie aufbauen können, um Veränderung dauerhaft zu verankern.

Dazu bedarf es eines neuen Machtbegriffs, der die Herausforderungen des Change Managements versteh- und handhabbar macht, und eines neuen Selbstverständnisses des Managements, das die Macht konsequent nutzt, die es besitzt. Wer Veränderungen anschieben will, braucht Konfliktbereitschaft, wer Konflikte entscheiden will, braucht legitime funktionale Macht. »Je komplexer die Aufgabe, umso mehr Macht braucht man. Sonst wird man weggeschwemmt.« »Einen Machtkampf führt man am besten aus einer Position der Stärke. Sonst wird's schwer.« »Das Geschäft ist viel zu schnelllebig. Man muss deshalb aufpassen, dass man die Gunst der Stunde nutzt, um etwas durchzusetzen.«

So spricht ein Überflieger und »Über-Klinsmann«: CEO von eigenen Gnaden, Restrukturierer, Öffentlichkeitsarbeiter, Marketingchef, Meistermacher: Felix Magath, Trainer und Machtmensch, sein Mythos wird geboren am 25. Mai 1983 im Olympiastadion zu Athen: Hamburger SV gegen Juventus Turin. Acht Minuten gespielt. Er bekommt den Ball von Jürgen Groh. Bettega stellt sich ihm in den Weg, er täuscht rechts, geht aber links. Ein paar Schritte noch, dann zieht er ab. Der Ball fliegt vorbei an Dino »Nazionale« Zoff rechts oben in den Winkel: eins zu null, ein Jahrhunderttor. Es bleibt dabei. Hamburg gewinnt den Europapokal der Landesmeister – und Felix Magath ist auf dem Weg…

Anmerkungen

1 Vgl. Clausewitz (1980), S. 214 f.
2 Kotter (1985).
3 *Harvard Business Manager* (2006): Führung: Die wichtigsten Ideen von Peter F. Drucker, in: *Harvard Business Manager* 11/2006, S. 92 f.
4 Universität Münster (2008): Studienergebnisse, in: Zwischen Ethik und Change-Orientierung – Wie Führungskräfte Macht ausüben, 19.05.2008, http://www.innovations-report.de/html/berichte/studien/bericht-110312.html.

Kapitel 2

Change Management, die schlecht gelöste Daueraufgabe

Auf dem Papier ist alles ganz einfach: Sieben bis zehn Jahre, so die klassische Betriebswirtschaft, sieht die strategische Planung von Unternehmen in die Zukunft. Sieben Jahre braucht es im Schnitt, bis gravierende Organisationsveränderungen in die Praxis umgesetzt werden. Etwas schneller ist die Mittelfristplanung: Sie verarbeitet die Ziele in aller Regel innerhalb von drei bis fünf Jahren. Und wenn es ganz schnell gehen soll, dann kommt eben die Kurzfristplanung zum Zug: Realisierung binnen eines Jahres.

So schön war es gestern: Zeit spielte in den Gedankenspielen von Unternehmensplanern eine Rolle, aber alles hatte seinen Platz. Sprunghafte Veränderungen der Strategie und – damit verbunden – umwälzende Neuausrichtungen von Unternehmen bildeten eher die Ausnahme. Struktur-, Budget- und Maßnahmenpläne bewegten sich in überschaubaren Bahnen, Produktzyklen waren berechenbar. Sechs bis acht Jahre brauchte etwa Deutschlands Paradeindustrie Automobil, um jeweils den neuen Zeitgeschmack auf die Räder zu stellen. Drei Modellreihen waren da schon viel.

Aus und vorbei, nicht erst seit heute: Neue Automobile präsentiert die Fachpresse im Zwei-Wochen-Takt. Textil-Discounter wie H&M operieren wie Fast-Food-Ketten nach dem Quick-Response-Ansatz: je schneller, desto besser. Jeder weiß es, aber gekauft wird trotzdem: Kaum auf dem Markt, sind Computer oder Handys schon Schnee von gestern. Apples Kultfabrik erfindet sich jedes Jahr neu.

Erfolgreiche Unternehmen stellen ihr gewohntes Verhaltensmuster wie selbstverständlich auf den Kopf. Sie brechen bewusst Regeln und bauen ihre Geschäftsmodelle fast routineartig um – häufig gegen alle Normen. Nicht nur das Konsumverhalten, überfallartig operierende neue Wettbewerber und rasant wechselnde Kundenwünsche, denen nicht nur mehr die

Preise, sondern auch Werte am Herzen liegen, zwingen sie dazu. Abrupte Veränderungen des wirtschaftlichen Umfelds lassen ihnen keine Wahl.

Die Wirtschaftskrise zwingt Viele zu Change Management

Die Folgen der gefährlichsten Wirtschaftskrise nach dem Zweiten Weltkrieg mit dem Beinah-Kollaps der internationalen Finanzmärkte im Jahr 2008/2009 können dramatischer kaum sein. Unseren Schätzungen zufolge werden zwei Drittel aller Unternehmen in Deutschland im Jahr 2010 Change-Prozesse starten, zum Teil mit gravierenden Einschnitten in ihr etabliertes Businessmodell.

Eine Befragung von Roland Berger Strategie Consultants von 900 Vorständen und Geschäftsführern in Deutschland 2009[1] zeigt: Als unmittelbare Reaktion auf verschlechterte Kreditbedingungen oder Absatzprobleme planen drei von vier Unternehmen eine Neuausrichtung ihrer Unternehmensstrategie – den Rückzug auf Kernkompetenzen, die Suche nach Partnern und empfindliche Desinvestitionen: Verkauf, Stilllegung, Abbau von Jobs. Im Januar 2010 hatten bereits 9 100 Firmen Anträge auf Staatshilfe (Kredite und Bürgschaften) bei der Bundesregierung im Rahmen des »Pakts für Beschäftigung und Stabilität in Deutschland zur Sicherung der Arbeitsplätze, Stärkung der Wirtschaftskräfte und Modernisierung des Landes« gestellt. Die gute Nachricht: Mittelständische und große Unternehmen bekommen frisches Geld zwischen 50 und über 500 Millionen Euro zugeteilt und können so vor allem die drohende Kreditklemme überbrücken. Die schlechte: Um die Darlehen bedienen zu können, passen sie ihre Kostenstrukturen konsequent und drastisch an – mit gravierenden Folgen für die gesamte Aufbau- und Ablauforganisation. Vor allem Finanzdienstleister, Automobilhersteller und ihre Zulieferindustrie, Anlagen- und Maschinenbauer sowie Logistiker sind stark betroffen.

Fahrzeughersteller erwischt es besonders hart: Der nach der Abwrackprämie einbrechende Automarkt, vor allem in den Kernabsatzmärkten Europa und Nordamerika, trifft auf einen einzigartigen technologischen Umbruch in der Branche: die erstmals breitflächige Abkehr von fossilen Brennstoffen hin zu neuen Antriebsenergien wie Strom. Die Folge: massive Investitionen und Veränderungen in der Branchenarchitektur. Zwischen Ende Oktober und Anfang November 2009 befragte das Marktforschungsinstitut Puls[2] im Auftrag der Personalberatung Graf Lambsdorff & Compagnie 385 Führungskräfte der deutschen Automobilbranche. Sie sollten ihre Einschätzung zu den Themen »Stimmung«, »Zukunft« und »Führung« abgeben. Ergebnis: Die Spitzenkräfte sehen 14 Prozent der insgesamt rund 1,26 Millionen Arbeitsplätze in der automobilen Wertschöpfungskette – rund 375 000 im Fahrzeugbau, 355 000 in der Zulieferindustrie und circa 530 000 im Handel und bei Werkstätten – gefährdet. Nur 29 Prozent glauben, dass die Unternehmen gut auf die Bewältigung des Konjunktureinbruchs vorbereitet waren. Die meisten Befragten wollen den Herausforderungen der Branche mit Restrukturierungen (Strukturen / Prozesse), Investitionen in Marketing und Vertrieb sowie in Verbesserungen der Mitarbeiterführung begegnen. Jeder zweite Marktteilnehmer sieht nach wie vor Potenzial für Produktivitätssteigerungen. »Umweltfreundlichkeit« und »Preismarketing« werden den Umfrageergebnissen zufolge konstante Größen im Marktverhalten bleiben. Zu einer ähnlichen Einschätzung kommt die Unternehmensberatung A. T. Kearney[3]. Nach einer im November veröffentlichten Studie wird der Automobilmarkt erst 2013 bis 2015 wieder das Vorkrisenniveau erreichen. Durch den Markteinbruch, insbesondere aber durch Produktivitätssteigerung und Marktverschiebung, drohe in Deutschland der Abbau von 120 000 bis zu 240 000 Stellen. Bis zum Ende der Krise werde sich nahezu jeder dritte Zulieferer und jeder fünfte Autohändler in Deutschland in Insolvenzgefahr befinden. Die Karten werden, so scheint es, neu gemischt. Change Management ist dabei längst nicht mehr nur eine Frage des Überlebens. Selbst starke und stärkste Unternehmen gönnen sich die Fitnesskur. Laut Roland Berger[4] planen 61 Prozent der nach eigener Einschätzung »von der Krise weniger betroffenen Firmen« den Zukauf und die Integration ehemaliger Wettbewerber.

Change Management liefert Ideen, Konzepte und Instrumente. Seit den 1980er Jahren hat dieser Bereich der Managementtheorie eine grundlegende Professionalisierung durchlaufen: Aus einem Teilbereich des Organisationswesens ist eine Disziplin der Unternehmensführung geworden, die nun auch Teilaufgaben von Strategie, Kommunikation, Organisation, Personalwesen und Controlling erfasst. Parallel dazu entstand eine Dienstleis tungsindustrie, die ganz oder stückweise Veränderungsprozesse plant und implementiert.

Vom Sonderfall zum Tagesgeschäft

Was macht Change Management von einem Spezialthema zu einem Management-Konzept von öffentlichem Interesse? Was genau ist mit dem Begriff »Change Management« gemeint, und wie steht es um die Schnittstellen zu verwandten Themen wie Strategie, Organisationsentwicklung, Personalmanagement und Kommunikation? Gibt es Gemeinsamkeiten zwischen den vielen publizierten Konzepten für Change Management? Schließlich: Was leistet Change Management tatsächlich für die Anpassung von Unternehmen, und welche Herausforderungen bleiben ungelöst?

Wie populär das Thema ist, zeigt ein einfacher Check bei Google: Im Januar 2010 erzielte der Begriff »Change Management« allein 525 000 deutschsprachige Treffer. Zu diesem Zeitpunkt brachten es im Zuge der Wirtschaftskrise sehr viel stärker öffentlich diskutierte Schlagwörter wie »Shareholder Value« auf 170 000 Hits, »Lean Management« auf 115 000 und das verwandte Thema »Total Quality Management« auf 85 000.

Experten bestätigen für 85 Prozent der Unternehmen nachhaltige Erfahrungen mit umfangreichen Veränderungsprozessen und die erkannte Notwendigkeit, sich auch künftig mit tief greifenden Veränderungen auseinanderzusetzen. Dabei machen weder Branchen- oder Indexzugehörigkeit noch die Unternehmensgröße einen Unterschied. Wandel ist zu einer alltäglichen Herausforderung für das Management von Unternehmen geworden. Die Großen gehen voran. Beispiel Deutsche Telekom: Zwischen 2000 und 2009 setzt der Telefonriese 16 Change-Projekte mit konzernweitem Zuschnitt auf. Beim Energiekonzern RWE waren es im selben Zeitraum 15. Daimler brachte es immerhin noch auf sieben, Siemens auf sechs solcher Projekte.

Schon vor der Wirtschafts- und Finanzkrise 2008/2009 legte jedes dritte Unternehmen in Deutschland ein Budget für Change Management an. Studien aus dieser Zeit belegen: Für neun von zehn Führungskräften ist Change Management ein Zukunftsthema. Jeder zweite Manager erwartet, dass die Veränderungen eher stark, ein gutes Viertel, dass sie sehr stark ausfallen.

Die Gründe dafür liegen vor allem im langfristig wirksamen Trend zur Globalisierung. Der Soziologie Ulrich Beck definiert ihn als »das erfahrbare Grenzenloswerden alltäglichen Handelns in den verschiedenen Dimensionen der Wirtschaft, der Information, der Ökologie, der Technik, der transkulturellen Konflikte und Zivilgesellschaft, und damit im Grunde genommen etwas zugleich Vertrautes und Unbegriffenes, schwer Begreifbares, das aber mit erfahrbarer Gewalt den Alltag elementar verändert und alle zu Anpassungen und Antworten zwingt. Geld, Technologie, Waren, Informationen und Gifte überschreiten die Grenzen, als gäbe es diese nicht.«[5] Die wirtschaftswissenschaftliche Literatur betrachtet die Globalisierung der Märkte (VWL) und Unternehmen und deren Produktion (BWL). Der Wandel in beiden Dimensionen ist die Triebkraft für die Notwendigkeit, Unternehmensziele und -abläufe immer schneller zu verändern:

- Die Komplexität der Unternehmensumwelt nimmt zu. So sind gegenläufige Trends zu beobachten, zum Beispiel das »Offshoring«, also die Verlagerung von Produktionsteilen über große Entfernung bei einem gleichzeitigen Aufbau neuer Kapazitäten in unmittelbarer Nähe wichtiger Märkte. Anbieter wie Inditex (unter anderem Zara) lagern die Herstellung nach China aus und bauen gleichzeitig neue Produktionskapazitäten in Europa auf. Ziel: zwei neue Kollektionen pro Woche ausliefern.
- Die Internationale Verflechtung von Handel und Kapitalmärkten schafft einerseits neue Opportunitäten (z.B. günstiger Einkauf, Effizienzsteigerung) und Märkte (Schwellenländer). Andererseits bedroht sie jedoch etablierte Geschäftsmodelle und erhöht die Konkurrenz, beispielsweise durch neue Wettbewerber aus Asien oder Südamerika.
- Die Informationstechnologie bietet einerseits die Möglichkeit, hoch komplizierte internationale Transaktionen zu managen, und schafft damit die Voraussetzung, weltweit Produktions- und Lieferketten zu steuern. Andererseits stellt sie ein Vielfaches der Daten früherer Jahre zur Verfügung, die analysiert und bewertet werden müssen. Mehr Informationen werden dabei immer schneller verarbeitet Daraus resultieren

neue Chancen, aber auch kürzere Fristen, um die Wettbewerbsvorteile zu nutzen. Die Geschwindigkeit steigt enorm.

- Die Kapitalmärkte erleichtern die Finanzierung von Innovation und Expansion. Gleichzeitig erhöhen sie den Druck auf kurzfristige Rentabilität und schaffen neue Abhängigkeiten, zum Beispiel von Private Equity. Die jüngste Finanzkrise mit ihren angsteinflößenden Auswirkungen auf die Weltwirtschaft ist ein Produkt davon.

Insgesamt sind die Unternehmen einer höheren Komplexität, einem höheren Tempo und einer höheren Ambivalenz ausgesetzt. Jeder Aspekt der Globalisierung bedeutet eine Chance, aber auch ein Risiko zugleich. Beinahe die Hälfte der umsatzstärksten Unternehmen weltweit stammte zur Jahrtausendwende aus Amerika, 2008 waren es nur noch 15. Die Zahl der europäischen Unternehmen unter den Top 50 stieg dagegen im selben Zeitraum von 17 auf 24. Wettbewerber aus Asien machen sich breit. Die Wachstumsmaschine China, nicht Deutschland ist der neue Exportweltmeister.

Wie groß der Veränderungsdruck für Unternehmen ist, zeigt ein Blick auf die vergangenen zehn Jahre – ein gewaltiges Wechselbad. Die Welt – oftmals am Rand einer globalen Katastrophe. Erst der Aufstieg der Internetunternehmen mit einem weltweiten Wirtschaftswachstum von 4,7 Prozent, dann das Platzen der Dotcom-Blase mit einem heftigen Rückgang des weltweiten Bruttosozialprodukts (BIP) um 2,2 Prozent. Kurz darauf: der fürchterliche Terroranschlag auf das World Trade Center, gefolgt von einer Phase expansiver Geldpolitik in den USA und einem erneuten Aufschwung mit teilweise mehr als 5 Prozent globalem Wirtschaftswachstum. Schließlich: die Lehman-Pleite und das Erdbeben auf den Finanzmärkten: 34 Millionen Jobs weltweit, so Schätzungen, werden verloren gehen. Experten taxieren die Kosten der weltweiten Finanz- und Wirtschaftskrise auf 10,5 Billionen Dollar oder mehr als 7 Billionen Euro allein bis zum Ende des Jahres 2009.

Die Auswirkungen sind immer noch so wenig abzuschätzen, wie zuvor das Ausmaß der Krise erkennbar war. Ausgerechnet Rating-Agenturen hatten sich selbst als Problem entpuppt – jene vermeintlich verlässlichen Auguren, die den Märkten etwas Unbezahlbares geben sollten: Sicherheit.

In der Folge korrigierten überraschte und ebenso überforderte Konjunkturforscher ihre Vorhersagen über die künftige Wirtschaftsentwicklung mit einer solchen Geschwindigkeit nach unten, dass ihnen selbst schwindlig werden musste. Noch 2008 ging beispielsweise die EU-Kommission[6] davon aus, das Wirtschaftswachstum in der Europäischen Union werde im darauffolgenden Jahr 2 Prozent betragen; in der Prognose vom Sommer 2009 war plötzlich von einem bedrohlichen Minus die Rede: 4 Prozent. Ratlos schauten gebeutelte Unternehmen zu – bis sie ihren Belegschaften und Aktionären überhaupt keine Aussicht mehr auf die Geschäftsentwicklung zumuten wollten. Erst allmählich stabilisieren sich die Prognosen für eine Erholung der Konjunktur, widersprüchlich bleiben sie trotzdem. Für eine Entwarnung ist es zu früh; es drohen schon wieder neue Risiken. Eine solche Gemengelage ist als verlässliche Orientierungshilfe und Planungsgrundlage nutzlos.

Die Entwicklung dynamischer Marktbedingungen – ob positiv oder negativ – sei kaum vorhersagbar und die damit verbundenen Unsicherheiten nur schwer beherrschbar, schreibt Burkhard Schwenker, CEO der Roland Berger Strategy Consultants in seinem Buch *Strategisch denken – Mutiger führen*.[7] Althergebrachte Planungsmethoden werden von der Dynamik der Globalisierung überrollt und gehörten in den Schredder. Das gilt auch für mathematisch-statistische Verfahren, die Erwartungswerte und Trendanalysen in den Mittelpunkt der Unternehmensplanung rücken.

Viele Unternehmen reagieren auf diese veränderten Rahmenbedingungen, indem sie auf langfristige strategische Neuausrichtungen verzichten und sich darauf einstellen, kurzfristig auf veränderte Situationen zu reagieren. Fraglich, ob dies die richtige Antwort ist. Sicher aber ist, was Martin Schütte, Ex-Vorstand der HypoVereinsbank, an Erkenntnis unter die Kollegen streut: »Ich bin fest überzeugt, dass der Veränderungsdruck und die Vielfältigkeit der Veränderungen zunehmen werden und damit auch die Komplexität. Unternehmen, die diesen Veränderungsanforderungen am besten gerecht werden, werden eben die Gewinner sein.«[8]

Viele sind betroffen, nicht wenige profitieren. Der Bundesverband Deutscher Unternehmensberater (BDU)[9] weist seit 2005 jährlich den Anteil des Change Managements am gesamten Beratungsmarkt aus. Von 1,2 Milliarden Euro im Jahr 2005 wuchs dieser Anteil bis 2008 kontinuierlich auf

1,73 Milliarden Euro – ein Wachstum von etwa 44 Prozent. Damit stiegen die Investitionen in die Beratung von Change-Management-Projekten durchschnittlich um etwa 13 Prozent pro Jahr. »Gerade 2008«, so der BDU, »haben Unternehmen die Anpassungen der Unternehmensstrategie, die zurückliegend viele geplant hatten, noch stärker durch Umsetzungsprojekte vorangetrieben.« Es ist keine mutige Prognose, zu behaupten: Die aktuellen Herausforderungen werden diesen Beratungsbedarf weiter steigen lassen.

Nicht jeder Change muss gemanagt werden

Mit dieser Untersuchung möchten wir einen Beitrag zur effektiven und effizienten Veränderung von Unternehmen leisten. Im Vordergrund stehen Konzepte, die sich auf die Kernaufgabe des Managements beziehen. Veränderungen managen, und zwar permanent, lautet eine davon. Was bedeutet Change Management? Und wie wird es gemacht?

Die Fülle der Veröffentlichungen offenbart eine Vielzahl von Perspektiven auf das Thema – mit den scheinbar gegensätzlichsten Interpretationen. Tatsächlich reicht die Literatur von philosophischen Betrachtungen zur Natur des Wandels über organisatorisch-technokratische Fragen der Transformation bis hin zur Fokussierung auf die Veränderungsbereitschaft einzelner Mitarbeiter. Klaus Doppler und Christoph Lauterburg, die herausragenden Vertreter der klassischen Change-Schule, beschreiben diesen Zustand in ihrem Bestseller *Change Management: den Unternehmenswandel gestalten* als »verwirrende Vielfalt an Methoden, Instrumenten und Verfahren [, die] zur Verfügung [stehen], um die Entwicklung eines Unternehmens voranzutreiben«[10]. Dabei ersetzt vielfach die Gleichsetzung von Change Management mit den jeweils eingesetzten Change-Instrumenten ganz pragmatisch die Antwort auf die Frage, was genau Change Management eigentlich ist, zumal auch die Betrachtung von Change Management dem Wandel unterliegt. Ein eigenes Verständnis des Begriffs, das sich an der Entwicklung der Unternehmen in einer globalen Wirtschaft orientiert, scheint ratsam.

Nach Wolfgang H. Staehles Management-Klassiker versteht man aus funktionaler Sicht unter Management »die Beschreibung der Prozesse und Funktionen, die in arbeitsteiligen Organisationen notwendig werden, wie Planung, Organisation, Führung und Kontrolle«[11]. Management aus institutioneller Sicht besteht aus der »Beschreibung der Personen(-gruppen), die Managementaufgaben wahrnehmen, ihrer Tätigkeiten und Rollen«[12] die sie in ihrer und für ihre jeweilige Institution wahrnehmen.

Auch der Begriff des »Change Managements« lässt sich aus beiden Blickwinkeln betrachten. Aus funktionaler Sicht besteht Change Management aus den für die Veränderung von Organisationen nötigen Prozessen und Funktionen und den zur Zielerreichung nötigen Elementen der Planung, Organisation, Führung und Kontrolle. Aus institutioneller Sicht befasst sich Change Management mit der Analyse des Verhaltens derjenigen Personen, die Aufgaben des Change Managements wahrnehmen.

Das für weite Bereiche der betriebswirtschaftlichen Diskussion übliche Verständnis von Veränderungen berücksichtigt sowohl den Aspekt des Managements – die nachhaltige Transformation von Zielen, Aufbau- und Ablauforganisation – als auch die gewünschte Veränderung des Denkens der Mitarbeiter. Sie könnte als sozial-pädagogischer Aspekt des Change Managements bezeichnet werden. Markus Zimmermann, verantwortlich für das Change Management beim Energieunternehmen E.on, hat diesen Aspekt so beschrieben: »Ziel von Change bislang [ist] die Veränderung des Denkens [...] auch und gerade im Thema Gestaltung von Leadership. Deshalb arbeiten wir an der People Side of Change.«[13]

Mal »Management«, mal »Bewusstseinswandel«, mal »Erziehung« – der Begriff bleibt seltsam vage. Nach einer Definition der Wirtschaftswissenschaftlerin Prof. Ulrike Baumöl[14] ist Veränderung »in der Betriebswirtschaftslehre und deren Gestaltungsobjekt ›Unternehmen‹, je nach Autor, entweder in der Erkenntnistheorie, der Psychologie oder der Systemtheorie verankert«. Sie unterscheidet vier Grundauffassungen von Veränderung, und legt den Schwerpunkt ihrer Aussagen über Veränderungen in Unternehmen nicht auf das zu erreichende Endergebnis, sondern auf den Prozess. In diesem prozessorientierten Sinne sind Veränderungen in Unternehmen teleologisch, dialektisch, an Lebenszyklus und Wachstum orientiert und evolutionär:

- Im Sinne des teleologischen Theorieverständnisses bedeutet Veränderung die Adaption des Unternehmens an definierte Strategien der Unternehmensführung, die sich aus internen Zielen und äußeren Umständen ableiten. Führungskräfte sind treibende Kräfte dieser Strategien. Sie initiieren und gestalten den Wandel. Organisationsentwicklung, Reorganisationsansätze und strategische Planung gehören zu den üblicherweise angewendeten Ansätzen des Managements.

- Nach dem dialektischen Verständnis entstehen Veränderungen aus der Verschiebung von Interessen und Erwartungen der Akteure im sozialen Kontext, wobei sich Spannungen und Konflikte entwickeln. Die Folge sind Verhandlungen und Umstrukturierungen gegenwärtiger Interaktionsmuster oder Machtstrukturen, nach denen sich die Situation entweder um das alte Gleichgewicht herum stabilisiert oder die zu einem revolutionären Wandel führen, nach dessen Abschluss sich eine Interessenkoalition gegen andere durchgesetzt hat.

- Konzentriert sich die Sichtweise auf den Lebenszyklus und das Wachstum, entstehen Veränderungen schon aufgrund der ›natürlichen‹ Begebenheit, dass Unternehmen einem bestimmten Entwicklungsmuster folgen.

- Die evolutionäre Perspektive geht davon aus, dass Unternehmen kontinuierlichen und inkrementellen Veränderungen unterliegen, und so die tatsächliche Veränderung durch den schrittweisen Prozess der Zustandsänderung definiert wird.

Diese Kategorien ermöglichen es also, die Entstehung des Veränderungsdrucks zu erkennen und zu klassifizieren. Ökonomen und betriebliche Praktiker allerdings fragen sich dennoch: Wie können Veränderungsnotwendigkeiten überhaupt erkannt werden? Und wie kann man ihnen begegnen?

Wichtig ist dabei zunächst einmal, geplante und ungeplante Veränderungen im Unternehmen zu unterscheiden. Im ersten Fall plant, initiiert und steuert die Führung eine Veränderung im Unternehmen – auf diese Art von Veränderungen konzentriert sich dieses Buch. Ungeplante Veränderung dagegen meint »natürliche« Entwicklungsprozesse. Sie gehören als evolutionäres Ereignis zur Kategorie »Lebenszyklus und Wachstum« und sind damit für weitere Betrachtungen weniger relevant.

Change erster und zweiter Ordnung

Um sich unserem speziellen Verständnis von Change Management weiter zu nähern, unterscheiden die folgenden Kapitel die Veränderungen im Unternehmen anhand der Dimensionen Komplexität und Intensität. Daraus ergibt sich eine Einteilung in einen Wandel erster und zweiter Ordnung:

- Wandel erster Ordnung sind Anpassungsmaßnahmen niedriger Intensität und Komplexität. Sie beschränken sich auf organisatorische und thematische Teilbereiche in Unternehmen. Planung und Realisierung solcher Anpassungsmaßnahmen gehören zum Standard-Repertoire des Managements. Sie finden regelmäßig statt und werden von allen Handelnden im Unternehmen als normal angesehen. Das »System Unternehmung« bewegt sich demnach von einem Zustand zum nächsten, ohne dabei das System selbst zu verändern. Zu dieser Kategorie zählt auch der oben genannte evolutionäre Veränderungsbegriff.

- Der Wandel zweiter Ordnung dagegen umfasst einen geplanten und tiefgreifenden Eingriff in das Unternehmen. Komplexität und Intensität sind hoch, die Resultate gravierend: Reorganisationen, Fusionen, Veränderungen der gesamten Unternehmenskultur. Das System der Unternehmung selbst wandelt sich grundlegend.

Die Anwendung von Change-Management-Konzepten betrifft die hier beschriebenen Fälle des Wandels zweiter Ordnung. Sie haben im Wesentlichen zwei Ursachen:

- Zum einen kann eine dramatische Veränderung des wirtschaftlichen Umfelds oder, wie man es auch nennen könnte, die externe Veränderung der Lage, der Grund dafür sein, warum ein Unternehmen seine strategischen Ziele verfehlt.

- Zum anderen können interne Entwicklungen dazu führen, dass ein Unternehmen versagt. Die Probleme, die zu einer Veränderung führen, sind hausgemacht, die Akteure nicht in der Lage, selbstständig auf neue Herausforderungen zu reagieren.

In jedem Fall verlangt die Veränderung der Unternehmenswirklichkeit eines, und zwar schnell: Bewegung. So liegt die folgende Definition für den Begriff »Change Management« nahe:

> Change Management ist die effektive und effiziente Anpassung der Aufbau- und Ablauforganisation eines gesamten Unternehmens oder signifikanter Teile an gravierende Veränderungen der Unternehmensstrategie. Diese Anpassung erfolgt als Reaktion auf sprunghafte Veränderungen der Unternehmensumwelt oder veränderte Zielsetzungen.

Nur die Hälfte der Projekte ist erfolgreich

An Konzepten, wie Change in Unternehmen zu managen ist, herrscht kaum Mangel. Theorie ist reichlich vorhanden. Geht es danach, ist Change Management kaum eine Kunst. Jeder kann es. Jeder will es. Jeder tut es.

Die Wirklichkeit sieht anders aus. Die Praxis ist voll von gescheiterten Projekten, die Erfolgsbilanz ernüchternd. In »zu vielen Fällen waren die Verbesserungen […] enttäuschend, und die erbitterten Kämpfe haben verschwendete Ressourcen und ausgebrannte, verängstigte oder frustrierte Mitarbeiter zurückgelassen«[15], resümiert beispielsweise John P. Kotter, Professor für Führungsmanagement an der Harvard Business School, der besonders durch Arbeiten im Bereich Veränderungsmanagement bekannt wurde.

Die Zahl der Analysen zum Erfolg von Change-Projekten ist Legion. Mal wurde ermittelt, dass nicht einmal 60 Prozent der Unternehmen ihre Veränderungsziele umsetzen konnten, dann wieder ergab sich, dass lediglich 20 Prozent der Vorhaben als Erfolg werteten, für 63 Prozent der Unternehmen war die Veränderung nur temporär erfolgreich, und 17 Prozent mussten als erfolglos bewertet werden. Die Betriebswirtschaftsprofessoren Dietmar Vahs (Institutsleiter des Instituts für Change Management und Innovation) und Wolf Leiser führen an, dass »[...] zwischen 50 und 80 Prozent aller Veränderungsprozesse nicht die angestrebten Ziele [erreichen] oder sie [sogar] scheitern [...]«[16]. Einer anderen Untersuchung zufolge gilt jeder dritte Veränderungsprozess deutscher Unternehmen intern als gescheitert und wenig erfolgreich, dabei gilt das unzureichende Engagement der oberen Führungsebenen als wichtigste Ursache des Mißerfolgs, gefolgt von unklaren Zielbildern und Visionen der Veränderungsprozesse sowie der fehlenden Erfahrung der Führungskräfte im Umgang mit Verunsicherungen der betroffenen Mitarbeiter. Diese und ähnliche Zahlen[17] legen den Schluss nahe: Die Wahrscheinlichkeit eines vollen Veränderungserfolgs liegt derzeit bei maximal 20 Prozent – und das, obwohl das Thema intensiv beschrieben ist, Erkenntnisse, Praxiserfahrungen klar auf der Hand liegen und sich die Branche der Change-Anbieter und Change-Berater in den vergangenen zehn Jahren weiter professionalisiert hat.

Was das Scheitern für Veränderungsprojekte konkret bedeutet, lässt sich errechnen: Produktivitätsverluste von 25 Prozent sind die Folge – ein immenses Problem. Hinzu kommt: Fehlgeschlagene Veränderungen lassen die Mitarbeiterfluktuation nach oben schnellen. Die Besten verlassen das Unternehmen zuerst – und reißen neue Löcher auf. Ersatz gibt es immer weniger. Der »War for Talent« hat auf die gesamte Industrie und die Dienstleistungsbranche übergegriffen, einschließlich des Mittelstands.

Erstaunlich: Diese Erkenntnisse sind nicht neu. Seit fast zwei Dekaden, so die weit verbreitete, aber umso ernüchterndere Erfahrung, trägt die Mehrzahl von Change-Projekten zu allem bei – nur nicht in jedem Fall zur Wertsteigerung in den betroffenen Unternehmen. Im schlimmsten Fall passiert sogar das Gegenteil: Unternehmenswerte werden vernichtet, oder das ganze Unternehmen bleibt auf der Strecke.

Dabei gehört Change Management zu den am meisten untersuchten Erscheinungen des praktischen Managements. Auch die Gründe für Fehlschläge sind Gegenstand zahlreicher quantitativer und qualitativer Studien. Wenig überraschend: Die umfangreichsten Untersuchungen kommen übereinstimmend zu denselben Ergebnissen[18]. Danach scheitern Veränderungsprojekte vor allem an

- nicht vorhandener Vision,
- mangelnder Einbindung der Mitarbeiter,
- schlechter Kommunikation,
- unzureichender Mobilisierungswirkung und
- fehlender Erfolgskontrolle / Monitoring.

Klaus Doppler et al. schreiben hierzu: »Was die allgemeine Notwendigkeit von Veränderung angeht, so ist tatsächlich vieles hervorragend beschrieben, und dies sogar mehrfach. Auch die eigentlichen Erfolgsfaktoren von Veränderungsprozessen und die Klippen, die es dabei zu überwinden gilt, sind wiederholt definiert worden.«[19] Und Peter Scott-Morgan sekundiert in *Die heimlichen Spielregeln*: »Noch beunruhigender jedoch ist die Reaktion der Vorstandsvorsitzenden auf die Resultate. Sie wissen nicht, was schiefläuft.«[20]

Anmerkungen

1 Roland Berger Strategy Consultants Studie (2009): Restructuring Survey Germany 2009.
2 Marktforschungsinstitut Puls Studie (2009): Automotive Perspektive 2010.
3 A.T. Kearney-Studie (2009): Deutsche Automobilindustrie: Mit Wachstumskernen aus der Krise.
4 Roland Berger Strategy Consultants Studie (2009): Restructuring Survey Germany 2009.
5 Beck (2008), S. 45.
6 EU-Kommission (2008): Main features of the Spring 2008 und 2009 forecast, http://ec.europa.eu/economy_finance/publications/publication12530_en.pdf; http://ec.europa.eu/economy_finance/publications/publication15048_en.pdf.
7 Schwenker (2008).
8 KPMG Studie (2009): People & Change: Ziele definieren – sicher ankommen. Professionelle Steuerung von Veränderungsprozessen und der Beitrag des Human Ressource Managements.
9 Bundesverband Deutscher Unternehmensberater (BDU) Studien (2005–2009): Facts & Figures zum Beratermarkt.
10 Doppler und Lauterburg (2008), S. 217.

11 Staehle (1999), S. 71.

12 Ebd.

13 KPMG Studie (2009): People & Change: Ziele definieren – sicher ankommen. Professionelle Steuerung von Veränderungsprozessen und der Beitrag des Human Ressource Managements.

14 Baumöl (2008), S. 73–78.

15 Kotter (1998), S. 14.

16 Vahs und Leiser (2004), S. 1.

17 Vgl. hierzu beispielsweise auch Robert S. Kaplan und David P. Norton: Die strategiefokussierte Organisation, 2001, S. 3; Siegfried Greif et al.: Erfolge und Misserfolge beim Change Management, 2004, S. 20 f.; Rolf Bühner: Unternehmenszusammenschlüsse, 1990, S. 99 f.

18 ILOI-Studie: Management of Change, 1997; Akademie für Führungskräfte der Wirtschaft: Warum Veränderungsprojekte scheitern, 1999; vgl. Martin Claßen und Felicitas von Kyaw: Change Management-Studien, 2003, 2005, 2008; C4 Consulting und Technische Hochschule München (Hrsg.): Veränderungen erfolgreich gestalten, 2007.

19 Doppler et al. (2002), S. 12.

20 Scott-Morgan (1995), S. 17.

Kapitel 3

Wie man alles richtig und trotzdem alles falsch macht

Klar ist: Unternehmen sind mehr denn je gezwungen, sich rasch und umfassend veränderten Bedingungen anzupassen – so empfindlich dies die Organisation auch treffen kann. Ziel jedes Veränderungs-Managements ist es, die operativen Veränderungen im Unternehmen zu planen und sie effektiv und effizient zu implementieren. Dabei sollen Mitarbeiter für den Veränderungsprozess gewonnen werden. Sie sollen die neuen Ziele und die Veränderungen von Ablauf- und Aufbauorganisation akzeptieren. Und sie sollen sie selbstständig in entsprechende Handlungen umsetzen.

Die Konsequenz: Das Management der Veränderungen umfasst sowohl klassische Managementaufgaben – Analyse, Zielfestlegung, Ressourcen- und Maßnahmenplanung – als auch pädagogisch-erzieherische Aufgaben. Deshalb fällt der Kommunikation für die Umsetzung des Change Managements eine entscheidende Rolle zu – vom »Warum?« über das »Wie?« bis zum »Wohin?«. Besonders kommt es darauf an, die dringliche Notwendigkeit der Veränderung ins Bewusstsein der Mitarbeiter zu rücken. Dieses entscheidenden Themas hat sich kürzlich John Kotter in seinem Buch *Das Prinzip Dringlichkeit* angenommen. Nur so werde konkreter Handlungsdruck aufgebaut. Change Management ist demnach immer dann am besten, wenn es dem Management gelingt, einen selbsttragenden Prozess in Gang zu setzen und mit einem selbstverstärkenden Charakter auszustatten.

Change Management heute: Wandel durch Akzeptanz

Für die Steigerung von Effizienz, Effektivität und Nachhaltigkeit der Veränderungen sind zwei Fragen entscheidend: Wie schlägt sich die Veränderung auf die Leistung des Akteurs nieder, und wie lange machen sich diese Auswirkungen positiv oder negativ bemerkbar? Wirtschaftliches Ziel des Change Managements ist die Verkürzung der Zeitdauer von der Feststellung des Veränderungsbedarfs bis zur Akzeptanz der neuen Vorgaben. Dabei stützt sich die Argumentation auf das Phasenmodell nach Stephan Roth[1]. Danach zeigen von plötzlichem Wandel Betroffene sieben Phasen der emotionalen Reaktion (s. Abbildung 1). Je reibungsloser und schneller dieses Phasenmodell durchlaufen wird, desto geringer sind kostenempfindliche Reibungsverluste – von der Passivität bis hin zur aktiven Bekämpfung der anstehenden Veränderung.

Abbildung 1: Sieben Phasen der Reaktionen auf Veränderungen

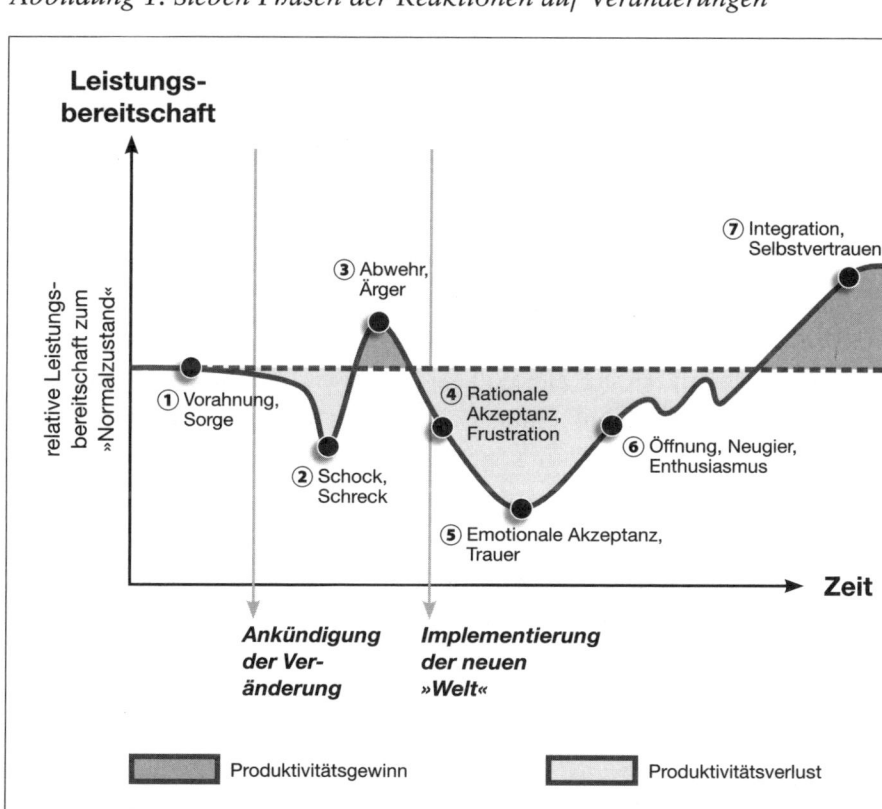

In Anlehnung an: Stephen Roth: *Emotionen im Visier. Neue Wege des Change Managements.* In: Susannne Rank und Rita Scheinpflug: *Change Management in der Praxis. Beispiele, Methoden, Instrumente,* 2008, Seite 11

Das Modell bildet die Perspektive der Mitarbeiter ab, die sich einem Veränderungsprozess gegenübersehen und deren relative Leistungsbereitschaft sich im Vergleich zum »Normalzustand« deutlich verändert:

1. *Vorahnung/Sorge:* Zu Beginn werden etwa ein verändertes Verhalten oder neue Aspekte in der offenen Kommunikation durch die Unternehmensführung subjektiv interpretiert und im Ergebnis als Vorahnung auf eine Veränderung festgehalten. Gerüchte machen innerhalb wahrscheinlich betroffener Bereiche die Runde, erste Sorgen vor einer Veränderung entstehen. Im Zuge der Mutmaßungen und Behauptungen mindert sich die Leistung derer, die sich betroffen fühlen – die eigene Kompetenz wird als ungenügend gegenüber den neuen Ansprüchen empfunden.

2. *Schock, Schreck:* Nach der offiziellen Bekanntgabe des Veränderungsvorhabens durch die Unternehmensführung reichen die Reaktionen von einer kaum spürbaren Überraschung bis hin zum Schock. Der Status quo ist bedroht und die Notwendigkeit einer Veränderung wird angezweifelt. In dieser Phase ist die Leistungsfähigkeit bereits stark in Mitleidenschaft gezogen. Die Akteure konzentrieren sich stark auf mögliche Folgen. An diesem Punkt entwickeln sich auch die ersten festen Meinungsbilder gegenüber der Veränderung. Sie sind jeweils abhängig vom mutmaßlichen Grad der eigenen Betroffenheit.

3. *Abwehr, Ärger:* In subtilen Reaktionen oder auch in offener Wut und Gegenwehr äußern sich alle Widerstandstypen (siehe auch im Folgenden die Erklärungen zu Abbildung 5). Aufgrund ihres Ärgers und ihrer Wut engagieren sich die Betroffenen überdurchschnittlich. Die Leistung steigert sich kurzfristig, aber nicht immer in die vom Management gewünschte Richtung – beispielsweise, um zu beweisen, dass die verkündete Veränderung im eigenen Bereich nicht wichtig oder nicht entscheidend beziehungsweise unnötig ist. Es finden sich nur wenige Unterstützer.

4. *Rationale Akzeptanz, Frustration:* Nach einer rationalen Einsicht des anstehenden Veränderungsprozesses und der Tatsache, sie nicht stoppen zu können, fällt die Leistung erneut rapide ab. In dieser Phase sind viele in der Belegschaft frustriert und möchten sich ungern von Gewohnheiten, eingespielten Prozessen, Normen und Werten verabschie-

den. Es fehlt der Wille, sich auf die neuen Begebenheiten einzustellen und die eigene Verhaltensweise entsprechend anzupassen.

5. *Emotionale Akzeptanz, Trauer:* Im Verlauf der Auseinandersetzung mit sich und den möglichen Chancen und Risiken, die aus der Veränderung resultieren könnten, wird vielen der Betroffenen bewusst, dass es innerhalb des Veränderungsprozesses Gewinner und Verlierer geben wird. Wir befinden uns am Tiefpunkt der Leistungsbereitschaft, an dem die Veränderung endgültig auch emotional akzeptiert wird, weil schließlich niemand zu den Verlierern gehören will. Tritt die emotionale Akzeptanz nicht ein, kann dies zur Verlangsamung oder gar zur Verhinderung der Veränderung beitragen.

6. *Öffnung, Neugier, Enthusiasmus:* Im Zuge der Umsetzung der Veränderung mehrt sich die Neugier, unterstützt durch neue Praktiken, Verhaltensweisen oder Techniken, die neu eingeführt werden. Folge: Die Beteiligung an der Veränderung steigt, die Leistungsbereitschaft zieht wieder an.

7. *Integration, Selbstvertrauen:* Die Betroffenen werden aktiver und mit zunehmendem Selbstvertrauen findet eine Integration der erfolgreichen Verhaltensweisen ins eigene Repertoire statt. Die eigene Leistungsbereitschaft ist nun deutlich größer geworden. Im Idealfall können sich die Akteure gar nicht mehr vorstellen, dass man früher ganz anders gearbeitet hat.

Schnelle Integration ist ein entscheidender Faktor. In den Modellen für Change Mangaement werden dabei je nach Autoren mehrere Phasen durchlaufen, mal sequenziell mal simultan, mal iterativ; mal handelt es sich um drei Phasen, mal um vier, fünf oder acht bis hin zu zehn oder gar zwölf Phasen. Je detaillierter die Phasenkonzepte sind, umso mehr handelt es sich um logische Schrittfolgen, die nicht als chronologische Abfolge interpretiert werden können. Keines der Konzepte ist dabei theoretisch fundiert, auch wenn in den einzelnen Phasen durchaus auf verschiedene theoretische Ansätze zurückgegriffen wird.

Um die Vielzahl unterschiedlicher Ansätze beherrschbar zu machen, greifen wir auf das generische Gesamtmodell von Roland Berger Strategy Consultants zurück. Es umfasst die wichtigsten Elemente aller gebräuchlichen Change-Management-Konzepte. Abbildung 2 gibt einen Überblick über den danach modellhaften Ablauf eines Veränderungsprozesses, der die Mobilisierungsziele in drei Schritten erreichen soll.

Abbildung 2: Change-Management-Prozesse verlaufen in drei Phasen

Phase	Konzeption	Ausgestaltung	Umsetzung
Schritte	• Schaffung einer gemeinsamen Veränderungsvision, Leitbild, Corporate Values • Interviews / Fokus Workshops • Identifikation mit den Hot Issues • Aufbau des Veränderungswillens • Change Case entwerfen	• Mitarbeit in übergreifenden Konzeptteams • Konkretisierung der Transformationsinhalte • Schaffung von Umsetzungs- und Veränderungsbereitschaft • Verhaltensweisen modellieren, Anreize setzen • Flankierend dazu breite Kommunikation der Veränderungsziele	• Einbindung vieler Mitarbeiter in Umsetzungsteams • Breite Kommunikation der Veränderungsinhalte • Qualifizierungsinitiative • Mitmachinitiativen, z. B. Best Practice Management, Börsenspiele, etc. • Lernende Organisation etablieren, kontinuierliche Verbesserung **Zeit**
Mobilisierungsfokus	*Top-Management*	*Mittelmanagement, Experten*	*Breite Mitarbeitereinbindung*

In Anlehnung an: Roland Berger Strategy Consultants 2006

Die drei Phasen von Change-Management-Prozessen:

1. In der ersten Phase, der Konzeption, wird das Fundament für die Mobilisierung zur Veränderung im Unternehmen gelegt. Aus der interpretierten Ist-Situation definiert das Topmanagement die gemeinsame Vision und leitet entsprechend Strategie, Leitbild und die dazugehörigen zukünftigen Corporate Values ab (Soll). Gemeinsame Workshops werden auf der Führungsebene abgehalten und identifizieren die »Big Targets«. Sie fördern zudem eine frühzeitige Identifikation mit den neu definierten Zielen, bauen ausreichend Veränderungswillen auf der Führungsebene auf und helfen, eine starke Führungsmannschaft zu etablie-

ren. Am Ende der Konzeptionsphase steht der Change Case als Fahrplan für den Ablauf der Veränderung. Neben einer Story für die Mitarbeiter, die vor allem für die spätere Kommunikationskaskade genutzt wird, beschreibt dieser Ablauf verschiedene Szenarien, legt erste Meilensteine und Quantifizierungen fest, um das Ziel während der folgenden Schritte stets fokussiert zu halten.

2. In der zweiten Phase geht das Konzept zur Feinplanung und Umsetzung in das Mittelmanagement, also zum Beispiel auf die Ebene der Geschäftsbereiche. Zahlreiche Unternehmen haben bereits Change-Verantwortliche installiert, etwa BASF, SAP oder Bayer. Transformationsinhalte für die effiziente und effektive Veränderung orientieren sich an der vorgegebenen Vision und Strategie des Topmanagements. Zur Ausgestaltung finden Konzeptworkshops statt, Konzeptionsteams werden einberufen. Abteilungsübergreifende Teams beschleunigen die Identifikation mit den Change-Inhalten. Die Mobilisierung wird zudem durch geeignete Incentivierung unterstützt. Sie ist – ähnlich wie die Dauer des Prozesses, die Kosten, Arbeitsaufwand und künftige Verhaltensweisen – klar definiert.

3. Im dritten Schritt schließlich erfolgt die Implementierung, die Umsetzungsphase. Funktionsbereiche und ausführende Ebenen werden vollständig in den Veränderungsprozess eingebunden, die Veränderungsinhalte breit und auf verschiedenen Wegen kommuniziert. Dazu gehören zum Beispiel sogenannte Mitmach-Initiativen oder entsprechend Intranet-Informationsangebote. Ziel solcher Initiativen ist es nicht nur, Veränderungswillen zu initiieren, sondern die Mitarbeiter darüber hinaus für die Veränderung zu qualifizieren. Schulungen gehören ebenfalls zur Mobilisierungsaufgabe. Ist die Veränderungsstrategie implementiert, gilt es, das Neue in einen kontinuierlichen, nachhaltigen Prozess zu übertragen.

Um die Mobilisierungsziele der drei Phasen zu erreichen, ist ein komplexer Management-Ansatz nötig, den wir im 4C-Modell zusammenfassen. Es umspannt sowohl die organisatorischen als auch die pädagogischen Herausforderungen des Veränderungs-Managements:

1. *Content:* Das Topmanagement definiert zunächst die Ziele, die mit dem Veränderungsprozess erreicht werden sollen. Daraus leitet es eine Vision ab. Sie beschreibt den gewünschten Zielzustand und fördert damit Einsicht und Motivation der Mitarbeiter. Gleichzeitig definiert es geeignete Messgrößen, um den Grad der Zielerreichung im Laufe des Prozesses nachzuhalten. Schließlich verabschiedet das Management geeignete kommunikative Maßnahmen, um Ausmaß und Qualität der Herausforderung unmissverständlich zu kommunizieren und ein Bewusstsein für die Dringlichkeit der Veränderungen zu erzeugen.

2. *Commitment:* Phase zwei gewinnt die wichtigsten Führungskräfte für den definierten Veränderungsprozess – Voraussetzung zur Kommunikation der Dringlichkeit und der Erzeugung einer Motivationswelle auf allen Ebenen. Besonders das Mittelmanagement ist gefordert. Es wird eine breite Verankerung des Veränderungsprozesses in der gesamten Belegschaft angetrieben. Dafür werden Projektziele definiert und mit geeigneten Incentives versehen.

3. *Capabilities:* Diese Phase zielt darauf ab, wie die nötigen Fähigkeiten für das Erreichen der Veränderungsziele aufgebaut werden sollen. Entscheidende Qualifizierungsmaßnahmen werden entwickelt und Mitarbeiter geschult.

4. *Culture:* Jetzt kommt es darauf an, das erreichte Veränderungsniveau zu stabilisieren, also von der Neuerung in den eingeschwungenen Zustand zu überführen. Diese Institutionalisierung geht einher mit einem regelmäßigen Review des Zielerreichungsgrades und der Entscheidung darüber, ob und gegebenenfalls wie neue Teilprozesse aufgesetzt werden müssen.

Abbildung 3 (vgl. Seite 39) stellt dieses 4C-Modell für den idealtypischen Veränderungsprozess im Überblick dar.

Die Veränderungskonzepte werden dabei von einer Reihe von Maßnahmen begleitet, die in den unterschiedlichen Phasen immer wieder zum Einsatz kommen und sich über eine lange Zeit bewährt haben, den »Toolboxen« (Werkzeugkästen). Dabei steht die Erkenntnis im Vordergrund,

Abbildung 3: Ein idealtypischer Verlauf eines Veränderungsprozesses

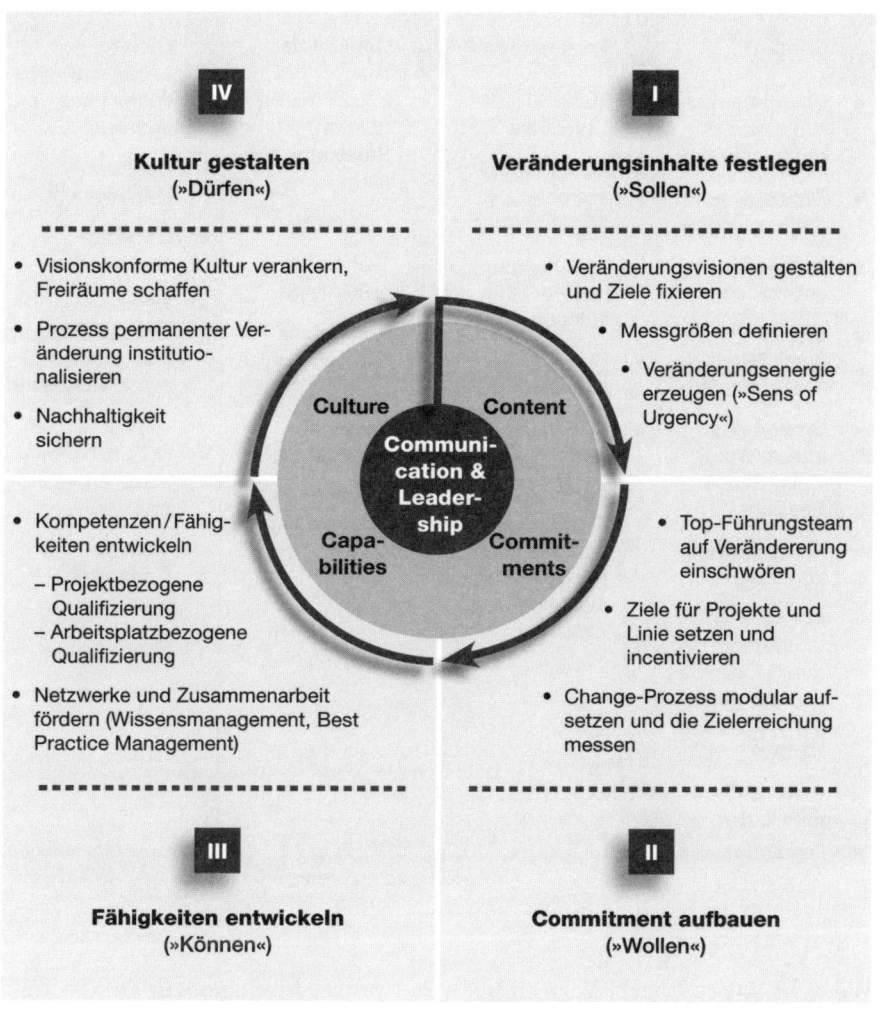

Quelle: Roland Berger Strategy Consultants: *4C-Mobilisierung – Schlüssel zum Transformationserfolg*, 2006

dass eine mobilisierte Belegschaft gegenüber Veränderungen aufgeschlossener, flexibler und engagierter ist. Sie soll die Veränderung mit Leben füllen und mit den richtigen Tools auf das vorbereitet werden, was verändert werden soll. Für jede der vier oben beschriebenen Phasen gibt es entsprechende Maßnahmen, die in Abbildung 4 benannt werden.

Abbildung 4: Überblick der Mobilisierungsinstrumente

Content	Commitment	Capabilities	Culture
• Unternehmens-audit (strategisch, operativ)	• Management by Objectives	• Effizientes Programm-/ Projektmanagement	• Führungsleitlinien
• Ziel-/Messgrößensysteme	• Beurteilungssysteme (z. B. 360°-Feedback)	• Coaching	• Qualitätsmanagement
• Leitbildentwicklung	• Vergütungs- und Anreizgestaltung	• Teambuilding/-effektivität	• Lernende Organisation
• Kulturerhebung durch Mitarbeiterbefragung	• Reward-Management	• Kompetenzmodelle	• Arbeitsstrukturierung (Job, Rotation, Job Enrichment)
• Großgruppenintervention/ Open Space Sessions	• Management-Audit	• Trainings/Personalentwicklung	• Teamstrukturen (z. B. teilautonome Arbeitsgruppen)
• Führungskräftekonferenzen	• Feedback durch Stimmungsbarometer, Dialogveranstaltungen, etc.	• Leadership-Entwicklung	• Change-Controlling
• Interne Kommunikation durch Kaskaden und zielgruppenspezifische Kanäle		• Bildungscontrolling	
• Externe Kommunikation		• Tests/Potenzialanalyse	

Quelle: Burkhard Schwenker und Stefan Bötzel: *Auf Wachstumskurs – Erfolg durch Expansion und Effizienzsteigerung*, 2006, Seite 129

Wie sehr das etablierte Verständnis von Change Management auf das individuelle Verhalten und die individuellen Belange des Einzelnen abzielt, zeigt auch der nächste Ansatz.

Je nach Haltung zur anstehenden Veränderung charakterisiert die einschlägige Literatur unterschiedliche Typen von Mitarbeitern. Die Einstellung des Einzelnen zu den Veränderungen und deren Bewertung des Veränderungsrisikos halten zum Beispiel Niko Mohr und Jens Marcus Woehe[2] in einer in der Change Literatur viel erwähnten Akzeptanzmatrix fest (vgl. Abbildung 5). Subjektspezifisches und objektspezifisches Risiko bilden die

Achsen der Matrix. Die subjektspezifische Achse zeigt die Bewertung der persönlichen Einbußen durch eine Veränderung. Die objektspezifische Achse hingegen den Nutzen, den der Betroffene durch die Veränderung erwartet. Eine Bewertung findet anhand eigener Erfahrungen und einer Nutzen-Risiko-Analyse zwischen Befriedigung der eigenen Bedürfnisstruktur und dem Organisationsziel statt. Aus dieser Bewertungsmatrix lassen sich die Personen einer Unternehmung in Pioniere, Skeptiker, Bremser und Widerstandskämpfer kategorisieren.

Abbildung 5: Aus der Haltung gegenüber Veränderungen
ergeben sich vier Persönlichkeitstypen

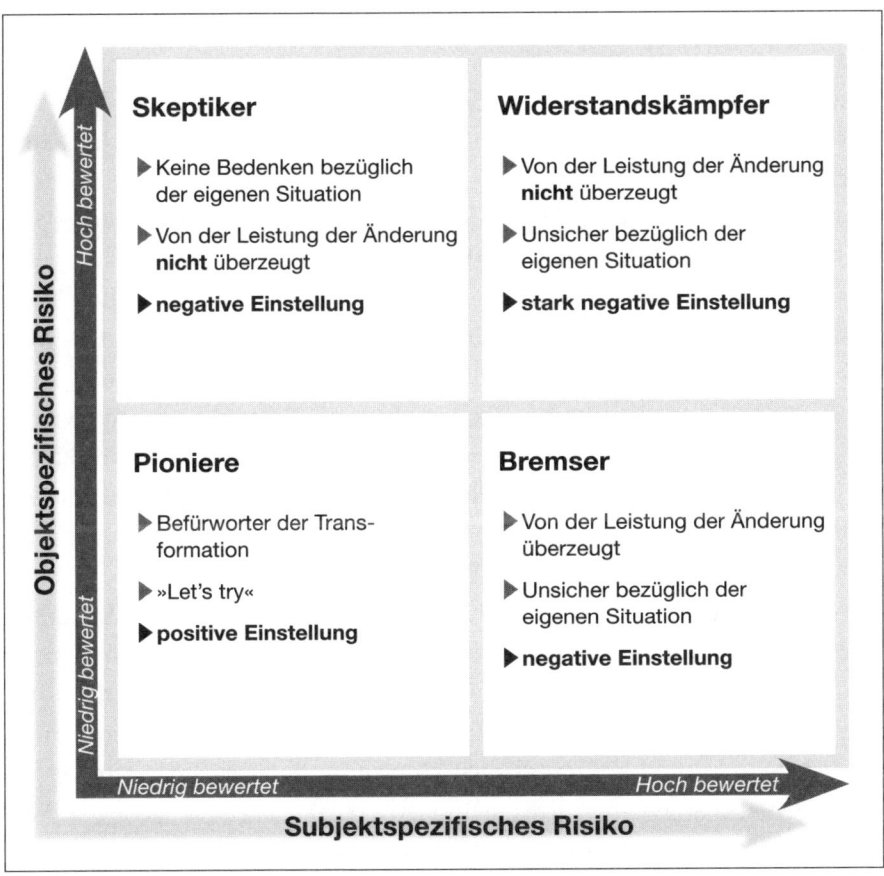

In Anlehnung an: Niko Mohr: *Kommunikation und organisatorischer Wandel*, 1997, Seite 128

Pioniere gelten als risikofreudig und befürworten die Veränderung im Unternehmen als Erste. Die *Skeptiker* sind vom Nutzen für das eigene Arbeitsumfeld nicht überzeugt und sind der Veränderung gegenüber eher negativ eingestellt. Ihr individuelles Risiko bewerten sie dabei allerdings als gering und können durch geschickte Argumentation von der Notwendigkeit der Veränderungsvorhaben überzeugt werden. Schwieriger wird es mit dem *Bremser*. Er bewertet sein persönliches Risiko durch die Veränderung als hoch und ist deshalb schwer von einer Transformation zu überzeugen, selbst wenn er von ihrer sachlichen Notwendigkeit überzeugt ist. Angst und Eigeninteressen sind seine Triebkraft. Für die *Widerstandskämpfer* schließlich sind beide Risikovarianten hoch. Sie sind am schwersten zu überzeugen und kämpfen aktiv gegen die Veränderung an. Sie kehren dem Unternehmen eher den Rücken, als den Wandel zu akzeptieren.

Argumente für Bremser und Widerstandskämpfer gibt es reichlich: Arbeitszeiten ändern sich, neue Abläufe und Arbeitsinhalte machen eine Überarbeitung des Lohn- und Gehaltssystems notwendig – mit mehr oder weniger empfindlichen Einbußen. Auch ein vermeintlich schlechteres Betriebsklima gilt erfahrungsgemäß als Vorwand, sich gegen die Veränderung zu stemmen. Dagegen steht ein Koffer voller Instrumente. Sie sollen Konfrontationen entspannen und kritische Situationen deeskalieren. Die Managementpraxis spricht in diesem Zusammenhang von »weichen Faktoren« und »harten Faktoren«. Zu den »harten« Faktoren zählen etwa die verschiedenen Steuerungsinstrumente, Strukturen, Prozesse und Strategien, zu den »weichen« Faktoren gehören kulturelle Identität, Werte, Fähigkeiten und Verhalten. Diese Faktoren stehen sich in einem Verhältnis von 58 zu 42 Prozent gegenüber (vgl. Abbildung 6).

Change Management als blanke Theorie – die eine Seite der Medaille. Umsetzung die andere. Was wird aus der rein akademischen Betrachtung des Themas in der täglichen Realität? Woran scheitern Führungskräfte und ihre Veränderungsversuche tatsächlich? Wie Führungseliten Veränderung selbst behindern und konterkarieren können, und wie sich das auf das gesamte Unternehmen auswirkt, demonstriert das Beispiel Unilever. Wie Change selbst in einer auf Befehl und Gehorsam gegründeten Organisation an Grenzen stößt, macht die Bundeswehr vor.

Abbildung 6: »Harte« und »weiche« Faktoren
des Change Managements

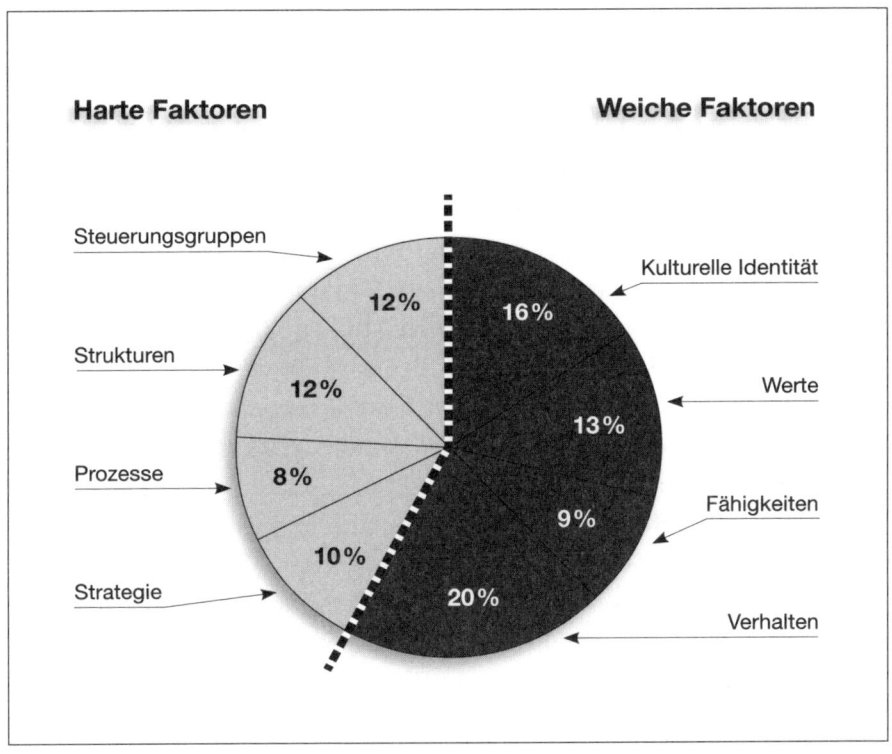

Die beiden Beispiele stehen stellvertretend für eine Vielzahl von mehr oder weniger gescheiterten Versuchen, Veränderung in Organisationen zu implementieren. Dabei stellt sich die Frage, welche Aspekte oder Kriterien das Scheitern definieren. Ein gebräuchliches Kriterium dafür ist der Zielerreichungsgrad. Natürlich wird eine Veränderung, die ihre Ziele zu 100 Prozent erreicht, als ein 100-prozentiger Erfolg angesehen. Was aber, wenn die Ziele sich im Verlauf der Veränderungen verändern oder wenn die Unternehmensleitung vor unerwarteten Folgen steht?

Wir gehen in diesem Buch deshalb einen Schritt weiter: Change ist bereits dann ein Misserfolg, wenn der Wertschöpfungsprozess durch den Veränderungsprozess nicht postitiv beeinflusst wird.

Unilever – »Wachstumspfad ins nirgendwo«

Zu Beginn seiner Tätigkeit als Vorstandsvorsitzender des Lebensmittel-konzerns Unilever AG stellte Antony Burgmans im Februar 2000 einen Fünf-Jahres-Plan vor. Das Problem, das er lösen wollte, wurde von den Beraterkollegen Hajo Riesenbeck und Jesko Perrey von McKinsey am Beispiel des Margarinesortiments so beschrieben: »Unilever [...] deckt mit seinen Marken Rama, Sanella, Becel, Lätta, Du darfst und Bertolli das Margarinesortiment der meisten Lebensmitteleinzelhändler ab. Die explodierende Markenzahl lässt allerdings die Marktanteile einzelner Marken schrumpfen – bei gleichzeitig steigenden Markenführungskosten. In Forschung und Entwicklung, Marketing, Beschaffung und Distribution, Vertrieb und Kanalmanagement steigt der Ressourcenbedarf – und auch der Aufwand für Koordination, wenn die Ressourcen effektiv und effizient eingesetzt werden sollen.«[3] Ein derartiges Portfolio galt für die Zukunft im stark umkämpften Konsumgütermarkt mit internationalen Konzernen wie Nestlé und Procter & Gamble als nicht wettbewerbsfähig.

Burgans Antwort: Verringerung des Markenportfolios und damit eine drastische Reduzierung der Kosten. Das Programm wird auf den Namen »Path to Growth« getauft und und soll Unilever in eine Wachstumsmaschine umschmieden, die jedes Jahr 5 bis 6 Prozent mehr Umsatz ausspuckt. Fortan gilt eine operative Marge von 16 Prozent. Um sie zu erreichen, soll die Zahl der Marken von 1 600 auf 400 reduziert werden. Diese Kernmarken sollen künftig 75 Prozent des Unilever-Umsatzes erzeugen. Der Plan für den »Path to Growth« verspricht zudem 1,5 Milliarden Euro Einsparung pro Jahr. Niall FitzGerald, der damalige stellvertretende Aufsichtsratsvorsitzende der Unilever Group, legt sich dafür mächtig ins Zeug: »It (Path to Growth strategy) is all about how we can reshape ourselves for faster growth and expanded margins.«[4]

Die Radikalkur gelingt (vgl. Abbildung 7) innerhalb kürzester Zeit, wie geplant. Marken werden integriert, verkauft oder eingestellt. Bereits zwei Jahre nach Ausruf der Restrukturierung besteht das Portfolio nur noch aus der Hälfte der ursprünglichen Marken. 2004 ist die angestrebte Zahl von 400 endlich erreicht. Das ambitionierte Programm hat die gesetzten Ziele realisiert – auf den ersten Blick.

Abbildung 7: Unilever – in vier Jahren zu 75% weniger Marken

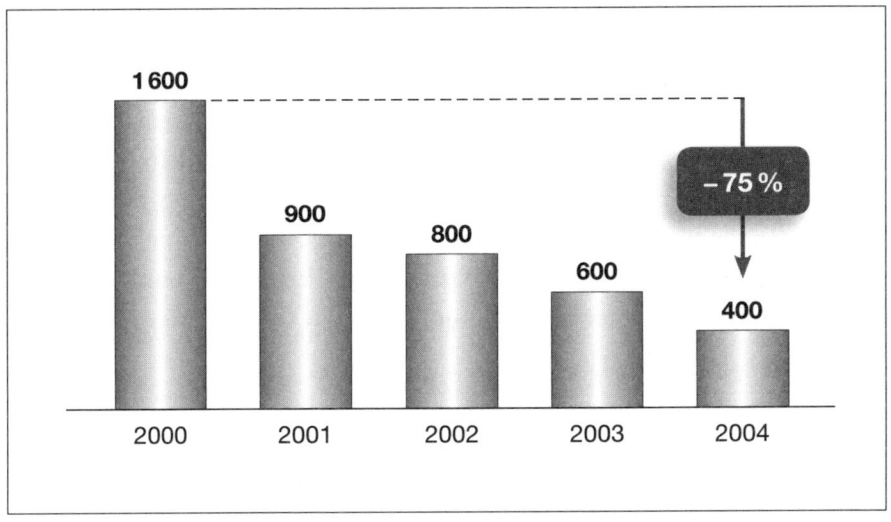

Einen gewichtigen Beitrag zur Kostensenkung leisten rund 25 000 Entlassungen: Damit verlieren 10 Prozent der Belegschaft ihren Job. 100 Fabriken werden geschlossen, 80 der obersten 100 Unilever-Führungskräfte ausgetauscht. Wer bleiben darf, muss sich bald externer Konkurrenz um seinen Arbeitsplatz erwehren. »Wir haben eine Tradition, aus eigenen Ressourcen Führungskräfte zu entwickeln«, so Dietmar Barz, damals Personalvorstand, »damit wird jetzt gebrochen.«[5] Topjobs im »closed shop« Unilever sollen erstmals auch durch Seiteneinsteiger besetzt werden können: Konkurrenz belebt schließlich das Geschäft.

Dennoch entpuppt der »Path to Growth« nach Ansicht des Wirtschaftsmagazins *Fortune* als eine »Road to Nowhere«. Trotz planmäßiger Verringerung der Markenanzahl kann das Unternehmen seine Umsatz- und Profitziele nicht erreichen. Knorr, Lipton, Langnese, Omo, Rama, Calvin Klein, Slim Fast und alle anderen übrig gebliebenen bekannten Marken haben nicht erbracht, was sie sollten. Statt des jährlich geplanten Umsatzwachstums von 5 bis 6 Prozent und eines noch rasanteren Ergebniswachstums meldet der Konzern mit rund 43 Milliarden Euro Umsatz Rückgänge im Volumen und auch im Betriebsergebnis.

Vergleicht man die Situationen vor und nach dem Change Management, zeigen sich nahezu keine positiven Resultate. Unilever selbst reagiert verschnupft: »Our Path to Growth strategy delivered strong profitability, improved margins, capital efficiency and cash flows but not sustained growth. And we were losing market share.«[6] Was niemand für möglich gehalten hätte: Der Konzern tritt auf der Stelle und bewegt sich auf dem Niveau des Jahres 2000, also zum Zeitpunkt des Starts des Veränderungsprogramms. Gleichzeitig haben die beiden wichtigsten Wettbewerber ihren Gewinn signifikant gesteigert Nestlé um 38 Prozent und Procter & Gamble gar um 50 Prozent. »Wir sind unzufrieden mit der Entwicklung«, räumt Burgmans ein.[7]

Beispiel für misslungenes Change Management?

Ein »Lehrbeispiel für misslungenes Change-Management«, nennt das *manager magazin* Burgmans Kurs und rechnet mit dem Vorstandsvorsitzenden rüde ab: »Auf Burgmans Fähigkeit zur Selbstkritik sollte man nicht unbedingt bauen, wenn man herausfinden will, warum ›Path to Growth‹ in die Stagnation führte.«[8]

Dabei liegen die Gründe auf der Hand: Innerhalb des Managements von Unilever löst Burgmans' Ankündigung einer umfassen Neupositionierung des Konzerns eine rationale Abwehrreaktion aus. Wer glaubt, für eine Marke zu arbeiten, die als schwach identifiziert werden könnte, versucht, seinen Posten zu retten, indem er seine Marke als besonders erhaltenswert darstellt – und dafür Geld ausgibt. Die Folge: Aufblähung des Marketingbudgets. In Wahrheit ist die Führungstruppe mehr mit sich selbst als mit dem Unternehmen beschäftigt. »Unilever hat ein Problem mit der operativen Umsetzung«, erkennt ein niedergeschlagener Co-CEO Patrick Cescau.[9]

Dabei sind es ausgerechnet die »Change Agents«, Führungskräfte in vorderster Reihe, die sich gegen den bevorstehenden Kahlschlag in der Marken-Architektur auflehnen. Während 1 200 von 1 600 Markenverantwortliche und ihre Stäbe und Mitarbeiter um den Bestand ihrer Marken kämpfen, bleibt der erwartete Aufschrei in den Fabriken aus. Der als besonders konsensgetrieben bekannte Unilever-Konzern setzt sein Restrukturierungsprogramm weitgehend ohne offene Konflikte mit den Arbeitnehmern durch – ein Indiz dafür, dass dieses Veränderungsprojekt nicht in der Belegschaft verhindert oder blockiert wurde, sondern der horizontale Kampf der Führungskräfte Hauptgrund des Scheiterns war.

Auch nach dem Ende des »Path to Growth« ist die Ordnung innerhalb der Führung noch nicht wiederhergestellt. In ihrem Bemühen, das Management ihrer Häuser wieder hinter sich zu bringen, üben Unilever-Europachef Kees van der Graaf und Deutschland-Statthalter Henning Rehder den Schulterschluss. Gemeinsam ließen sie verlauten, sie hätten sich von Beginn an gegen Outsourcing-Pläne ausgesprochen, nachdem Rehders Vorgänger Johann Lindenberg das Unternehmen im Streit um den Konzernumbau hatte verlassen müssen.

Bundeswehr – Befehl und Ungehorsam

Für das Jahr 2000 sieht der Haushalt der Bundesrepublik eine Kürzung des Verteidigungsetats um 3,5 Milliarden Euro vor. Bundesverteidigungsminister Rudolf Scharping wird aufgefordert, die Deckungslücke durch Einsparungen und Strukturveränderungen auszugleichen. Diese sprunghafte Strategieveränderung führte zur Notwendigkeit von deutlichen Eingriffen in die Aufbau- und Ablauforganisation und entspricht damit der diesem Buch zugrunde liegenden Definition von Change Management. Sie lässt sich mit den typischen Herausforderungen im privatwirtschaftlichen Bereich vergleichen, auch wenn der angestrebte Wandel vor allem die veränderte militär-strategische Lage reflektieren soll.

Das Change Management soll die Anpassung der Streitkräfte und ihrer Verwaltung in Fähigkeiten, Umfängen, Strukturen, Stationierung, Personal, Material, Ausrüstung, Ausbildung und Kernfunktionen an die veränderte Bedrohungslage nach der Auflösung des Warschauer Paktes vollziehen. Die Notwendigkeiten werden dabei durch die von der Bundesregierung eingesetzte Kommission unter Leitung des ehemaligen Bundespräsidenten Richard von Weizsäcker im Bericht *Gemeinsame Sicherheit und Zukunft der Bundeswehr* beschrieben. Er hält unter anderem fest: »Die Bundeswehr des Jahres 2000 […] ist zu groß, falsch zusammengesetzt und zunehmend unmodern. In ihrer heutigen Struktur hat die Bundeswehr keine Zukunft.«[10]

Ein Beispiel: Das Durchschnittsalter der zivilen und teilmilitärischen Fahrzeuge der Bundeswehr liegt bei 14 Jahren, einzelne Fahrzeuge sind 40 Jahre und älter, Ersatzteile für sie gibt es keine mehr und sie werden von den Instandhaltungskräften der Bundeswehr handgefertigt – ein aufwändiger und teurer Prozess für Fahrzeuge, deren Treibstoffverbrauch und Emissionen überdies kaum zeitgemäßen Standards entsprechen.

Der Minister stößt vor diesem Hintergrund ein umfassendes Change-Management-Programm an. Es ist für ihn »ebenso notwendig wie alternativlos«. Dabei sollen die organisatorische Neuaufstellung der Streitkräfte und die betriebswirtschaftliche Orientierung von »Nicht-Kernaufgaben« der Bundeswehr kombiniert werden – im Rahmen von Public-Private-Partnership(PPP)-Projekten und echten Privatisierungen. Die so zu gewinnenden finanziellen Ressourcen werden, so der Plan, auf jene Kernbereiche verteilt, die für den erfolgreichen Einsatz der Streitkräfte notwendig sind. Dabei soll in 14 zunächst identifizierten Pilotprojekten, zum Beispiel dem Management der Fahrzeugflotte und der Verpflegung oder der Flugzeuginstandsetzung, ein finanzielles Potenzial in Höhe von 1,9 Milliarden Euro freigesetzt werden. Ein Rahmenvertrag zwischen Streitkräften und Wirtschaft mit dem Titel »Innovation, Investition und Wirtschaftlichkeit in der Bundeswehr« ist die Grundlage dafür.

Am 22. August 2000 wird die Gesellschaft für Entwicklung, Beschaffung und Vertrieb mbH, kurz g.e.b.b. gegründet. Sie soll die Modernisierungsfelder analysieren, Lösungen erarbeiten und implementieren. Als privatwirtschaftlich orientiertes Unternehmen, dessen alleiniger Gesellschafter der Bundesminister der Verteidigung ist (Abbildung 8), unterstützt es die Leitung des Ministeriums bei der Auswahl und Ausgestaltung von Beschaffungs-, Betriebs-, Finanzierungs- und Zahlungsmodalitäten. Letztlich soll die g.e.b.b. bei den 14 Pilotprojekten eine wesentliche Rolle übernehmen – bei der Beratung, im Controlling und bei der Entwicklung eines Gesamtkonzeptes für Bedarfsdeckung und Betrieb der Bundeswehr. Einbezogen in die Arbeit sind die vier Geschäftsfelder Neues Flotten-Management (NFM), Neues Bekleidungs-Management (NBM), Neues Liegenschafts-Management (NLM) und das IT-Management.

Abbildung 8: g.e.b.b. – Reform-Instrument der Bundeswehr

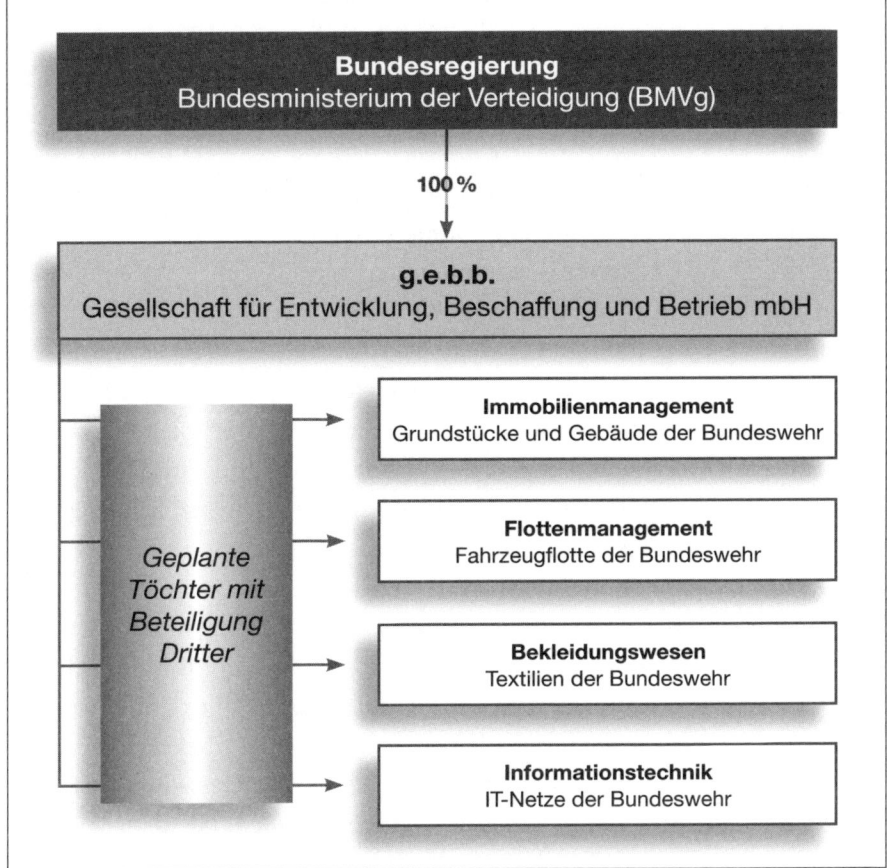

In Anlehnung an: *http://www.think-visually.com/ueber-uns/der-gruender/finanzcontroller/gebb/*, Zugriff 25.03.09

Alle Beteiligten bestätigen öffentlich, dass die zukünftige Auftragserfüllung der Bundeswehr auch davon abhängig sein wird, wie gut die Arbeit der g.e.b.b. unterstützt und die ökonomischen Einsparungen genutzt werden können. Aufgrund der Lösung in Form der Inhouse-Variante (eine sogenannte nachgeordnete Behörde der Bundeswehrverwaltung gemäß Art. 87b GG) ist die g.e.b.b. dabei auf die Kooperation des Bundesministeriums der Verteidigung (BMVg) und der gesamten Bundeswehr angewiesen. Die Idealvorstellung der Bundesregierung sieht für die Umsetzung so aus: »Alle Organisationseinheiten des BMVg sowie des nachgeordneten Bereichs sollen die für die Leistungserbringung der g.e.b.b. erforderlichen Informationen und Daten in gegenseitiger Abstimmung auf entsprechende Anfrage zeitgerecht und unentgeltlich für die g.e.b.b aufbereiten.«[11] Auch die Legitimations- und Weisungsbefugnisse werden geregelt: »Die Umsetzung der Arbeitsergebnisse der g.e.b.b. erfolgt nach Entscheidung der Leitung des BMVg«.[12]

Damit sind anscheinend alle Voraussetzungen einer erfolgreichen Veränderung erfüllt. Parlament und Bundesregierung erlassen verbindliche Vorgaben. Das Ministerium setzt Ziele und macht seinen Veränderungswillen unmissverständlich klar. Ein Rahmenvertrag weist den Weg. Die Organisation, die gründlich verändert werden soll, sie gründet auf Befehl und Gehorsam – was kann da noch schiefgehen?

Eine Menge, wie sich postwendend herausstellt. Der g.e.b.b. sind bei der Erfüllung ihrer Aufgaben und Erwartungen im bürokratischen System der Bundeswehr die Hände gebunden. Als Beratungsinstrument der Leitung des Ministeriums werden die Analysen der g.e.b.b. und ihre Handlungsoptionen in der Abteilungsleiterrunde des Ministeriums und anderen relevanten Gremien vorgestellt, im Anschluss zur Prüfung in die einzelnen – laut Geschäftsordnung des BMVg zuständigen – Referate weitergeleitet, wo sie en détail bewertet werden. Die g.e.b.b. kann sich nur mit Unterstützung der dort jeweils Verantwortlichen bewegen oder aber mit dem Einsatz der Autorität des Ministers. Ersteres verlangte Zugeständnisse, viel Zeit und verwässert das Ergebnis zum Teil beträchtlich. Letzteres läuft zumindest Gefahr, die Autorität des Ministers im täglichen Klein-Klein zu verschleißen. Jede »Übersteuerung« des ministeriellen Alltags stellt eine kleine oder sogar große Machtprobe dar. Stündlich wächst das Risiko, Macht zu verlieren.

Der Ökonom Tom Dyson, der sich im Speziellen mit der deutschen Verteidigungspolitik eingehend beschäftigt hat, fasst diesen Prozess treffend zusammen: »Scharping was confronted by institutionalized interests and bureaucratic politics at the heart of Defense Ministry. [...] Privatization involved the close coordination between a number of different institutions and actors with an interest in the process. As they passed from one office to another, each official raised critical points, with the result that the proposals had to be passed back along the chain for further amendment.«[13]

Oder mit den Worten der ehemaligen Chefin der g.e.b.b., Annette Fugmann-Heesing: Die »Bürokraten und Militärs [sorgten sich] um den Job und um die eigene Bedeutung«. Zwar seien sich alle einig, »dass sich etwas ändern muss«, registrierte Fugmann-Heesing. »Aber je höher der Dienstrang, desto geringer ist die Bereitschaft zur Veränderung.«[14]

Dyson zeigt eine weitere Schwachstelle der Reformpläne auf: den Interessenkonflikt innerhalb der Bundesregierung: »Privatization proposals also had to be approved by the Finance Ministry and the Bundesrechnungshof, where more objections to the feasibility of proposals were raised, not least to their constitutionality. The net result was a stalling of privatization project and a failure to meet the high-level expectations Scharping had generated. The central problem was that those charged with the implementation of privatization and efficiency measures within the ministry were those who would be most adversely affected: the civilian personnel. Proposals were passed backwards and forwards between Referate (ministerial sections), and stalled in the hope that the [opposing] CDU/CSU would win the 2002 federal elections and reverse the reform process. In short, institutionalized interests, bureaucratic politics, and inadequate planning acted to apply the brakes to Scharping's initiative.«[15]

Entscheidungsorgane, die unmittelbar von der Veränderung betroffen sind, haben aufgrund der Geschäftsordnung der Bundeswehr die Chance, Maßnahmen und Zeitplan der g.e.b.b. in ihrem Sinne zu beeinflussen. Die entsprechenden Instrumente werden von betroffenen Stellen ausgenutzt. Eine Verschlechterung der eigenen Situation kann so ausgesessen oder sogar gezielt untergraben oder torpediert werden.

Die g.e.b.b. kann in einer ersten Phase aus eigenem Betreiben keine Fortschritte erzielen, obwohl alle wichtigen Führungskräfte das neue Weltbild – neue Aufgaben, bessere Ausrüstung, effizienterer Betrieb – formal akzeptiert haben. 2000 und 2001 wird keine sogenannte Aufwandssenkung für den Verteidigungshaushalt erwirtschaftet. Erst ab 2002 sind zusätzliche Einnahmen möglich. Die aber bleiben hinter den kalkulierten Erwartungen von 3 Milliarden Euro pro Jahr zurück. Die Einsparungen betragen laut Geschäftsbericht 2004 für 2002 75,3 Millionen Euro, für 2003 bereits 253,9 Millionen Euro und für 2004 373,8 Millionen Euro – gemessen am Ziel ein kümmerliches Resultat.

Im Sommer 2001 wird der aussichtslosen Situation der g.e.b.b. entgegengewirkt und das »Integrierte Reform Management« (IRM) auf der Leitungsebene des BMVg installiert. Die Reform soll nun von innen heraus angetrieben und die Maßnahmen top-down gesteuert werden, also von oben herab. Die Organisationsbereiche sollen aber nicht aus ihrer originären Verantwortung entlassen werden. Der Apparat des IRM ist in der Geschäftsordnung als Entscheidungsorgan implementiert und eng angebunden an das Ministerialbüro. Es handelt sich um eine Projektorganisation, die für zwei Jahre implementiert wird. Durch die Tätigkeit des IRM können Entscheidungen von der Leitungsebene des Ministeriums direkt bei den Führungskräften des BMVg platziert werden. Die enge Anbindung an das Ministerialbüro ermöglicht eine gezielte Kontrolle der Umsetzung und eine höhere Akzeptanz. Das Beispiel zeigt, dass die richtige Verankerung und Durchsetzungsmacht in diesem speziellen Fall zumindest übergangsweise in der Lage ist, die Weichen für positive Ergebnisse zu stellen.

Das IRM setzt auf wichtigen Reformfeldern der Bundeswehr eine Reihe sichtbarer Erfolge durch, nachhaltiger Impulse und neuer Akzente:

- ein privatwirtschaftlich organisiertes Fahrzeug-Flottenmanagement
- die Auslagerung des Bekleidungsmanagements in eine privatwirtschaftliche Organisation
- die konsistente, rechtlich und wirtschaftlich tragfähige Konzeption eines neuen Liegenschaftsmanagements
- die Privatisierung der IT der Bundeswehr (Projekt Herkules)
- die Einführung einer Wirtschafts- und Reformkommunikation, die Widerstände gegen die Reform vermindert und das Meinungsbild bei wichtigen Multiplikatoren innerhalb und außerhalb der Bundeswehr verbessert

Nichtsdestotrotz: Nach der terminierten Auflösung der Projektorganisation fällt das Veränderungsmanagement in das ursprüngliche Tempo zurück. Ein mitwirkender General macht dafür vor allem die Führung des Hauses und die Regierung verantwortlich: »Als Ganzes ist der Reformbeziehungsweise Transformationskurs der Bundeswehr nach den Kriterien eines Change Managements aus ökonomischer Sicht nicht überzeugend gelungen. Die wesentlichen Ursachen hierfür sind Mängel in der Konsistenz der politischen Vorgaben und vor allem in der finanziellen Planungssicherheit.«[16] Mitarbeiter der Bundeswehr haben einen weiteren Grund identifiziert: Die sogenannten Streitkräftebefragungen der Berufs- und Zeitsoldaten 2003 und 2005 durch das Sozialwissenschaftliche Institut der Bundeswehr ergeben als wichtigen Grund für das Scheitern der Reform, dass die »Unterstützung durch Vorgesetzte nicht immer deutlich« ist.[17] So urteilten die Soldaten 2003 bereits, dass nur 37 der Vorgesetzten das Reformziel offen unterstützen. Die Rate fällt weiter – auf 30 Prozent im Jahr 2005.

Der sozialpädagogische Ansatz – eine historische Last

Wie konnten diese beiden Veränderungsprojekte scheitern, wie viele andere vor und nach ihnen, obwohl augenscheinlich alle Erfolgsvoraussetzungen gegeben waren: klare Ziele, definierte Zuständigkeiten, vor allem: umfangreiche Umsetzungsprogramme? Sie sollten den wichtigsten Leitspruch des Change Managements Geltung verschaffen und so erst den Programmen zum Durchbruch verhelfen: Betroffene werden zu Beteiligten!

Um die Probleme des Change Managements zu verstehen, eine kurze Betrachtung der »Karriere« des Veränderungskonzepts:

Populär wurde Change in den 1990er Jahren, angestoßen vom Business-Process Reengineering oder Konzepten wie Total Quality Management und Six Sigma. Es war die Zeit, als Jack Welch, der mächtige Anführer von General Electric, mit seinen markigen Sprüchen in den Augen der Öffentlichkeit zum »härtesten Manager der Welt« aufstieg. Sein Credo »Fix, close or sell« sollte Heerscharen junger Manager beeinflussen. Neue Managementkonzepte bewirkten in der Regel tatsächlich auf Anhieb umfangreiche Veränderungen in den Arbeitsabläufen, verbunden mit teils tiefen Eingriffen in die Organisationsstrukturen und Organisationskultur. Doch scheitern sie in der Folge oftmals aus einem einfachen Grund: Sie kommen nicht konsequent genug in allen Organisationseinheiten und auf jeder Führungsebene zum Einsatz, geschweige denn, dass sie auf Kontinuität ausgelegt sind.

Dieser Rolle beziehungsweise Aufgabe hat sich das Change Management angenommen und sie im Laufe der Jahre zu professionalisieren versucht. Seither gewinnt der Begriff Change Management an Relevanz. Um aber die Anwendungsbereiche und die möglichen Schwächen der gebräuchlichen Konzepte erkennen zu können, ist ein Blick auf ihre Grundlagen, Ziele und die Methodik des Change Managements notwendig. Sie sind ein wesentlicher Grund dafür, dass bei allen diesen Veränderungskonzepten der Einzelne, sein Denken, seine Motivation und seine Einsichtsfähigkeit im Mittelpunkt stehen – mit schwerwiegenden Konsequenzen für die Erfolgsaussichten von Veränderungsprojekten in einer veränderten Unternehmensumwelt. In ihr werden horizontale Konflikte innerhalb der Führung wichtiger als die vertikalen Konflikte zwischen Management und Belegschaften.

Als Ausgangspunkt für die Entstehung des heutigen Change Management gilt das »Scientific Management«. Diese »wissenschaftliche Betriebsführung« und ihre Vorgänger-Disziplin Taylorismus beschäftigen sich mit der Optimierung von Arbeitsprozessen. Ein wesentliches Instrument ist dabei die Standardisierung von Arbeitsschritten und ihr Zuschnitt auf eine Länge und Dauer, die schnellstmöglich reproduziert werden können. Menschen gelten in diesem System als funktionale Größe, das heißt, ihre physische Leistungsfähigkeit in Bezug auf den Arbeitsprozess ist der entscheidende Optimierungshebel der wissenschaftlichen Betriebsführung – eine nicht unumstrittene Definition. Das Scientific Management kann zwar zu erheblichen Erfolgen bei der Verbesserung der Prozess-Effizienz führen. Doch das Instrument steht auch symptomatisch für Fehlentwicklungen und Reibungsverluste: Die Krankheitsrate unter den Beschäftigten steigt, weil Menschen »am Band« einseitig belastet werden und sich zurückgesetzt fühlen. Sie üben, ausgelaugt durch die Monotonie ihrer täglichen Arbeit, passiven Widerstand aus. Daraus werden schnell offen zutage tretende Konflikte.

Mit den Problemen rückte denn auch erstmals die Frage in den Vordergrund, welche Voraussetzungen eigentlich geschaffen werden müssen, damit der Einzelne seine Arbeitskraft verlässlich und in kalkulierbarem Umfang in den industriellen Produktionsprozess einbringt – ohne dagegen aufzubegehren. Es verbreitete sich allmählich die Einsicht, dass wissenschaftliche Betriebsführung allein nicht ausreiche, um Menschen am Arbeitsplatz zu motivieren. Wissenschaftler und Praktiker begannen, sich über die tieferen Bedürfnisse der Arbeitnehmer Gedanken zu machen. Die Initialzündung für diese Entwicklung bilden die berühmten Hawthorne-Experimente. Kerngedanken: Der Mensch ist grundlegend motiviert durch seine sozialen Bedürfnisse. Er erlangt seine Identität durch die Beziehung zu anderen. Als Folge der Industriellen Revolution ist die Arbeit sinnentleert. Der Sinn der Arbeit muss deshalb durch die sozialen Arbeitsbedingungen wiederhergestellt werden. Der Mensch ist empfänglicher für den sozialen Druck der Kollegen in der Gruppe als für die von der Unternehmensführung gesetzten Anreize. Das heißt, der Mensch ist vor allem durch das Management beeinflussbar, wenn die Vorgesetzten die sozialen Bedürfnisse und das Bedürfnis der Anerkennung befriedigen.

Eine Grundlage für diese Überlegungen bildeten die Hawthorne-Experimente. Bei dem Versuch, den Ausstoß der Arbeiter in den Hawthorne-Werken der Western Electric zu steigern, wurden unter anderem die Auswirkungen unterschiedlicher Beleuchtungen in den Werken auf die Arbeitsleistung untersucht. Dabei wurde festgestellt, dass jede Form der Veränderung – eine Abschaltung, eine minimale Reduzierung oder einfach nur mehr Licht – die Leistung der Mitarbeiterinnen und Mitarbeiter ansporne. Selbst ein vorgetäuschter Austausch der Leuchtmittel zog diesen Effekt nach sich. Dies schien der Beweis, dass es mitunter weniger auf die realen Umstände der Arbeit ankommt als auf die Bewertung dieser Umstände. Sobald die Arbeitnehmer eine Verbesserung ihres subjektiven Zustands empfanden, steigerte sich die Leistung. Wichtig wurde es daher, die Umstände besser zu verstehen, die eine solche positive Bewertung, eine Steigerung der Motivation, bewirkten.

Trotz ihrer methodischen Mängel – Kritiker konstatierten, die Untersuchungsmethoden hätten nicht den wissenschaftlichen Ansprüchen genügt, oder sie warfen den Forschern schlicht Befangenheit vor – inspirieren die Befunde der Hawthorne-Experimente die Entstehung des neuen Ansatzes »Human Approach« zur Steigerung von Effektivität und Effizienz im Unternehmen. Sie legten den Grundstein für die Disziplin der Organisationsentwicklung, die ein Unternehmen als soziale Organisation versteht und daher den Individuen und den informellen Beziehungen zwischen ihnen mindestens die gleiche Aufmerksamkeit schenkt wie den Strukturen, Prozessen und der Belegschaft als Ganzem.

Die britische Anthropologin Susan Wright beschreibt, wie der Ansatz der »Wissenschaft vom Menschen« die Prinzipen der »Wissenschaftlichen Betriebsführung« infrage stellte: »[…] the story goes, with the help of anthropologists, they discredited the principals by discovering the social organization of workplace […]«.[18] Diese Perspektive diente als eine Art Kristallisationskeim für die Entwicklung einer individual- und sozialzentrierten Beschäftigung mit der Organisation Unternehmen, »which was to dominate organizational studies for the next twenty five years«[19] Aus dieser »Industrial Anthropology« wird in den Folgejahren die »Organisationsentwicklung« als Teildisziplin der Betriebswirtschaft. Ihre Ausgangsüberlegung war, dass die Berücksichtigung der menschlichen Bedürfnisse die Produktivität der Unternehmen fördere.

Diese Betrachtung blieb nicht ohne Kritik. Sie schien vielen Wissenschaftlern zu sehr aus der Perspektive der Einzelunternehmen und ihrer spezifischen Bedindungen abgeleitet und losgelöst von gesellschaftlichen, ökonomischen und politischen Rahmenbedingungen. Hinzu kommt eine gewisse Naivität gegenüber den inneren Gesetzmäßigkeiten der Betriebsführung, denn obwohl der Bezug auf die menschlichen Beziehungen die Produktivität steigerte, waren die Beobachtungen nicht von Einblicken in die betriebswirtschaftlichen Abläufe getragen. Dennoch gewinnen der Human Approach und die Organisationsentwicklung in den 50er Jahren des vergangenen Jahrhunderts starke Bedeutung. Kurt Lewin, einer der Pioniere der Sozialpsychologie, beflügelt die Entwicklung. Er prägt die theoretischen Grundlagen der Organisationsentwicklung – Gruppendynamik, Motivation und Führungsstil – wie kein Zweiter. Darüber hinaus beeinflusst er Interventionstechniken wie Laboratory Training, Survey Feedback oder Action Research entscheidend. All diese Ansätze kommen der Verbesserung der betrieblichen Abläufe zugute. 1957 taucht im Zuge eines Projektes bei der Union Carbide zum ersten Mal der Begriff »Organisationsentwicklung« auf. Parallel dazu werden, folgt man der Doktorarbeit von Stellian über neuere Tendenzen der Organisationsentwicklung in den USA, in den 1970er Jahren wichtige Erkenntnisse der Organisationslehre und der Organisationspsychologie ergänzt.

Gleichzeitig jedoch wächst der Widerstand. Jordan hält fest: »New paradigms began to emerge in organization studies that took into account the environment and power differentials. While theory […] was changing, and theoretical approaches […] could have brought interesting insights into organizational studies, the anthropologists studying organizations remained loyal to functionalism.«[20]

Erst in den 1980er Jahren sehen Beobachter eine Öffnung der Organisationsentwicklung für externe Einflüsse, zum Beispiel aus der Schule der Business Anthropology und die Erweiterung der Perspektive um die gesamte Unternehmenskultur, einer »unsichtbaren Einflussgröße«, die im Zentrum jeder Diagnose stehen sollte. Es wird gefolgert: »Da Organisationen soziale Systeme sind, d. h. aus Gruppen von Menschen bestehen, liegt die Vermutung nahe, dass sie auch so etwas wie Kultur haben.«[21] Diese Kultur werde »in verschiedenen Disziplinen recht ähnlich beschrieben als Denk- und Verhaltensmuster, Werte, Normen, die im Laufe der Zeit entstanden sind und die beim Lösen von Problemen benutzt werden«.[22]

»Through the 1990s and into the twenty-first century, growth in the field of business anthropology has continued to explode. […] When studying the organization itself, anthropologists understood that organizational structure and group behavior and values must be understood in order to formulate a description and subsequent conclusions about the workings of an organization«[23], ergänzt Jordan. Wie wirkungsmächtig dieser anthropologische Blick auf Unternehmen ist, zeigt sich beispielsweise an den Ergebnissen einer Studie des Bundesarbeitsministeriums aus dem Jahre 2007. Sie rät den Unternehmen, stärker auf ihre Mitarbeiter einzugehen. Nötig sei eine mitarbeiterorientierte Unternehmenskultur. Schließlich nimmt die Untersuchung für sich in Anspruch, erstmals den Zusammenhang zwischen Engagement und Unternehmenserfolg statistisch nachgewiesen zu haben. Danach ist die Unternehmenskultur für bis zu 31 Prozent des finanziellen Erfolges verantwortlich.

Die Erkenntnisse der Untersuchungen, die Einflüsse des Human Approachs sowie das Know-how der Business Anthropology revolutionieren den Organisationsbegriff und das Verhältnis zwischen Management und Mitarbeitern. Im Ergebnis lässt sich folgern, dass der Wandel nur dem gelingt, der das Verständnis und die Unterstützung der Mitarbeiter erwirbt.

Heute schafft Organisationsentwicklung den Spagat zwischen der Realisierung ökonomischer Ziele unter Beibehaltung humaner Anforderungen an die Gestaltung des organisatorischen Wandels. Scherm und Pietsch fassen dies so zusammen: »Im Vordergrund [...] steht die Implementierung geplanter organisatorischer Änderungen unter Partizipation der Betroffenen, da angenommen wird, dass Änderungen der Organisation und des Verhaltens schneller und effektiver erreicht werden, wenn diese von Anfang an beteiligt sind. [...] Organisationsentwicklung basiert auf der Überzeugung, dass Änderung der Einstellung und Verhaltensweisen dem organisatorischen Wandel vorangehen oder zumindest parallel erfolgen müssen. [...] Dazu kommen Annahmen, dass individuelle und organisationale Ziele kompatibel sind, in der Organisation Zusammenarbeit besser ist als Wettbewerb und das Organisationsklima zentrale Bedeutung hat.«[24]

Dennoch ist die Entwicklung nicht abgeschlossen. Karsten Trebesch, seit 30 Jahren Berater für Unternehmensentwicklung, führt die Entwicklung des Change Managements darauf zurück, dass es mehr und mehr Aufgabe des Managements sein werde, mit Wandel umzugehen und ihn aktiv zu gestalten. Er bezeichnet die heute vorherrschenden Konzepte für Veränderungsmanagement als »das in einen systematischen Management-Kontext gestellte, reichhaltige konzeptionelle und methodische Repertoire der OE.«[25] Dabei sind auch die »Wurzeln« des Change Managements, die der Organisationsentwicklung, zu erkennen, und wie stark die Rolle der Mitarbeiterinnen und Mitarbeiter sowie die Kultur entscheidend für den Erfolg und die Veränderung gesehen wird. Change Management ist die Strategie des geplanten und systematischen Wandels, der durch die Beeinflussung der Organisationsstruktur, Unternehmenskultur und des individuellen Verhaltens zustande kommt, und zwar unter größtmöglicher Beteiligung der betroffenen Arbeitnehmer

Die Realität zeigt: Einsicht allein genügt nicht

Unternehmen sind hierarchisch aufgebaut. Eine kleine Gruppe von Menschen an der Spitze der Organisationlegt legt zu wichtigen Teilen fest, wohin es geht, entwickelt Strategien und weist die Ressourcen zu, hält Kurs.

Die Frage lautet: Wie schafft sie es, die größere Gruppe, also die Belegschaft, dazu zu bringen, mitzuziehen und nach ihren Vorgaben und Plänen die gesamte Organisation schnell und effektiv zu verändern? Oder eben nicht.

Naives Weltbild etablierter Ansätze

Auf die Einsicht der Mitarbeiterinnen und Mitarbeiter setzen, lautet die bislang einzig plausible Antwort auf die gestellten Fragen. Dies ist zum einen ideengeschichtlich begründet – wie gezeigt –, zum anderen aber auch eine rationale Reaktion auf das zentrale Konfliktpotenzial innerhalb von Unternehmen: die Interessen der organisierten Arbeitnehmerschaft. Die Wirtschaftsprofessoren Axel Kaune und Harald Bastian haben sich mit der Umsetzung von Change Management beschäftigt. Mit ihrem Untertitel greifen sie eine der zentralen Fragen auf, der auch diese Arbeit nachgeht: Wie »Veränderungen erfolgreich durchsetzen«? Die Autoren definieren ein zentrales Aufgabenfeld des Veränderungsmanagements: »Betriebliche Veränderungen erzeugen naturgemäß Spannungen, Meinungsunterschiede, Widerstände, Machtgelüste und vieles mehr. Diese Phänomene im Rahmen eines Veränderungsprozesses konstruktiv zu managen ist Aufgabe des Konfliktmanagements.«[26]

Genau dies ist die Basis des heute noch gebräuchlichen Konzepts für Change Management. Es ließe sich als sozialpädagogischer Ansatz bezeichnen. Er adressiert mögliches Konfliktpotenzial zwischen Unternehmensführung und Belegschaften, die Eskalation unternehmensinterner Auseinandersetzungen und Widerstände zwischen Unternehmensführung und Belegschaften. »Ein frühzeitiges Erkennen und Bearbeiten ist aus zweierlei Gründen dringend geboten. Zum einen ›leidet‹ der Veränderungsprozess unter dem Konflikt, und zum anderen wird die Wahrscheinlichkeit, den Konflikt zu beherrschen, mit zunehmender Eskalationsstufe immer geringer«, so Kaune und Bastian.[27]

Doch die Rahmenbedingungen für Change haben sich geändert, und zwar gravierend. Die Belegschaften haben ihren Einfluss auf Veränderungen in Unternehmen weitgehend verloren. Im Gegenteil: Sie unterstützen den Wandel aktiv, meist aus Sorge um den Arbeitsplatz. Der Kampf um Opel ist ein Modellfall, wie die Beschäftigten mit um die Zukunft des Traditionsunternehmens ringen und dabei empfindliche materielle Einbußen in Kauf nehmen. Gleichzeitig wird das Management anfälliger für die Folgen von Change: Die Definition von neuen Zielen, eine Neuverteilung von Zuständigkeiten, Zugängen zu Ressourcen sowie Aufstiegs- und Einkommenschancen treffen die Führungskräfte individuell. Die strukturell bedingten Interessenunterschiede zwischen den verschiedenen Gruppen innerhalb der Führung verschärfen sich ebenfalls und werden schonungslos offen ausgetragen – ein ganz neues Konfliktpotenzial entsteht. Der eigentliche Grund für das Scheitern heutiger Change-Management-Prozesse.

Unternehmensführung als eigentliches Hemmnis

James Champy, einer der Begründer des Business Process Reengineering (BPR), provozierte in den 1990er Jahren mit seiner Polemik: »Während die Arbeit der kleinen Leute umstrukturiert wurde, blieb die Tätigkeit der Manager unangetastet – und damit alles beim Alten.«[28] Er sah deshalb die Unternehmensführung als den »wesentlichen Hemmfaktor« und schätzte die Veränderungsbereitschaft der Manager als »zu gering« ein. Eine entscheidende Rolle für eine Verdeutlichung spielt dabei, dass die Anreizsysteme für Führungskräfte auf längere Kooperation angelegt sind. Die Rahmenbedingungen für die Tätigkeit des Managements haben sich in den vergangenen Jahren gravierend verändert. Sie sind mit deutlich erhöhten Chancen, aber auch mit größeren Risiken verbunden – und müssen somit mitkompensiert werden. In Change-Situationen bricht diese Kooperation oft zusammen, und zwar dauerhaft. Aus der Logik des gemeinsamen Gewinns (Win-win), die eine zeitliche Perspektive benötigt, wird eine Situation, in der nur einige wenige gewinnen werden (Win-lose). Das heißt: Wenn sich zwei Entscheider in einer Konkurrenzsituation befinden, in der einer der beiden auf Kosten des anderen gewinnen kann, dann wächst die Wahrscheinlichkeit, dass beide kein Verhalten an den Tag legen werden, das einem Verhalten in einer kooperativen Situation entsprechen würde.

Nach dem amerikanischen Sozial- und Erziehungspsychologen Morton Deutsch zeigen sich in Kooperations- und Konkurrenzsituationen – in Bezug auf Wahrnehmung, Einstellung, Kommunikation und Aufgabenbezug –

unterschiedliche Verhaltensmuster bei den Akteuren eines Unternehmens. In kooperativen Situationen sehen sie in ihrer Wahrnehmung der Lage vor allem Gemeinsamkeiten mit ihrem Umfeld und anderen handelnden Personen. Das äußert sich in ihrer vertrauensvollen Einstellung gegenüber Kollegen und der daraus resultierenden offenen und aufrichtigen Kommunikation. Aus dieser Situationsanalyse heraus ergibt sich bei den Beteiligten auch eine Ausrichtung auf gemeinsame Ziele. Sie drückt sich in Form von kooperativer Aufgabenverteilung und gezielter Problemlösung aus. In einer Konkurrenzsituation sehen sie vor allem Gegensätze und Unvereinbarkeiten ihrer Interessen und Ziele. Ihre Einstellung gegenüber anderen Akteuren ist deshalb misstrauisch bis feindselig. Dies äußert sich besonders durch eingeschränkte oder taktische Kommunikation. Es findet eine Ausrichtung und Konzentration auf das Erreichen der eigenen Ziele statt – auch gegen andere Beteiligte. Dabei können kleine Meinungsverschiedenheiten oder sogar offene Kämpfe ausbrechen, die das Change Management und damit das gesamte Unternehmen lähmen.

Rivalitäten im Management

Dieses sind Hinweise auf unsere Hypothese, dass notwendige Veränderungen häufig nicht in der Fläche scheitern, sondern an Konflikten in der Spitze. Für diese Problemstellung und die daraus abzuleitenden angemessenen Personal-, Kommunikations- und Organisationsmaßnahmen bietet die Betriebswirtschaft derzeit weder Ansätze noch Antworten und Lösungen. Einsichten in das komplexe Thema lässt jedoch die Principal-Agent-Theorie zu. Sie zeigt, warum auf der Ebene der Führung der Wille zur Veränderung allein nicht ausreicht, um das Unternehmen für Veränderungsvorhaben zu mobilisieren.

Erfolgreiche Unternehmen zeichnen sich zunächst durch ein Unternehmensziel aus, das seinen Zweck definiert und eine spezifische Kombination von Produktionsfaktoren nahelegt. Dieser Unternehmenszweck wird in der Aufbau- und Ablauforganisation ebenso deutlich abgebildet wie in einer Vielzahl von Normen und Regeln, die das Unternehmen teilweise selbst setzt (Leitbild, Unternehmenswerte etc.), vielfach aber als gesetzt akzeptieren muss, wie etwa allgemeinrechtliche Normen (z. B. Arbeitsrecht, Gleichstellungsgesetze) oder Regelungen für das Austragen von Interessenskonflikten (z. B. Mitbestimmungsgesetz). Die Realisierung der Unternehmensziele wird von Anreizen (Incentives) unterstützt und durch Sanktionen (Disincentives) abgesichert. Darüber hinaus sind durch allgemeines Recht bereits vielfach die Rahmenbedingungen und Spielregeln für das Austragen von Interessenkonflikten in Unternehmen festgelegt. So definiert etwa das Aktienrecht zumindest große Teile des Verhältnisses von Eigentümern und angestellten Managern.

Eine zentrale Frage jedoch ist nicht grundlegend beantwortet: Wie kann das Problem einer strukturellen Überlegenheit des Managements gegenüber anderen Mitgliedern der sozialen Organisation »Unternehmen« reguliert werden? Dabei steht nach gängiger Übereinstimmung das Verhältnis der Eigentümer zu den Managern im Vordergrund, dabei vor allem das Problem, wie sich am besten sicherstellen lässt, dass ein Management die ihm übertragene Verfügungsmacht über das Eigentum anderer in deren Sinne nutzt. Dieses »Principal-Agent-Problem« ist Gegenstand einer umfassenden wirtschaftswissenschaftlichen Diskussion, der »unentdeckt« das naive Verständnis aktueller Change-Ansätze unterstreicht.

Der »unentdeckte« Präzedenzfall: Principal Agent

Auf welche Art und Weise kann sichergestellt werden, dass ein Individuum effektiv und effizient im Sinne eines anderen Individuums arbeitet? Im Mittelpunkt steht die Trennung von Eigentum und der Kontrolle fremder »Verwaltung«. Dies zwingt dazu, die Beziehung zwischen den Eigentümern von Rechten (Kapital, Patente etc.), den sogenannten Principals (auch Prinzipalen), und den angestellten Managern, den sogenannten Agenten, zu regeln, die in deren Auftrag diese Rechte verwerten.

In der Regel werden diese Beziehungen per Vertrag dokumentiert. Dabei erfolgt eine mehr oder weniger klar definierte Delegation von Entscheidungsbefugnissen auf den Agenten. Das Risiko für Fehlentscheidungen verbleibt jedoch letztlich beim Principal, Vermögenseinbußen treffen vor allem ihn. Für die Vertragsbeziehung zwischen beiden Akteuren trifft die Principal-Agent-Theorie die Annahme, dass beide Vertragspartner ihren persönlichen Nutzen zu maximieren versuchen. Der Principal strebt nach der Erwirtschaftung eines optimalen Ertrages aus seinen Vermögenswerten. Dabei sind durchaus unterschiedliche Ziele denkbar, etwa die kurzfristige Maximierung der Renditen, eine mittelfristige Wertsteigerung des Unternehmens oder eine verlässliche, risikominimierende Dividendenzahlung. Auch der Agent strebt nach der Maximierung seines Nutzens, was durch die Maximierung des persönlichen Einkommens erfolgen kann, aber etwa auch durch eine Minimierung des Zeitaufwands. Grundsätzlich bleibt festzuhalten: Principal und Agent verfolgen ganz unterschiedliche Ziele.

Nicht nur die Zieldivergenz, auch das asymmetrische Informationsverhältnis zwischen Principal und Agent erzeugt eine Regelungsnotwendigkeit, vor allem, um die Interessen des Principals zu sichern. Es wird angenommen, dass die Informationen nach Abschluss eines Vertrages, aber auch bereits vorher, asymmetrisch verteilt sein können. Beispielsweise kann der Prinzipal keine vollständigen Angaben zur Qualifikation beobachten. Er ist auf die Richtigkeit der Angaben des Agenten angewiesen und richtet seine Entscheidungen danach aus. Zudem kann der Prinzipal nicht dauerhaft die Arbeitsintensität des Agenten überwachen; er muss ihm, zumindest in einem gewissen Umfang, vertrauen und hoffen, dass der Agent das Beste aus der Sache macht. Selbst dies vorausgesetzt, ist dennoch nicht zu übersehen: Die Gefahr ist groß, dass der Agent die Situation nutzt, um seinen persönlichen Nutzen zu maximieren und damit zugleich nicht mehr im besten Interesse des Prinzipals zu handeln.

Da diese Form des Auftragsbruchs schwer zu ermitteln ist, stellt die Theorie zuerst die Integrität des Managers in den Mittelpunkt ihrer Betrachtungen und begreift die Versuchung des Agenten als zentrale Herausforderung: Nicht nur die Frage, ob der Agent genügend tut, bleibt schwer zu beurteilen; auch die Frage, ob die Aktivitäten angemessen und richtig sind, kann kaum entschieden werden. Immer wieder treten Situationen auf, in denen die Aktionen beobachtet werden können, aber nicht deren Konsequenzen. Beide Probleme waren aus der Versicherungswirtschaft bekannt, und so bürgerten sich zunächst die dort verwendeten Begriffe ein: »Moral Hazard« steht für die Neigung zum Vertrauensbruch unter der Voraussetzung, mit großer Sicherheit nicht entdeckt zu werden. »Adverse Selection« dagegen für die Möglichkeit eines Handelnden, absichtlich unangemessen zu reagieren.

Kenneth J. Arrow, amerikanischer Ökonom und Nobelpreisträger der Wirtschaftswissenschaften, kritisierte den skizzierten Ansatz bereits 1985 unter anderem wegen seiner normativen Vorbestimmtheit, und er führte eine neue Sichtweise auf die genannten Probleme in die Diskussion ein. »I will call the two types of principal agent problems hidden action and hidden information, respectively. In the literature they are frequently referred to as moral hazard and adverse selection.«[29] Hidden Action (verborgenes Handeln) wird von ihm verstanden als das Verhalten des Agenten, sich vor der Arbeit – zum Schaden des Principals – zu drücken. Hidden Information (verborgenes Wissen) hat der Agent aus seiner Sicht, wenn er Beobachtungen macht, die der Principal nicht machen konnte, und diese gegen den Principal verwendet.

Die Vertreter der normativen Principal-Agent-Theorie orientieren sich an der Entscheidungstheorie und nutzen mathematische Hilfsmittel, um Handlungsoptionen für eine tragfähige Vertragsgestaltung zwischen Prin-

Abbildung 9: Principal-Argent-Probleme
aus positiver und normativer Sicht

Etablierte Begriffe		Entstehungszeitpunkt des Vertrags
Positive P:A Theorie	**Normative Theorie**	
Hidden characteristics (verborgene Merkmale)		*vor Vertragsschluss*
Hidden actions (verborgenes Handeln)	**moral hazard** (moralische Versuchung)	*nach Vertragsschluss*
Hidden information (verborgene Information)	**adverse selection** (negotive Selbstselektion)	*nach Vertragsschluss*
Hidden intention (verborgene Absichten)		*vor / nach Vertragsschluss*

cipals und Agenten abzuleiten. Ihr Ziel ist ein Zustand, bei dem keine der Parteien ihr Ergebnis verbessern kann, ohne das des anderen zu schmälern (Pareto-Optimalität). In der Nachfolge Arrows hat sich zudem die »positive Schule« gebildet, die ihr Interesse vor allem auf die institutionellen Rahmenbedingungen für die Gestaltung von Auftragsbeziehungen richtet. Ein Analyseschwerpunkt sind die Trennung von Eigentum und Entscheidungsbefugnis im Rahmen der Unternehmungsführung und die daraus entstehenden Probleme. Dabei geht sie eher deskriptiv und empirisch als mathematisch vor.

Beide Schulen kommen schließlich zu einer Reihe von Sanktionen, also Reaktionen auf Abweichungen von Verhaltensregelmäßigkeiten, durch die demonstriert wird, dass abweichendes Verhalten nicht hingenommen wird. Sanktionen werden dabei so umfassend definiert, dass sie nicht nur die Bestrafung abweichenden Verhaltens (negative Sanktionen), sondern auch die Belohnung konformen Verhaltens (positive Sanktionen) umfassen. Positive und negative Anreize sollen auch die Interessen von Principal und Agent miteinander verknüpfen. Sie sind vor allem geeignet, die Probleme »Hidden Information« und »Hidden Action« zu entschärfen. Die darüber hinaus vorgeschlagenen Kontroll- und Informationssysteme hingegen dienen vor allem der Disziplinierung der Agenten und sollen das Problem der »Hidden Action« angehen. In einer der extremsten Ausprägungen dieser Kontrollsysteme erklärt der Agent sich per Vertrag bereit, sich dem Principal unterzuordnen. Verbote bestimmter Handlungsoptionen sind Bestandteil dieses Verhältnisses, ebenso harte Sanktionsmöglichkeiten, die das Verfolgen eigener Interessen des Agenten auf ein Minimum reduzieren sollen.

Allen Betrachtungen zur Lösung des Principal-Agent-Problems gemeinsam ist: Sie sind auf eine Abfolge vieler »Spielzüge« ausgerichtet, eine Kette von Aktion und Reaktion. Sowohl die positiven als auch die negativen Anreize funktionieren nur, wenn dieser Abfolge von sich bedingenden Ereignissen langfristige Erträge beziehungsweise drohende Verluste die kurzfristig erzielbaren Resultate übersteigen. Nur in stabilen, eingeschwungenen Verhältnissen liefern also Anreizsysteme beiden beteiligten Gruppen einen zuverlässigen Orientierungsrahmen.

Hier, bei den langfristigen Kosten-Nutzen-Kalkülen, kehren sich die Verhältnisse in Umbruchsituationen um. Sobald zum Beispiel das Überleben des Unternehmens in der bestehenden Form gefährdet ist, kann es für den Agenten lohnender sein, seine kurzfristigen Erträge zu maximieren oder die Verluste zu minimieren, selbst auf Kosten des Unternehmens und seiner Eigentümer. Umgekehrt könnte der Principal zu der Überlegung kommen, es sei für ihn günstiger, seine Eigentumsrechte an Dritte zu verkaufen – selbst wenn er damit erheblich in die Ergebnisse und die Perspektiven der Agenten eingreift. Wenn selbst etablierte Anreizinstrumente zur Motivation und Mobilisierung keinen Effekt mehr erzielen, dann ist die Hoffnung auf Einsicht bei den Betroffenen eine naive Vorstellung. Deshalb ist es zwingend notwendig, diese Veränderung zu verstehen und sich ihr zu stellen, um gezielte Maßnahmen für ein erfolgreiches Change Management zu etablieren.

Anmerkungen

1 Roth, Stephan (2000): Emotionen im Visier: Neue Wege des Change Management, in: *Organisationsentwicklung* 2/2000, S. 14–21.
2 Mohr und Woehe (1998) S. 126–131.
3 Riesenbeck und Perrey (2005), S. 193.
4 FitzGerald, Niall (2000), in: »Shrinking to Grow,« *Economist*, February 26, 2000.
5 FTD (2001): Tiefgreifender Strukturwandel, 15.06.2001, S. 4
6 Unilever zitiert nach Patrick Viguerie, et al.(2008), S.159.
7 *Welt am Sonntag* (2005): Unilever droht scharfe Rasur, 30.01.2005, S. 34.
8 Rickens, Christian (2005): Fett weg, Lack ab, in: *manager magazin*, Nr.3/2005.
9 Ebd.
10 Bericht der Kommission ›Gemeinsame Sicherheit und Zukunft der Bundeswehr‹ an die Bundesregierung (2000), S. 13.
11 Deutscher Bundestag (2000): Antwort der Bundesregierung auf die kleine Anfrage der Abgeordneten Thomas Kossendey, et al. – Drucksache 14/4426 – Rationalisierung und Privatisierung in der Bundeswehr.
12 Ebd.
13 Dyson (2007), S. 105.
14 *Spiegel online* (2000): Bundeswehr: Ein paar schnelle Mark, 04.12.2000, http://www.spiegel.de/spiegel/print/d-17976177.html.
15 Dyson (2007), S. 105 f.
16 Schnell (2004): Zur Transformation der Bundeswehr aus ökonomischer Sicht, Universität der Bundeswehr, http://www.clausewitz-gesellschaft.de/fileadmin/dokumente/Vortraege/Vo_Schnell.pdf.
17 Großeholz: Die ökonomische Modernisierung der Bundeswehr im Meinungsbild der Soldatinnen und Soldaten, in: Gregor Richter (2007), S. 26.
18 Wright (1994), S. 5.

19 Ebd.

20 Jordan (2003), S. 13.

21 Sackmann, Sonja (1983): Organisationskultur: Die unsichtbare Einflussgröße, in: *Psychologische Gesellschaft für Persönlichkeits- und Organisationsentwicklung,* Jahrgang 14. Ausgabe 4., S. 393–406.

22 Ebd.

23 Jordan (2003), S. 19.

24 Scherm und Pietsch (2007), S. 244 f.

25 Trebesch (2000), S. 14.

26 Kaune und Bastian (2004), S. 35.

27 Ebd. S. 45.

28 James Champy zitiert nach Al-Ani, Ayad und Gattermeyer, Wolfgang: Entwicklung und Umsetzung von Change Management-Programmen; in: Gattermeyer und Al-Ani (2001), S. 13.

29 Arrow, Kenneth (1985): The economics of agency, in: J. Pratt and R. Zeckhauser, eds., *Principals and agents: The Structure of business,* Harvard University Press, S. 37–51, Hervorhebung aus dem Original weggelassen.

Kapitel 4

Kein Change ohne Konflikt

Unternehmen sind als soziale Organisationen Schauplatz von Konflikten. Diese Auseinandersetzungen beruhen auf unterschiedlichen Interessen von Individuen und sozialen Gruppierungen. Unter Interessen versteht der deutsche Philosoph Norbert Hoerster einen »Wunsch unter Rationalitätsbedingungen«[1], das heißt, einen Wunsch, der auf Annahmen über die Wirklichkeit basiert, die eine situative und zeitlich definierte Realisierung ermöglichen. Konflikte sind Versuche Einzelner oder von Gruppen, solche Interessen gegen die anderer Einzelner oder Gruppen durchzusetzen.

Weniger Sicherheit, mehr Wettbewerb, neue Kontroversen

Als entscheidender Referenzrahmen für die Regulation innerbetrieblicher Konflikte hat sich im Nachkriegsdeutschland die Einführung und Entwicklung der Mitbestimmungsrechte erwiesen.

Der Beginn der Mitbestimmung in Deutschland kann auf das frühe 20. Jahrhundert datiert werden. Die Weimarer Reichsverfassung von 1919 beinhaltete erstmalig Bestimmungen zu einer institutionalisierten Arbeitervertretung und wurde von der Nationalversammlung 1920 in Form des Betriebsrätegesetzes offiziell verabschiedet. Mit dem Nationalsozialismus fanden diese Regelungen ihr Ende. Erst nach dem Zweiten Weltkrieg und dem Beginn des Wiederaufbaus regelte der Alliierte Kontrollrat 1946 in seinem Betriebsrätegesetz die Rolle der Betriebsräte neu.

Hüttenwerke Hagen-Haspe AG, Anfang 1947 neu gegründet, war mit einem paritätisch besetzten Aufsichtsrat und einem Arbeitsdirektor im Vorstand das erste mitbestimmte Unternehmen auf deutschem Boden in der Nachkriegszeit. Bergbau, Eisen- und Stahlindustrie erhielten 1951 mit dem »Montan-Mitbestimmungsgesetz« eine gesetzliche Grundlage für die Regelung der Unternehmensmitbestimmung. Die Regelung der Mitbestimmung außerhalb der Montanindustrie wurde seit 1952 durch das Betriebsverfassungsgesetz geregelt. Darin war allerdings nur eine Vorschrift enthalten, nach der den Arbeitnehmern nur ein Drittel der Aufsichtsratsmandate zustand. Erst in den folgenden Jahrzehnten waren die Gewerkschaften bestrebt, das Montanmodell auf alle Wirtschaftsbereiche zu übertragen.

Unter Willy Brandt wurde es das erklärte Ziel der Regierung, in der Wirtschaft »mehr Demokratie zu wagen«. Eine der Konsequenzen dieser Ausrichtung war die Verabschiedung des »Gesetzes über die Mitbestimmung der Arbeitnehmer« von 1976. Nach diesem Gesetz sind sie in den Aufsichtsräten der Großunternehmen (Kapitalgesellschaften ab 2 000 Beschäftigten) der übrigen Wirtschaftszweige beinahe paritätisch vertreten. In den Unternehmen unter 2 000 Beschäftigten (bei GmbHs erst ab 500) sind die Arbeitnehmervertreter nach dem Betriebsverfassungsgesetz nur zu einem Drittel vertreten.

2001 gab es weitere umfassende Änderungen am Betriebsverfassungsgesetz – im Sinne der Arbeitnehmer. So wird dort beispielsweise geregelt, dass es in Firmen mit mehr als 100 Beschäftigten ebenfalls Betriebsräte geben soll, und mit welchen Verfahren unterschiedliche Interessen in Unternehmen auszugleichen wären. All diese Regeln und Prozessvorschriften galten also für den – Jahrzehnte dominierenden – Fall vertikaler Konflikte: die Auseinandersetzung zwischen Beschäftigten und Unternehmensführern.

Wandel von einer korporatistischen zu einer kompetitiven Wirtschaftsstruktur

Doch die Rahmenbedingungen für die Unternehmen haben sich in den vergangenen Jahren dramatisch verändert, wie bereits angedeutet. Die Globalisierung und der zunehmende Einfluss der Kapitalmärkte auf die Unternehmensfinanzierung gehören dabei zu den wichtigsten Triebkräften. Ihre

Konsequenzen werden besonders in Deutschland deutlich: Der Wandel von einer korporatistischen zu einer kompetitiven Wirtschaftsstruktur und der damit einhergehende Wandel von der Dominanz vertikaler zu horizontalen Konflikten lässt sich sehr eindrucksvoll am Wandel der einstigen »Deutschland AG« veranschaulichen.

Das Stichwort »Deutschland AG« beschreibt die besondere Verflechtung deutscher Banken, Versicherungen und Industrie-Unternehmen und ihrer Management-Eliten, die sich bis in die 90er Jahre des vergangenen Jahrhunderts entfaltet haben. Nach 1945 spielte diese Verflechtung aus persönlichen Kontakten, Besitzverhältnissen und Kontrollmöglichkeiten eine wichtige Rolle für die schnelle Rekonstruktion der deutschen Wirtschaft. Die so entstandene Wirtschaftsstruktur wird auch als »organisierter« oder »rheinischer« Kapitalismus bezeichnet und hat auch die Art, wie Konflikte in Unternehmen ausgetragen wurden, entscheidend mitgeprägt.

Anders als im angelsächsischen Wirtschaftsraum erfolgte die Unternehmensfinanzierung in Deutschland zu wesentlichen Teilen durch Beteiligungen und Kredite der Hausbanken, nicht über den Kapitalmarkt. Die Rolle der Banken als Gläubiger und Miteigentümer verhalf ihnen zu einem enormen Wissen über den Zustand der Unternehmen und zu entscheidungsträchtigen Positionen, beispielsweise in den Aufsichtsräten. Als »heimliche Regenten« der Deutschland AG galten schließlich Allianz Versicherung, Deutsche Bank und Dresdner Bank. Ihre Verflechtungen mit der gesamten deutschen Wirtschaft werden in der von Lothar Krempel erarbeiteten Netzwerkanalyse der Kapitalverflechtungen im Jahre 1996 deutlich (Abbildung 10).

Die Deutschland AG war durch konzentrierte Eigentümerstrukturen, stabile Aktionärskreise, das Fehlen eines aktiven Marktes für feindliche Unternehmensübernahmen, ein nahezu umfassendes Netzwerk aus wechselseitigen Kapitalbeteiligungen und Personalverflechtungen und eine besondere, koordinierende Funktion der Großbanken als ›Hausbanken‹ industrieller Konzerne gekennzeichnet. Diese Charakteristiken verliehen der deutschen Wirtschaft ein hohes Maß an Stabilität und Berechenbarkeit, das sich in komparativen Vorteilen bei der Produktion qualitativ hochwertiger Güter niederschlug. Die Vernetzung und die darin etablierten Macht- und Kontrollverhältnisse innerhalb der Deutschland AG begannen Anfang der 1990er Jahre zu bröckeln.

Abbildung 10: In den 90er Jahren ist die deutsche Wirtschaft ein »closed shop«

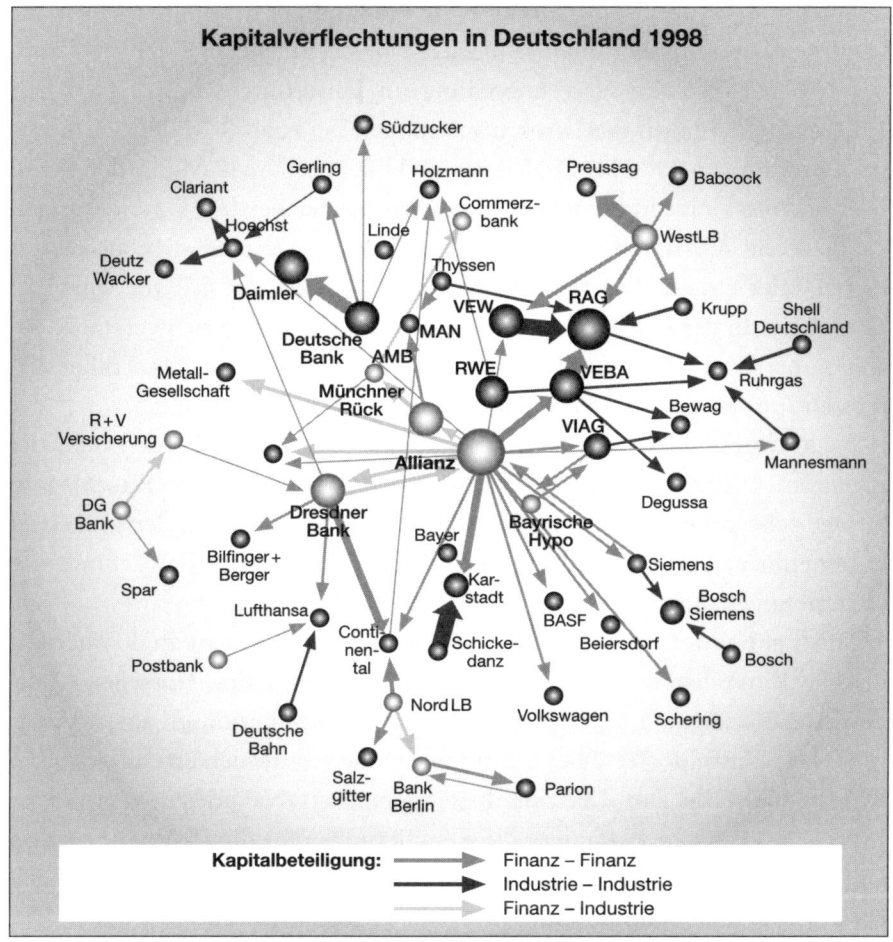

Kapitalverflechtungen in Deutschland 1998

Kapitalbeteiligung:
Finanz – Finanz
Industrie – Industrie
Finanz – Industrie

In Anlehnung an: Lothar Krempel: Die Deutschland AG 1996 – 2006 und die Entflechtung der Kapitalbeziehungen der 100 größten deutschen Unternehmen, Max-Planck-Institut für Gesellschaftsforschung, 2008

Dieser Trend spiegelt sich in einer Reihe konkreter Veränderungen wider, die der Forschungsbericht *Arbeitsbeziehungen in Deutschland*, Ergebnis einer vierjährigen Zusammenarbeit eines Verbundes von Forschungsprojekten des Max-Planck-Instituts, zusammenfasst. Danach stieg bei den 100 größten deutschen Unternehmen der durchschnittliche Anteil des Auslandsumsatzes am Gesamtumsatz beispielsweise zwischen 1986 und 1996 von 37,4 Prozent auf 47,2 Prozent. Weitere zehn Jahre später hält der *Handelsblatt*-Firmencheck fest, dass die im DAX gelisteten Konzerne durchschnittlich 63 Prozent ihrer Umsätze im Ausland erwirtschaften. Auch anhand der Direktinvestitionen deutscher Unternehmen zeigt sich im Laufe der 1990er Jahre eine Verzehnfachung im Jahresdurchschnitt. Zwischen 1986 und 1988 lagen die Direktinvestitionen bei rund 8 Milliarden Euro. Im Zeitraum von 1998 bis 2000 lagen sie bereits bei 73,47 Milliarden Euro. Dies sind nur einige Indikatoren, die verdeutlichen, welchen Veränderungen die deutsche Wirtschaft und die darin agierenden Unternehmen ausgesetzt waren, oder welche sie selbst vorangetrieben haben, um sich am Markt zu behaupten. In der Folge richteten sich deutsche Unternehmen verstärkt am angloamerikanischen, rendite- und aktionärsorientierten Marktliberalismus aus und wendeten sich vom »rheinischen Kapitalismus« ab.

Viele Unternehmen der Deutschland AG wechselten nun den oder die Eigentümer, gingen in anderen Unternehmen auf oder wurden zerschlagen. Strategische Beteiligungen wurden abgebaut, das Netzwerk der Industrieunternehmen wurde kleiner. Banken zogen sich aus der Bewachung der Unternehmen zurück.

Als Symbol der Entwicklung vom rheinischen zu einem angloamerikanischen Kapitalismus gilt die feindliche Übernahme des deutschen Mannesmann-Konzerns durch den britischen Kommunikationsgiganten Vodafone. Das Düsseldorfer Traditionsunternehmen hatte sich erfolgreich vom Röhren-Hersteller zum Telefonanbieter gemausert. Nachdem in den 1990er Jahren das deutsche Parlament die Regulierungen für die Übernahmen von Unternehmen gelockert hatte, waren auch feindliche Übernahmen nach US-Vorbild in Deutschland möglich – die Gelegenheit für Vodafone.

Erstmalig wurde ein direktes Angebot zur Übernahme an die Aktionäre ausgesprochen. Auffällige Mannesmann-Zeitungsanzeigen in den wichtigsten Tageszeitungen riefen dagegen Aktionäre zum Halten ihrer Mannesmann-Anteile auf, ein verzweifelter Versuch, die Übernahme doch noch zu verhindern. Erst als sich im Januar 2000 abzeichnete, dass die Mehrheit der Mannesmann-Anteilseigner das Angebot von Vodafone-Chef Chris Gent annehmen würden, lenkte das Mannesmann-Management im Februar 2000 ein. Die Übernahme war also perfekt. Dieser erstmalige »feindliche Schlag« gegen ein deutsches Unternehmen bewegte nicht nur die Öf-

Abbildung 11: Nach dem Ende der Deutschland AG:
Die Verflechtung nimmt ab

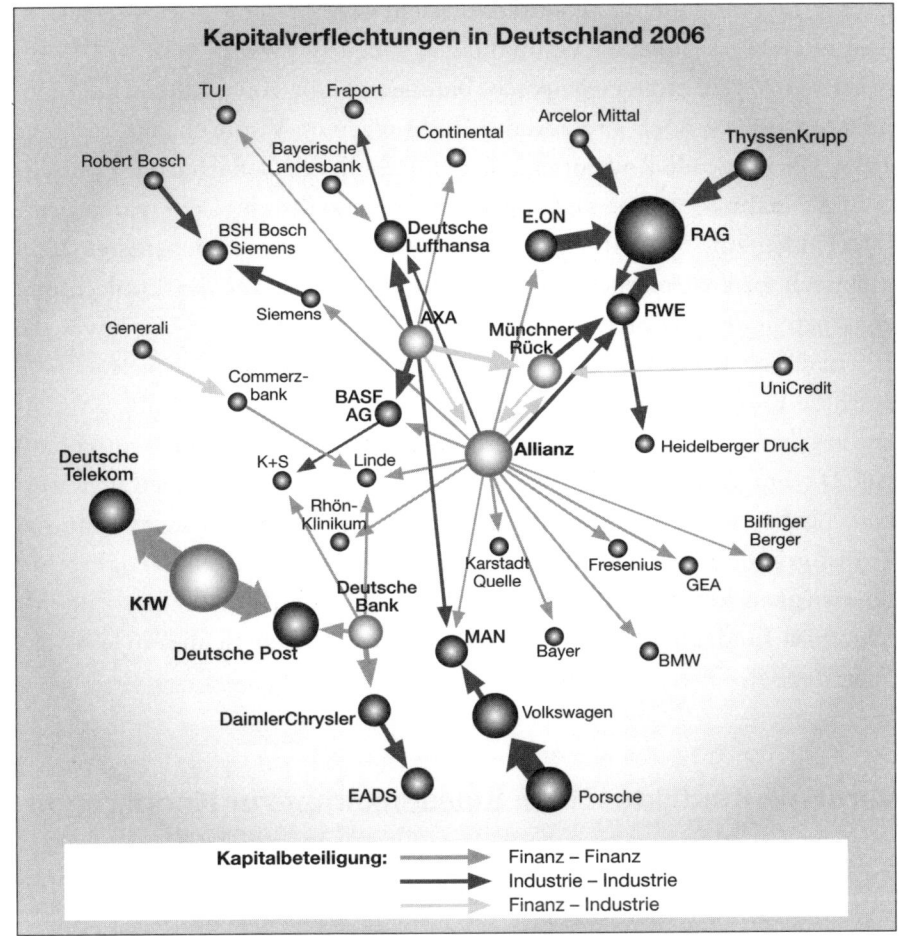

Kapitalverflechtungen in Deutschland 2006

TUI · Fraport · Robert Bosch · Bayerische Landesbank · Continental · Arcelor Mittal · ThyssenKrupp · BSH Bosch Siemens · Deutsche Lufthansa · E.ON · RAG · Generali · Siemens · AXA · Münchner Rück · RWE · UniCredit · Commerzbank · BASF AG · Allianz · Heidelberger Druck · Deutsche Telekom · K+S · Linde · Rhön-Klinikum · Bilfinger Berger · KfW · Karstadt Quelle · Fresenius · GEA · Deutsche Bank · Deutsche Post · MAN · Bayer · BMW · DaimlerChrysler · Volkswagen · EADS · Porsche

Kapitalbeteiligung:
Finanz – Finanz
Industrie – Industrie
Finanz – Industrie

In Anlehnung an: Lothar Krempel: Die Deutschland AG 1996 – 2006 und die Entflechtung der Kapitalbeziehungen der 100 größten deutschen Unternehmen, Max-Planck-Institut für Gesellschaftsforschung, 2008

fentlichkeit, sondern beschäftigte auch Kapitalmärkte und Politik, später sogar die Gerichte. Die feindliche Übernahme eines deutschen Unternehmens durch einen britischen Konzern bedeutete, wie vielfach zu lesen war, das »Ende des rheinischen Kapitalismus«. Kommentatoren sahen den Untergang der Deutschland AG gekommen, die sich bis zu jenem Zeitpunkt erfolgreich vor dem Zugriff ausländischer Investoren geschützt hatte.

Die stetige Auflösung der engen Verflechtung wird bereits bei einem vergleichenden Blick der Netzwerkanalyse aus 1998 auf die Kapitalbeteiligungen im Jahr 2006 (diese wird dargestellt in Abbildung 11). Es zeigt sich, dass es 2006 nur noch 50 Verbindungen gab, 1996 waren es noch 143 gegenseitige Verflechtungen gewesen. Bezogen auf die 100 größten Unternehmen gab es 2006 noch 39 Kapitalverflechtungen im Vergleich zu 62 im Jahr 1996. Die prägende Rolle der Banken innerhalb des Geflechts der Deutschland AG nahm – wie bereits angedeutet – ebenfalls ab: 1996 waren deutsche Banken an 75 der 100 größten deutschen Unternehmen beteiligt, 2006 nur noch an 26 Unternehmen. Fusionen waren Treiber der Entflechtung zwischen Industrieunternehmen. VEBA/VIAG, Bewag/VEAG sowie die Übernahme von Ruhrgas durch E.on sind hier nur einige Beispiele.

Diese Entwicklungen führten nicht nur zu einer grundlegenden Veränderung der Wirtschaftsstruktur und besiegelten das Ende der Deutschland AG. Die Frage, ob und welche Konflikte in Unternehmen ausgetragen werden, blieb von diesen Veränderungen nicht unberührt: »Auch wenn die Transformation der deutschen Arbeitsbeziehungen im letzten Jahrzehnt überwiegend konfliktfrei verlaufen ist, lassen sich doch für die Zukunft neue und fundamentale Verteilungskonflikte nicht ausschließen«, so das Fazit des Max-Planck-Institutes.[2]

Vertikale Konflikte – vom Klassenkampf zur Kooperation

Innerhalb der Deutschland AG waren die Lager klar definiert und damit auch die Herausforderungen für das Change Management. Die Gewerkschaften hatten sich durch Mitbestimmung und z. B. die erwiesene Konfliktfähigkeit eine Machtposition erarbeitet und die Mitbestimmungsrechte von der Montan- auf die gesamte Industrie ausgeweitet. Eine Reihe von befreundeten Organisationen – zum Beispiel die Arbeiterwohlfahrt – verfügten über ökonomischen Einfluss und wurden auch zum Austausch von Führungskräften und zur Absicherung von Karrieren genutzt. Und das Netzwerk in die Politik – vor allem zur SPD – war sehr eng: In der 10. Wahlperiode (1983–1987) waren 97 Prozent der SPD-Bundestagsabgeordneten, aber auch 20 Prozent der CDU-Abgeordneten Mitglieder einer Gewerkschaft.

Die Entflechtung der Deutschland AG hatte vor allem auf das Mobilisierungspotenzial der Arbeitnehmer und damit auch auf ihre Konfliktbereitschaft und -fähigkeit entscheidenden Einfluss.

Das arbeitgebernahe Institut der deutschen Wirtschaft in Köln hat mit einer Metastudie die Zahl und Intensität der Arbeitskämpfe in den wichtigsten Industrienationen im Zeitraum von 1970 bis 2007 analysiert und festgestellt, dass sich seit den siebziger Jahren länderübergreifend ein Rückgang der durch Streiks und Aussperrungen bedingten Arbeitsausfälle beobachten lasse, bei der Mehrheit von Ländern liege dies an einer sinkenden Streikhäufigkeit, in Deutschland komme eine kürzere Dauer von Streiks hinzu (vgl. Abbildung 12).

Abbildung 12: Die Streikdauer in Deutschland sinkt seit 1970/79 stetig

		1970/79	1980/89	1990/99	2000/07
Deutschland	Streikdauer	5,9	4,4	1,6	1,5

Anmerkung des Verfassers:
Bei Betrachtung des Streikumfangs ist zu berücksichtigen, dass für Deutschland nicht die Anzahl der Streikenden (und Ausgesperrten) je Konflikt angegeben wird, sondern die Anzahl der Streikenden je Betrieb.

In Anlehnung an: Hagen Lesch: *Erfassung und Entwicklung von Streiks in OECD-Ländern*, in: *Vierteljahresschrift zur empirischen Wirtschaftsforschung aus dem Institut der deutschen Wirtschaft Köln*, 36. Jahrgang, Heft 1/2009

Das Arbeitskampfvolumen, also die Summe der Streik- und Aussperrungstage, ist seit den 70er Jahren um 90 Prozent drastisch gesunken (vgl. Abbildung 13).

Abbildung 13: Das Arbeitskampfvolumen und die Streikhäufigkeit sinken seit 1970/79 stetig

		1970/79	1980/89	1990/99	2000/07
Deutschland	Arbeitskampfvolumen	52	27	11	5
	Streikhäufigkeit	547	222	584	330

Arbeitskampfvolumen: durch Streiks und Aussperrungen verlorene Arbeitstage je 1 000 Arbeitnehmer.

In Anlehnung an: Hagen Lesch: *Erfassung und Entwicklung von Streiks in OECD-Ländern*, in: *Vierteljahresschrift zur empirischen Wirtschaftsforschung aus dem Institut der deutschen Wirtschaft Köln*, 36. Jahrgang, Heft 1/2009

Neben Streiks und Aussperrungen haben die Arbeitnehmerorganisationen in Deutschland zunehmend flexiblere Streiktaktiken entwickelt. Sie sind einerseits die Antwort auf Aussperrungserfahrungen der 1970er und 1980er Jahre, andererseits Taktiken, die in gewerkschaftlich niedrig organisierten Branchen eine Streikmobilisierung überhaupt erst ermöglichen. Abgesehen von einzelnen offensiven Streiks strategisch gut positionierter Beschäftigungsgruppen haben vor dem Hintergrund eines zugunsten der Kapitalseite verschobenen Kräfteverhältnisses die Arbeitskämpfe in mehreren Branchen inzwischen einen »überwiegend defensiven Charakter«[3]

Die zunehmende Kooperationsbereitschaft der Belegschaftsvertreter auf Unternehmensebene wird auch von den Gewerkschaften als eine Ursache für die deutlich reduzierte Zahl von Streiks genannt. Ergebnisse, die der Flächentarifvertrag nicht mehr verbindlich vorschreibt, werden heute auf Unternehmensebene ausgehandelt – zwischen Betriebsrat und Geschäftsführung. Öffnungsklauseln im tarifpolitischen Regelwerk erlauben dies. Das WSI schließt aus seinen Betriebsrätebefragungen, dass sich seit 2002 der Anteil der Betriebe verdoppelt hat, die eine solche tarifvertragliche Flexibilität nutzen und auf Betriebsebene anwenden. Offensichtlich hat diese Form der Kooperation das Verhältnis zwischen Belegschaften und Unternehmensführung in einer Weise verändert, die eine offensive Austragung von Konflikten zu Teilen überflüssig gemacht hat. Einer Befragung des Instituts für Arbeitsmarkt und Berufsforschung zufolge (Abbildung 14) werden betriebliche Entscheidungen zu 31 Prozent sofort einvernehmlich zwischen Unternehmensführungen und Belegschaften getroffen, für 66 Prozent der Entscheidungen gilt dies nach einer Phase der Diskussion.

Auch Manager bewerten die Mitbestimmung und Mitgestaltung durch die Betriebsräte positiv. Zur Aussage »Betriebsräte bringen sich aktiv mit Vorschlägen ein« antworteten 69 Prozent der Führungskräfte mit »trifft zu«, die Aussage »Betriebsräte tragen Veränderungen mit« bejahten sogar 84 Prozent der Manager.

Die Mitbestimmung stellt offensichtlich ein wirksames Instrumentarium zum Ausgleich unterschiedlicher Interessen zwischen Arbeitgebern und Arbeitnehmern dar. Aber: »Der kooperative Ansatz der Mitbestimmung hat nicht nur positive Auswirkungen auf die Motivation und das Verantwortungsbewusstsein der Arbeitnehmer, sondern durch seinen Bei-

Abbildung 14: In Deutschland nimmt die
innerbetriebliche Kooperation zu

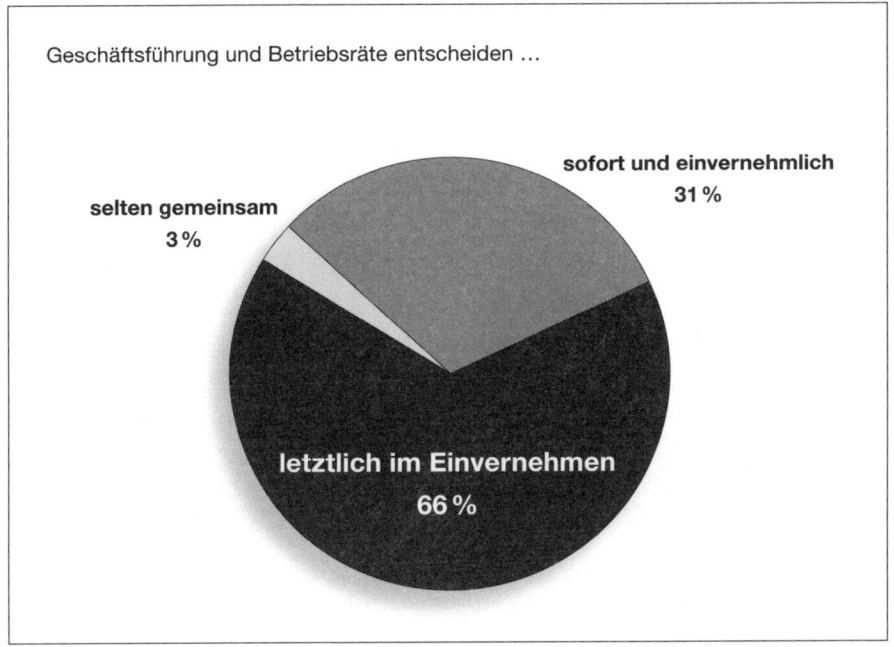

Geschäftsführung und Betriebsräte entscheiden ...

selten gemeinsam
3 %

sofort und einvernehmlich
31 %

letztlich im Einvernehmen
66 %

In Anlehnung an: Institut für Arbeitsmarkt und Berufsforschung, 2007 nach: Hans-Böckler-Stiftung, *http://www.boeckler-boxen.de/3147.htm*, Zugriff 23.07.09

trag zum Erhalt des sozialen Friedens auch bedeutende gesellschaftspolitische Auswirkungen. Unternehmen können und sollten sich die Produktivität der Kooperation im Wettbewerb nutzbar machen.«[4]

Bei Opel hatte die Belegschaft bereits im Zuge der Wirtschaftskrise besonders stark unter den vorhandenen Überkapazitäten auf dem Pkw-Markt gelitten, im Herbst 2009 erklärte sie sich nach heftigen Auseinandersetzungen um den Fortbestand der Werke bereit, 10 Prozent des Unternehmens zu übernehmen und diese Anteile im Wesentlichen durch Lohnverzicht von 265 Millionen Euro pro Jahr zu finanzieren. Dieser Beitrag zur Kostensenkung wurde in Öffentlichkeit und Politik vielfach als vorbildlich bewertet. Der von der Bundesregierung favorisierte Käufer, das Automobilunternehmen Magna, hatte bereits seine Erfahrungen mit Beteiligungsmodellen gesammelt. Eine sogenannte »Magna Charta« hielt fest, den

Abbildung 15: Manager bewerten die Mitbestimmung positiv

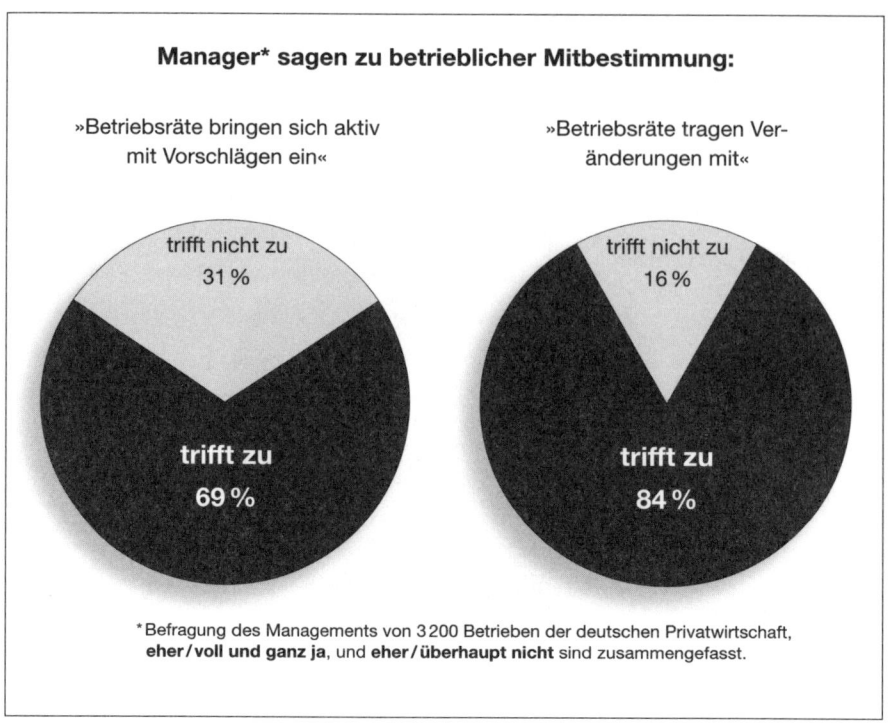

Manager* sagen zu betrieblicher Mitbestimmung:

»Betriebsräte bringen sich aktiv
mit Vorschlägen ein«

»Betriebsräte tragen Ver-
änderungen mit«

trifft nicht zu
31 %

trifft nicht zu
16 %

trifft zu
69 %

trifft zu
84 %

*Befragung des Managements von 3 200 Betrieben der deutschen Privatwirtschaft,
eher / voll und ganz ja, und **eher / überhaupt nicht** sind zusammengefasst.

In Anlehnung an: WZB 2006; BISS 2006, nach: Hans-Böckler-Stiftung,
http//www.boeckler-boxen.de/5222.htm, Zugriff: 23.07.09

Mitarbeiterinnen und Mitarbeiternn 10 Prozent des Gewinns vor Steuern in Bargeld oder Aktien zukommen zu lassen. Auf beiden Seiten, sowohl bei Magna als auch bei Opel, war eine Abstimmung über die Gestaltung des Beteiligungsmodells notwendig – gegebenenfalls wäre das Modell für alle Opelaner verbindlich gewesen.

So wesentlich der Beitrag zur Kostensenkung vielfach auch vom Management eingeschätzt wird, kann diese Form der Kooperation aus Sicht der Gewerkschaften dazu führen, dass die organisierte Arbeitnehmerschaft und ihre Instrumente zur Interessendurchsetzung immer mehr an Bedeutung verlieren. Die klare Trennlinie zwischen den Interessen der Arbeitnehmer und denen der Arbeitgebern jedenfalls löst sich auf. 53 Prozent der von der Hans-Böckler-Stiftung befragten Betriebsräte (Abbildung 16) se-

Abbildung 16: Betriebsräte sehen die betriebliche
Zusammenarbeit skeptisch

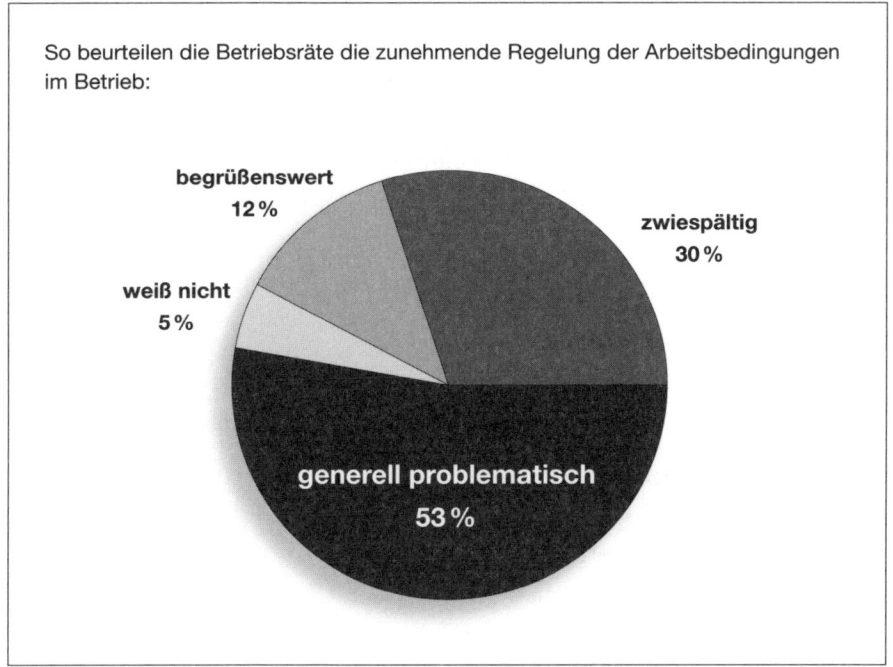

So beurteilen die Betriebsräte die zunehmende Regelung der Arbeitsbedingungen
im Betrieb:

begrüßenswert
12%

zwiespältig
30%

weiß nicht
5%

generell problematisch
53%

In Anlehung an: WSI Betriebsrätebefragung 2004/05, nach: Hans-Böckler-Stiftung,
http://www.boeckler-boxen.de/3147.htm, Zugriff 17.07.09

hen die Zunahme der Regelungen auf der Ebene einzelner Betriebe deshalb
auch generell als problematisch an, 30 Prozent sind immerhin noch zwiespältig. Nur 12 Prozent halten eine »Verbetrieblichung« der Konfliktlö-
sung für begrüßenswert.

Kein Wunder: Die meisten Betriebsräte sehen in der Verlagerung tarif-
politischer Entscheidungen auf die Unternehmensebene einen Machtzu-
wachs der betrieblichen Arbeitgeber. »81 Prozent der Befragten stimmten
der Aussage zu, dass Dezentralisierung und Verbetrieblichung der Tarifpolitik dem Arbeitgeber eher die Möglichkeit gebe, seine Interessen durchzusetzen. Ob die Einfluss- und Gestaltungsmöglichkeiten der Betriebsräte
steigen, ist umstritten: Ja und Nein halten sich bei den Antworten die
Waage«, so ein zentrales Ergebnis der WSI-Betriebsrätebefragung 2005.[5]

Wandel in den Gewerkschaften

Einen entscheidenden Hinweis auf die Ursachen dieser Lageveränderungen gibt der Wandel in den Gewerkschaften selbst.

Die Verhandlungsposition der Gewerkschaften bei Auseinandersetzungen mit Unternehmen wird seit den 1990er Jahren fortlaufend schwächer, so die These der Wissenschaftler Reinhard Bispinck und Thorsten Schulten[6]. Sie führen den Verlust an Fähigkeiten, die Interessen der Mitglieder gegen die konkurrierender Organisationen durchzusetzen, auf drei Komponenten zurück: dem Verlust an struktureller Macht, an Organisationsmacht und an institutioneller Macht der Gewerkschaften.

Die strukturelle Macht ist aus ihrer Sicht von der spezifischen Stellung der Mitglieder beziehungsweise Beschäftigtengruppen in den jeweiligen Unternehmen abhängig. Im Wesentlichen geht es dabei um die »Marktmacht« der betroffenen Beschäftigten: Hoch qualifizierte und schwer austauschbare Arbeitnehmer haben demnach eine größere strukturelle Macht als beispielsweise Vertreter des Niedriglohnsektors. Vor allem aber auch der Einfluss des ökonomischen Umfelds der Unternehmen und die Entwicklungen des Arbeitsmarktes beeinflussen die Mitgliederstruktur und somit die Machtpotenziale der Gewerkschaften.

Als Organisationsmacht beschreibt sie die Fähigkeit der Gewerkschaften, ihre Mitglieder für die gemeinsamen arbeitnehmerorientierten Ziele zu mobilisieren. Die institutionelle Macht findet sich in gesetzlichen Normen und festgeschriebenen Rechten wieder, die Institutionen wie Tarifverträge, Betriebsräte oder Mitbestimmung hervorbringen.

Die Bedingungen für die Durchsetzungsfähigkeit der Arbeitnehmer haben sich demnach in den vergangenen 20 Jahren grundlegend verändert – und zwar mit gravierenden Konsequenzen auch für das Change Management, das bis dahin vor allem auf das Verhältnis von Führungskräften zu den Belegschaften ausgerichtet war. Bispinck und Schulten schreiben dazu: »Man muss bis zum Beginn der 1990er Jahre zurückgehen, um eine Phase offensiver und erfolgreicher gewerkschaftlicher (Tarif-)Politik zu identifizieren. Doch bereits die scharfe weltwirtschaftliche Rezession 1992/93 setzte dieser Entwicklung ein Ende; die rasch steigende Arbeitslosigkeit drängte die Gewerkschaften in die Defensive. Erstmals mussten die Gewerkschaften 1994 auf breiter Front eine Verschlechterung von Tarifstandards hinnehmen.«[7]

Als ein wichtige Ursache hierfür hat Wolfgang Schroeder[8], seit November 2009 Staatssekretär im Ministerium für Arbeit, den Wandel der Sozialstruktur identifiziert. Seine Analysen zeigen, dass seit 1950 der Anteil der als »Arbeiter« an der Gesellschaft – die klassische Klientel der Gewerkschaften – drastisch rückläufig ist. Galt 1950 noch fast die Hälfte der Gesellschaft als »Arbeiter«, sind es 2000 nur noch 33 Prozent. Auch das Verhältnis zwischen produzierendem Gewerbe und Dienstleistung hat sich gewandelt. Einem Rückgang der Beschäftigung im produzierenden Gewerbe von rund 56 Prozent 1965 auf etwa 25,4 Prozent 2007 steht eine Verdoppelung im Dienstleistungsbereich gegenüber. 2007 lag dieser Wert bei etwa 72 Prozent. In der Folge bildet die gewerkschaftliche Mitgliederstruktur nicht mehr die Sozialstruktur des Arbeitsmarktes ab, die Position der Gewerkschaften als politischer Verband ist geschwächt.

Diese Situation spitzt sich weiter zu, weil die Arbeitslosigkeit den Gewerkschaften weitere Klientel entreißt. Das Wirtschaftswunder brummte, Ludwig Erhardt versprach »Arbeit für alle«, da verzeichnet die junge Bundesrepublik im Jahr 1965 den historischen Tiefstand der Arbeitslosigkeit: 147 352. Die Zahl stieg bis Anfang der 1990er Jahre auf knapp 2 Millionen. Der Höchststand nach der Wiedervereinigung im Verlauf der Entflechtung der Deutschland AG wurde im Jahr 2005 mit fast 5 Millionen Erwerbslosen erreicht – ein Gespenst, das mit dem dramatischen Einbruch der Weltwirtschaft in den Jahren 2008 und 2009 wieder lebendig wurde, den Mitgliederschwund der Gewerkschaften weiter verschärft und ihre Stellung in den Betrieben nicht nachdrücklich stärkt.

Ausweitung des Niedriglohnsektors

Fakt ist, dass »Massenarbeitslosigkeit und politisch gewollte Deregulierung des Arbeitsmarktes […] eine Zunahme prekärer Beschäftigung und eine starke Ausweitung des Niedriglohnsektors [bewirkt]. […] Inzwischen liegen gut 22 Prozent der Beschäftigten mit ihrem Einkommen unterhalb der Niedriglohnschwelle von zwei Drittel des Medianlohnes.«[9] Die Folgen einer Ausweitung des Niedriglohnsektors schwächen die strukturelle

Macht der Gewerkschaften neben dem Mitgliederschwund zusätzlich. Drastisch ausgedrückt: Leiharbeiter etwa sind in den Betrieben schneller austauschbar als qualifizierte Beschäftigte, zum Beispiel Facharbeiter, und sie sind seltener gewerkschaftlich organisiert. Ihre verhältnismäßig schwache Position schwächt auch die der Gewerkschaften, wenn es darum geht, Druck auf das Management auszuüben und Forderungen durchzusetzen.

Hohe Mitgliederzahlen sind aus Finanz-, Repräsentations- und Einflussgründen entscheidend für die Existenz der Gewerkschaften. Mitglieder werden zum einen benötigt, um finanzielle Ressourcen zu generieren. Eine hohe Mitgliederzahl der Gewerkschaften erlaubt es ihnen, in ihrem Monopol als Arbeitnehmerrepräsentanz gegenüber den Vertretern der Arbeitnehmerseite und den politisch Verantwortlichen Einfluss auszuüben und gemeinsames Interesse in Verhandlungen und Gesprächen zu verankern. Der Rückgang gewerkschaftlicher Organisationsmacht ist eng mit einem anhaltenden Schwund der Mitgliederzahlen verbunden. Nach einem Anstieg auf 36 Prozent nach der Wiedervereinigung sank der Organisationsgrad in den Folgejahren rasant – auf etwa 20 Prozent im Jahr 2007.

Die absoluten Mitgliedszahlen des Deutschen Gewerkschaftsbundes, in dem heute Vereinte Dienstleistungsgewerkschaft (ver.di), TRANSNET, Gewerkschaft der Polizei, Gewerkschaft Nahrung-Genuss-Gaststätten, IG Metall, Gewerkschaft Erziehung und Wissenschaft, IG Bergbau, Chemie, Energie und IG Bauen-Agrar-Umwelt vertreten sind, unterstreichen diese Entwicklung. Seit 1950 (5 449 990 Mitglieder) konnte die Dachorganisation der deutschen Arbeitnehmerorganisationen einen kontinuierlichen Anstieg der Mitgliederzahlen bis 1992 (11 800 412 Mitglieder) verzeichnen – wieder schlug sich die Wiedervereinigung positiv nieder. Von da an ging es ebenso kontinuierlich bergab. Seither hat sich die Zahl der DGB-Mitglieder nahezu halbiert, auf knapp 6,4 Millionen Ende 2008.

Aufgrund der demografischen Entwicklung werden in den kommenden Jahren relativ stärker besetzte und besser organisierte Jahrgänge verrentet und dafür schwächer besetzte und schlechter organisierte Jahrgänge nachrücken. Schließlich verschärft sich die Situation durch die Konkurrenz der Gewerkschaften untereinander. Die Hoheit des DGB wird beispielsweise

Abbildung 17: Seit der Wiedervereinigung ist die Zahl der DGB-Mitglieder* rückläufig (Angaben in Mio.)

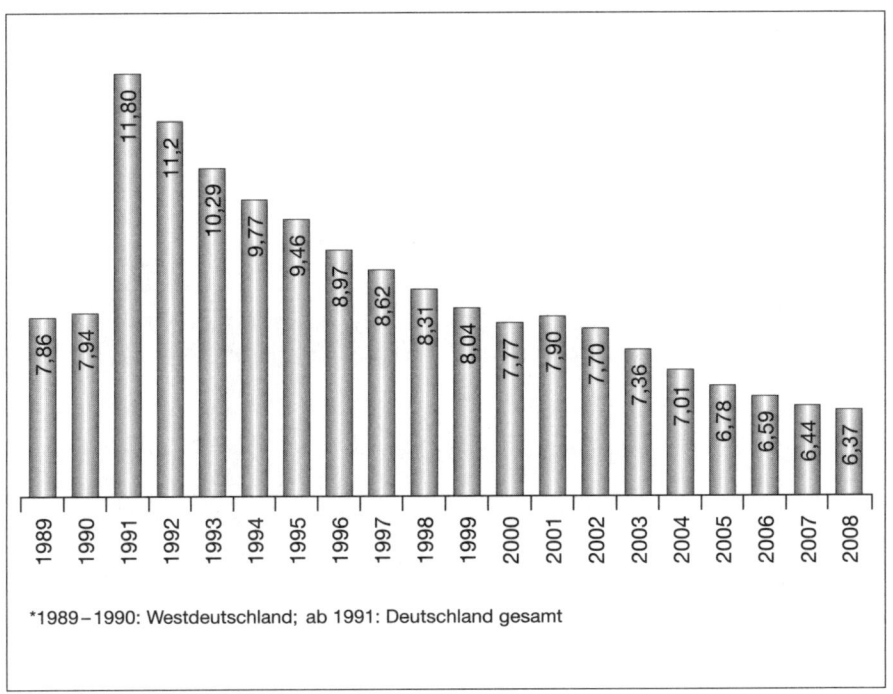

*1989–1990: Westdeutschland; ab 1991: Deutschland gesamt

In Anlehnung an: Deutscher Gewerkschaftsbund, nach Reinhard Bispinck und Thorsten Schulten: *Re-Stabilisierung des deutschen Flächentarifvertragssystem*, WSI Mitteileungen 4/2009, Seite 202

durch steigende Akzeptanz und wachsende Mitgliederzahlen der Gewerkschaften der Pilotenvereinigung Cockpit, des Marburger Bundes für die Krankenhausärztinnen und -ärzte sowie der Gewerkschaft Deutscher Lokomotivführer (GDL) geschmälert. Sie haben sich teils in harten Konflikten als eigenständige Tarifparteien etabliert und ein starkes Selbstbewusstsein aufgebaut. Damit stehen sie in direkter Konkurrenz zum »Establishment der Arbeitskämpfe«.

Die Schwäche der Gewerkschaften ist inzwischen für einige Beobachter so evident, dass sie die Tarifverträge an sich infrage gestellt sehen: »Zwar lässt sich nicht unmittelbar von dem gewerkschaftlichen Organisationsgrad auf die Tarifbindung schließen, doch ist die Durchsetzung von Tarif-

verträgen immer auch an ein bestimmtes Maß an gewerkschaftlicher Organisationsmacht gekoppelt«[10] – diese Macht schwindet.

Abbildung 18: Für immer weniger Beschäftigte gilt ein Tarifvertrag

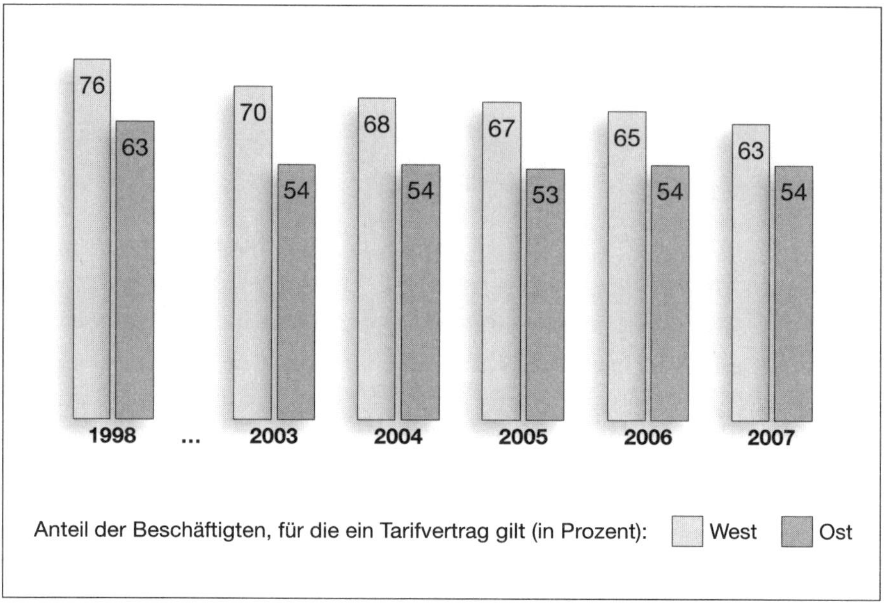

In Anlehnung an: *IAB-Betriebspanal/WSI*, nach: DGB einblick 6/09

Noch gilt für die Mehrzahl der abhängig Beschäftigten in der Bundesrepublik ein Tarifvertrag (Abbildung 18). Dabei ist die Ausprägung der Tarifbindung in Westdeutschland knapp 10 Prozent stärker als in Ostdeutsch-
land. Zu beobachten ist jedoch, dass der Grad der Tarifbindung in den
vergangenen zehn Jahren insgesamt stark schwindet. Während in Ost-
deutschland nach einem Rückgang von 63 Prozent im Jahr 1998 auf
54 Prozent im Jahr 2003 das Niveau seit 2003 konstant bleibt, ist in Westdeutschland von 1998 mit 76 Prozent der Anteil der Beschäftigten mit einer
Tarifbindung auf 63 Prozent kontinuierlich gesunken.
    Betrachtet man einzelne Industrie- und Dienstleistungsbranchen, zeigt
sich die höchste Tarifbindung, gemessen an den Beschäftigten, in der öffent-
lichen Verwaltung sowie im Bereich Bergbau/Energie (96 Prozent bezie-

hungsweise 90 Prozent). Im mittleren Bereich bewegt sich das Investitionsgütergewerbe (65 Prozent), und am Ende stehen die unternehmensbezogenen Dienstleistungen (45 Prozent).

Tarifverträge können vom Bundesarbeitsminister und dem antragstellenden Tarifausschuss – mit der entsprechenden Mehrheit – für allgemein verbindlich erklärt werden. In der Folge gelten die Vereinbarungen des Tarifvertrages ebenfalls für Arbeitgeber und Arbeitnehmer verbindlich, die nicht als Mitglieder der Verbände beziehungsweise Gewerkschaften tarifgebunden sind. Auch hier zeigt sich (Abbildung 19), dass eine solche allgemeine Verbindlichkeit der Tarifverträge im Zeitraum von 1991 bis 2008 gesunken ist: von 5,4 Prozent auf 1,5 Prozent. Ein weiteres Indiz für den zunehmenden Machtverlust der Gewerkschaften in den vergangenen Jahren.

Abbildung 19: Tarifverträge verlieren ihre Allgemeingültigkeit

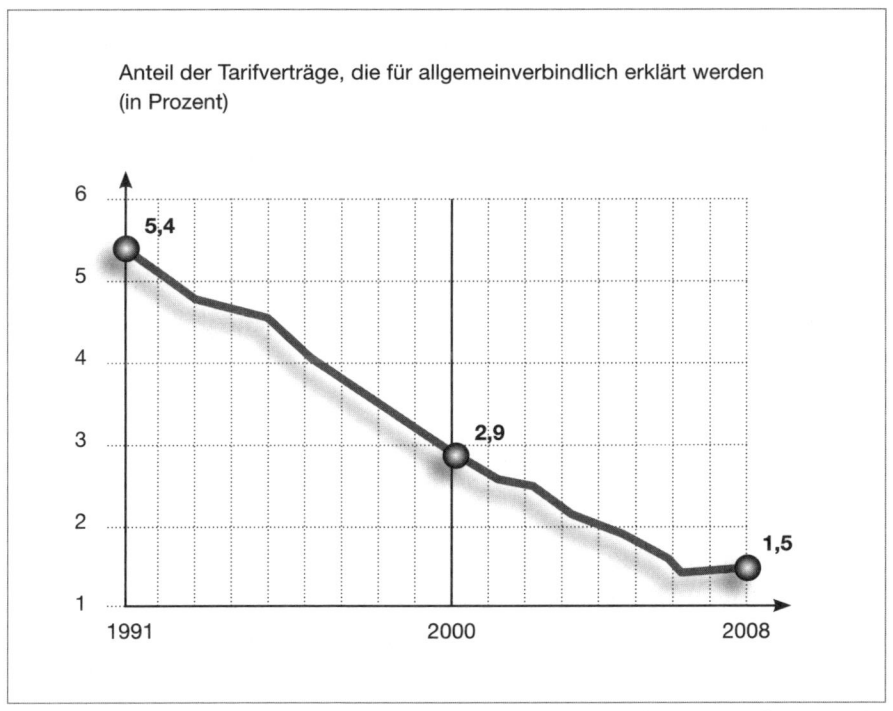

Anteil der Tarifverträge, die für allgemeinverbindlich erklärt werden (in Prozent)

In Anlehnung an: BMA Tarifregister, Berechnungen des WSI in der Hans-Böckler-Stiftung, nach: *DGB einblick* 07/09

So wird die Tarifpolitik dem Globalisierungsdruck gerecht und schafft den Unternehmen mehr Spielraum für Verhandlungen mit der eigenen Belegschaft, wobei das Spektrum von Arbeitszeitregelungen bis zum Lohnverzicht zur Beschäftigungssicherung reicht. Was dem einen mehr Handlungsspielraum bringt, schränkt den der anderen ein: »Mit Verweis auf steigende Renditeerwartungen und unter Androhung von Standortverlagerungen können die Unternehmen den Arbeitnehmervertretungen immer häufiger Zugeständnisse abringen, ohne dass dabei der Arbeitgeberverband eingeschaltet werden müsste«, so das Urteil der Hans-Böckler-Stiftung. Und weiter: Den Unternehmen falle es leicht, »aus dem Verband auszusteigen oder innerhalb des Verbandes eine Senkung der Arbeitsstandards gegenüber den Arbeitnehmern durchzusetzen. [...] Aushandlungen werden zunehmend in die Unternehmen verlagert – eine neue Tendenz, die als Wettbewerbskorporatismus oder auch Mikrokorporatismus bezeichnet wird.« Dieser sei jedoch in weit geringerem Maße sozialpartnerschaftlich ausgeprägt als der alte Makrokorporatismus. »Verhandlungen wahren zwar noch die sozialpartnerschaftliche Etikette, aber ihre Ergebnisse spiegeln den Verlust des Machtgleichgewichts wider, welches für sozialpartnerschaftliche Beziehungen grundlegend ist.«[11] Die Gewerkschaften verlieren so zusehends eines ihrer wichtigsten institutionellen Instrumente und Einflussfelder. So wird Macht nicht nur geschwächt, sie wird regelrecht schrittweise und schleichend untergraben.

Als letztes Indiz ein Blick auf den politischen Einfluss der Gewerkschaften. Auch dort stehen die Zeichen auf Krise. Einen fast selbstverständlichen Schulterschluss mit linken Parteiideologien gibt es schon lange nicht mehr.

Weniger Rückhalt der Gewerkschaft in der Politik

Seit Ende der 1990er Jahre lässt der Rückhalt der Gewerkschaft in der Politik spürbar nach. Bis dahin galt die enge Beziehung vor allem zwischen SPD und Gewerkschaften sogar als elementarer Bestandteil des Parteienwettbewerbs. Doch: »Mit der sozialdemokratischen Regierungspolitik seit 1999 und der Existenz einer parlamentsfähigen Partei links von der SPD scheint die exklusive informelle Beziehung zwischen SPD und Gewerkschaften an Bedeutung zu verlieren«.[12] Waren in der SPD 1976 noch nahezu 100 Prozent der Bundestagsabgeordneten Gewerkschaftsmitglieder, sind es in der 16. Wahlperiode nur noch 73 Prozent. Von den Abgeordneten der CDU-Fraktion gehören in der 16. Wahlperiode noch 4 Prozent einer Gewerkschaft an.

Nach Ansicht des US-amerikanischen Politikwissenschaftlers James Piazza habe vor allem die Globalisierung der Weltwirtschaft dazu geführt, dass das klassische Verhältnis zwischen nationalen Gewerkschaften und sozialdemokratischen Parteien nunmehr komplett »entbunden« (de-linked) wurde. Eine Partei, die sich an der Regierung beteiligen wolle, habe deshalb gar keine andere Wahl, als einen eher konservativen Politikstil zu fahren.[13] Wie dargestellt, haben Globalisierung und die Auflösung der Deutschland AG den Unternehmen eine starke Position zugespielt, gegenüber der Politik, aber auch gegenüber den Gewerkschaften. Nun müssen Gewerkschaften ihren Mitgliedern erklären, warum sie Zugeständnisse machen und dafür einen Verlust an sozialen Standards akzeptieren müssen. Dies wiederum wirkt sich negativ auf die Mitgliederentwicklung und Organisationskraft aus. Die Sozialdemokratie als strategischer Partner verliert an Bedeutung, damit vollzieht sich »eine Entkoppelung des klassischen Verhältnisses zwischen beiden Akteuren«[14], zumal auch die ehemalige »Arbeiterpartei« unter dem Bedeutungsverlust der Arbeiter leidet. Die Zahl der Arbeiter in Deutschland ist von 48,8 Prozent im Bundesdeutschland des Jahres 1950 auf heute 29,4 Prozent gesunken. Ihr Anteil an den Wahlberechtigten beträgt heute nur noch etwa 20 Prozent gegenüber 36 Prozent im Jahre 1953. Der Arbeiteranteil unter den SPD-Wählern ist von mehr als 50 Prozent in den 1950er Jahren auf circa 25 Prozent 1998 zurückgegangen (vgl. Abbildung 20).

Unter dem Dach der Deutschland AG gelang es den Gewerkschaften, sich eine Machtposition zu erarbeiten, die mit der Entflechtung der Deutschland AG neu geordnet wurde. Damit haben sich auch die Rahmenbedingungen für das Management für Veränderungen tiefgreifend verändert. Machtressourcen zwischen Unternehmen und Arbeitnehmern werden seither neu verteilt. Die in der Deutschland AG vorherrschende vertikale Konfliktaustragung verschiebt sich fortlaufend zugunsten der Arbeitgeber – teilweise sogar im Einvernehmen mit den Arbeitnehmern, die zunehmend in betrieblichen Sonderregelungen ihre Mitbestimmungwahrnehmen und auf die klassischen Mittel zur Austragung von Konflikten verzichten.

Abbildung 20: Die Bedeutung der Arbeiter
als gesellschaftliche Gruppe nimmt ab

Veränderung der Arbeitnehmergruppenanteile (in Prozent)					
		Arbeiter	**Angestellte**	**Beamte**	**andere***
Gesellschaft	1950	48,8	16,5	4,1	30,6
	1970	47,4	29,6	5,5	17,5
	1980	42,3	37,2	8,4	12,1
	1990	37,4	43,3	8,5	10,8
	2000	33,4	48,5	6,8	11,3
SPD	1952	45,0	17,0	5,0	33,0
	1968	34,5	20,6	9,9	35,0
	1974	27,4	23,4	9,4	39,8
	1990	26,0	26,6	10,8	36,6
	2002	19,3	27,8	10,7	42,2
DGB	1950	83,2	10,5	6,3	0,0
	1970	75,8	14,7	9,5	0,0
	1980	68,2	21,0	10,8	0,0
	1990	66,6	23,3	10,1	0,0
	2000	60,2	28,6	7,2	4,0
		* Hausfrauen, Studenten, Pensionäre, Selbstständige			

In Anlehnung an: SPD-Parteivorstand (2004)

Horizontale Konflikte – neue Spielregeln für Führungskräfte

Nicht nur im Innenverhältnis der Arbeitnehmer zur Führung der Unternehmen, auch innerhalb des Managements stand die Deutschland AG für feste Strukturen und verlässliche »Spielregeln«. Die typische Führungskraft sah dabei völlig anders aus als heute; ein »klassischer« Chef hatte keine »Business-School« besucht, sondern ein klassisches Universitätsstudium absolviert. Oft konnte er sogar eine betriebliche Berufsausbildung vorweisen – 1990 war das bei immerhin 30 Prozent der Vorstandsvorsitzenden der Fall. Manager waren in aller Regel Juristen, Techniker oder Naturwissenschaftler. Der Weg nach oben – eine Hauskarriere. Hire and fire? Gab es nicht. Manager der Ära Deutschland AG konnten sich lange auf ihren Posten behaupten und mit den Unternehmen wachsen.

Oft waren Talente Jahre im Voraus für einen künftigen Führungswechsel innerbetrieblich auserkoren und ausgebildet. Die Folge: nur wenig Mobilität zwischen den Unternehmen, eine hohe Arbeitsplatzsicherheit und damit ein eingeschränkter Wettbewerb der Führungskräfte untereinander. Die Eckdaten für eine langfristige Karriereplanung konnten gesetzt werden – für den Einzelnen war es rational, eine langfristige, kooperative Strategie zu verfolgen. Schließlich waren Gehalt, Dienstwagen oder innerbetriebliche Rente an die Höhe der Betriebszugehörigkeit gekoppelt. Außerdem: Es fehlte meist an attraktiven Alternativen. Weil auch andere Unternehmen eher auf die Entwicklung der eigenen Talente als auf das Recruiting von Seiteneinsteigern setzten, blieb das Stellenangebot für wechselwillige Führungskräfte überschaubar.

Ganz anders heute. Die Position des Einzelnen und sein langfristiges Optimierungskalkül sind doppelt gefährdet. Ein häufiger und schneller Wechsel der Rahmenbedingungen zwingt viele Unternehmen zu häufigen Umstellungen von Prozessen und Organisation – und der ständigen Suche nach geeigneten Kräften mit frischem Wissen. Konsequenz: Führungskräfte sind nicht mehr in Ausnahmesituationen, sondern nahezu regelmäßig der Gefahr ausgesetzt, einen individuellen Verlust hinnehmen zu müssen – Einfluss, Budgetverantwortung oder gleich den ganzen Job. Manchmal sind Alter oder Dauer der Betriebszugehörigkeit Gründe für die Verabschiedung. Hinzu kommt: Unternehmen selbst sind mehr denn je in ihrer Existenz bedroht. Wettbewerb und Innovationsgeschwindigkeit nehmen zu, mancher kommt da nicht mehr mit. Und: Nach der Globalisierung von Produktion und Kapital folgt die Globalisierung von Arbeit. Talente, der englischen Sprache mächtig und oft international ausgebildet, suchen die Herausforderung, sie hängen nicht an einer spezifischen Aufgabe. Sie finden überall ihren Platz, egal ob in Deutschland oder China.

Wenn sich aber nur noch wenige Züge der eigenen Karriereplanung überhaupt antizipieren lassen, wird die langfristige Ausrichtung der Interessen durchbrochen; der Einzelne muss nun das Ergebnis der einzelnen Spielzüge kurzfristig optimieren, gegebenenfalls auch gegen die Interessen anderer Manager oder sogar des Unternehmens. Als Manager verfügt der Betroffene über geeignete Durchsetzungsinstrumente. Er weiß aber: andere auch. »Waffengleichheit« schränkt den Spielraum ein. Resultat: Veränderungen im Unternehmen führen in aller Regel zu einer starken Verunsicherung der Führungskräfte und einem »Stress-Test« der Belastbarkeit von langfristigen Zielen und (stillschweigenden) Übereinkünften. Die Fortsetzung einer Kooperationsstrategie steht möglicherweise den eigenen Interessen entgegen, ein Umstand, der durch das aus der Spieltheorie bekannte Gefangenendilemma beschrieben wird: Zwei Gefangene werden verdächtigt, gemeinsam eine Straftat begangen zu haben. Die Höchststrafe für das Verbrechen beträgt fünf Jahre. Wenn die Gefangenen schweigen, reichen Indizienbeweise nur dafür aus, um beide für zwei Jahre einzusperren. Gestehen sie jedoch die Tat, erwartet beide eine Gefängnisstrafe von vier Jahren. Um die Strategie des Schweigens zu brechen, wird beiden Gefangenen ein Handel angeboten, worüber auch beide informiert sind. Wenn einer gesteht und somit seinen Partner mitbelastet, kommt er ohne Strafe davon – der andere muss die vollen fünf Jahre absitzen. Ansonsten bleibt das Szenario gleich: Entscheiden sich beide, weiter zu schweigen, führen die Indizienbeweise beide für zwei Jahre hinter Gitter. Gestehen aber beide die Tat, erwartet jeden weiterhin eine Gefängnisstrafe von vier Jahren. Nun werden die Gefangenen unabhängig voneinander befragt. Weder vor noch während der Befragung haben die beiden die Möglichkeit, sich untereinander abzusprechen. Das Ergebnis für einen Spieler hängt somit nicht nur von der eigenen, sondern auch von der Entscheidung des Komplizen ab.

Kollektiv ist es objektiv für beide vorteilhafter, zu schweigen. Würden beide Gefangenen kooperieren, dann müsste jeder nur zwei Jahre ins Gefängnis. Der Verlust für beide zusammen beträgt so vier Jahre, und jede andere Kombination aus Gestehen und Schweigen führt zu einem höheren Verlust. *Individuell* scheint es für beide vorteilhafter zu sein, auszusagen. Für den einzelnen Gefangenen stellt sich die Situation individuell so dar: Falls der andere gesteht, reduziert er mit seiner Aussage die Strafe von fünf auf vier Jahre; falls der andere aber schweigt, dann kann er mit seiner Aussage die Strafe sogar von zwei Jahren auf null reduzieren!

Die individuelle Strategie scheint also *auf jeden Fall gestehen* zu empfehlen. Diese Entscheidung zur Aussage hängt nicht vom Verhalten des anderen ab, und es ist anscheinend immer vorteilhafter zu gestehen. Eine solche Strategie, die ungeachtet der gegnerischen gewählt wird, wird in der Spieltheorie als dominante Strategie bezeichnet. Das Dilemma beruht darauf, dass die kollektive und die individuelle Analyse zu unterschiedlichen Handlungsempfehlungen führen.

Dieses Dilemma ist auch geeignet, um die Situation von Entscheidern in Veränderungsprozessen zu beschreiben. In diesem Spiel wollen beide Seiten (einzelne Führungskräfte oder ganze Gruppen, die sich gegenüberstehen) ihre individuelle Auszahlung maximieren, doch gleichzeitig können beide Seiten durch ihre individuellen Entscheidungen ein Ergebnis produzieren, das sie beide schlechter stellt, als wenn jeder eine Strategie gewählt hätte, die den eigenen Gewinn scheinbar nicht maximiert.

Übersteuern des Change-Prozesses?

Ein Change-Management-Prozess birgt also die Gefahr, dass die Resultate für die einzelnen Manager und das Unternehmen wesentlich schlechter aussehen als eine kooperative Lösung. Bisher versucht das Change Management diese Situation zu »übersteuern«, indem die gemeinsamen Interessen herausgestellt und Vertrauen aufgebaut werden sollen. Doch rational handelnde Entscheider werden in Situationen hoher Unsicherheit nicht das Verhalten des Homo oeconomicus zeigen, weil die Grundlage für das Vertrauen in künftige Spielzüge erschüttert ist und die Gegner dem Grundsatz nach über dieselben Durchsetzungsinstrumente und -kräfte verfügen.

Der Erste, der in dieser Lage handelt, stellt sich zumindest kurzfristig besser als die Verfolger. Die Folge: Die Veränderungslage, die zu einer besseren Führung führen soll, kann zu einem Verlust der Führungsfähigkeit eines Unternehmens führen.

Aber: Ist es wirklich zu belegen, dass die Zahl und die Qualität der horizontalen Konflikte zugenommen hat?

Ein erstes Indiz stellt eine online-gestützte Recherche mithilfe der Genios-Datenbank[15] in Artikeln aus der deutschsprachigen Wirtschaftspresse und Wirtschaftsteilen von Tageszeitungen dar: Die Suchabfrage umfasste Schlüsselbegriffe der Kategorie Unternehmen (Unternehmen, Firma oder Aktiengesellschaft), der Kategorie Führung (Vorstand, Management oder Aufsichtsrat) und der Kategorie Auseinandersetzung (Machtkampf, Konflikt oder Streit), von denen jeweils mindestens ein Stichwort je Kategorie in Überschrift oder Unterzeile vorkommen musste. Mehrfachzählungen derselben Unternehmen wurden ausgeschlossen. Diese relativ eng gefasste Analyse umspannt den Zeitraum von 1993 bis heute auf jährlicher Basis.

Das Ergebnis: Seit 1993 stieg die Zahl der Artikel über Konflikte auf der Ebene der Führungskräfte deutlich an – von fünf Meldungen 1993 bis auf 36 Meldungen im Jahr 2004 – und stabilisierte sich anschließend auf hohem Niveau. Natürlich entspricht eine solche Auszählung nicht den Anforderungen an eine empirische Untersuchung – die in diesem Fall vor einige kaum lösbare methodische und praktische Probleme gestellt wäre, da beispielsweise nur wenige Medienquellen vollständig seit Beginn der 1990er Jahre online gestellt sind. Aber sie kann als ein erstes Indiz gelten, das durch weitere Befunde ergänzt werden muss.

Dass und in welchem Umfang die bereits beschriebenen Rahmenbedingungen für Unternehmen, etwa die Globalisierung, auch die Stellung der Führungskräfte in den Unternehmen beeinflussen, zeigt darüber hinaus auch die Abnahme der »Verweildauer« in Führungspositionen.

CEO-Succession-Studie

Die Unternehmensberatung Booz & Company untersucht seit 1995 die sogenannte »CEO Succession«. Gemeint ist damit die Frage, wie viele der Vorstandsvorsitzenden und Geschäftsführer der 2 500 größten Unternehmen der Welt ihre Anstellung verloren beziehungsweise neue Angebote erhielten oder einen Wechsel planten. Gleichzeitig gehen die Berater der Frage nach, ob der Wechsel freiwillig oder unfreiwillig geschah.

Insgesamt ist die Zahl der Wechsel an der Unternehmensspitze in diesem Zeitraum von 225 1995 auf 361 im Jahr 2008 um rund 60 Prozent gestiegen. Die Anzahl der Führungskräfte, die dabei aufgrund von Konflikten innerhalb der Führung das Unternehmen verließen, stieg im selben Zeitraum um 550 Prozent. Machtkämpfe in der Vorstandsetage wurden schließlich von insgesamt 22 Prozent aller Topmanager, die ein Unternehmen verließen, als Beweggründe genannt.

Das Konfliktpotenzial innerhalb der Führung von Unternehmen stieg also deutlich. Mehr als jeder Fünfte, der eine Führungsaufgabe wahrnimmt, hat Differenzen mit Kollegen auf gleicher Ebene – Tendenz steigend. Als diese Frage 1985 im Rahmen des Sozio-ökonomischen Panel (SOEP) des Deutschen Institutes für Wirtschaftsforschung an die Manager gerichtet wurde, sagten lediglich rund 13 Prozent der Umfrageteilnehmer, sie würden »nur bedingt« mit ihren Kollegen auskommen. 2001 antworteten schon 22 Prozent der Befragten, sie würden bestenfalls »bedingt« im Einvernehmen mit den anderen Führungskräften handeln.

Es überrascht nicht, dass diese Entwicklungen auch Auswirkungen auf die Verweildauer der Führungskräfte in Unternehmen haben. Die »Überlebensraten« der Manager weltweit in Unternehmen sind seit mehr als zehn Jahren rückläufig. Lag etwa die durchschnittliche Amtszeit eines Vorstandsvorsitzenden oder Geschäftsführers 1995 bei 9,5 Jahren, so sind es heute nur noch 5,5 Jahre.

Manager, die gehen, machen Platz für andere. Sie kommen immer häufiger von außen: 1990 wurden 17 Prozent der freien Positionen für Topmanager mit unternehmensfremden Bewerbern besetzt. 1999 hatte sich diese Quote bereits verdoppelt. Heute kommt auf jede zweite Vakanz im Management eine externe Kraft. Eine Erklärung, warum Unternehmen im deutschsprachigen Raum auf externes Know-how setzen und den eigenen Nachwuchs immer häufiger links liegen lassen, bietet Booz & Company: Sogenannte Outsider erzielen deutlich bessere Ergebnisse als Insider, und zwar eine im Schnitt um 6 Prozent höhere Aktienrendite. Im Sechsjahresvergleich reduziert sich dieser Vorteil allerdings auf minimale 0,7 Prozent.

Abbildung 21: Die Vorstandsvergütungen wachsen stetig

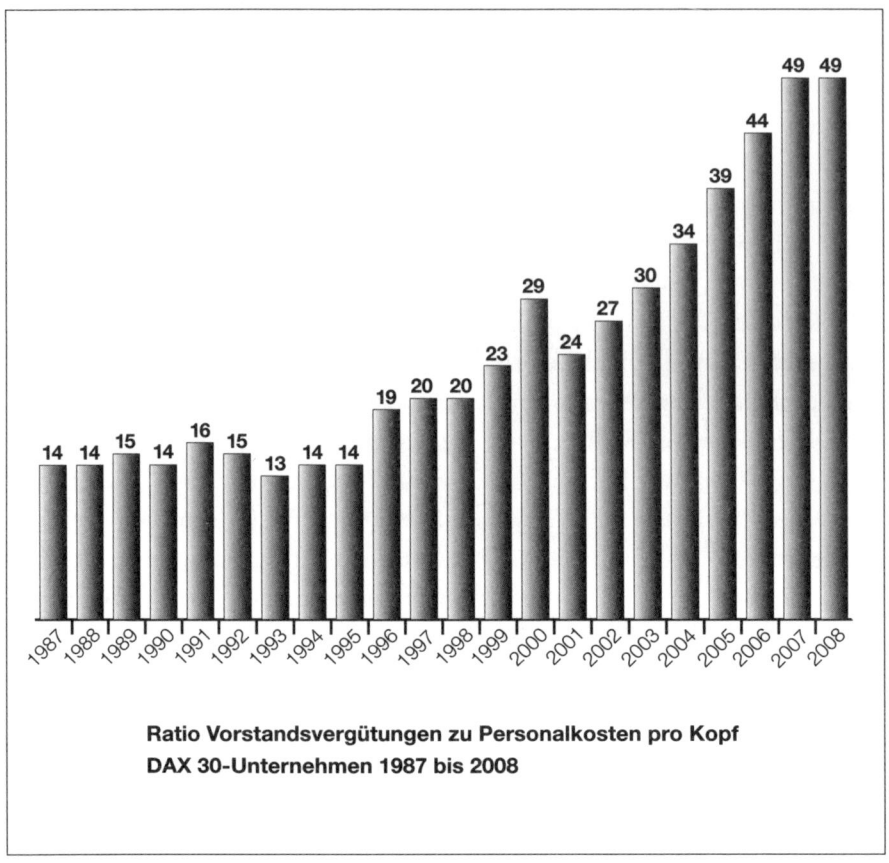

**Ratio Vorstandsvergütungen zu Personalkosten pro Kopf
DAX 30-Unternehmen 1987 bis 2008**

Zahlen nach: Hans-Böckler-Stiftung (2005): Vormarsch der Euro-Millionäre, in Anlehnung an Kienbaum 2005,
http://www.boeckler-boxen.de/boecklergrafik.htm?pageid=49018&project=hbs

Führungskräfte haben damit ein doppeltes Problem: Nicht nur müssen sie sich interner Konkurrenz erwehren, sie müssen auch ein Auge auf mögliche Herausforderer von außen haben. Sie stehen in einem Konflikt zwischen Risikovermeidung (keine negativen Ergebnisse zu erzielen) und Profilierungsdruck (sich mit Erfolgen gegen andere Kontrahenten durchzusetzen). Die immer kürzere Verweildauer erhöht die Erwartungen an ein erfolgreiches Management: In weniger Zeit sollen trotzdem durchschlagende Erfolge erzielt werden, die sich im besten Fall sogar noch stabilisieren. Fehler sind oft unverzeihlich, sie schaden dem eigenen Fortkommen und werden von den Konkurrenten genutzt, die nur darauf warten, sich in den Vordergrund zu schieben. Der horizontale Machtkampf gewinnt an Gewicht in den Führungsetagen.

Nicht nur die Konkurrenz wird härter. Auch die Anreize werden immer attraktiver. Wie Studien des Berliner Wirtschaftsprofessors Joachim Schwalbach[16] zeigen, können Manager ihre Einkommen trotz kürzerer Amtszeiten deutlich erhöhen, und zwar, wie es heißt, »absolut und relativ stark«. So stieg von 1987 bis 2008 das Verhältnis der Pro-Kopf-Gehälter zwischen Vorstand und Mitarbeiter im Durchschnitt vom 14-Fachen- auf das 49-Fache, mit deutlichem Anstieg in der zweiten Hälfte der 1990er Jahre. Ein weiterer Blick auf die Statistik der letzten 20 Jahre zeigt, wie stark die Bezüge im Topmanagement bis heute gestiegen sind. Gab es bis 1980 offiziell keinen einzigen Gehaltsmillionär (Pro-Kopf-Bezüge) in deutschen

Abbildung 22: Immer mehr Unternehmen zahlen Vorstandsbezüge über eine Million Euro

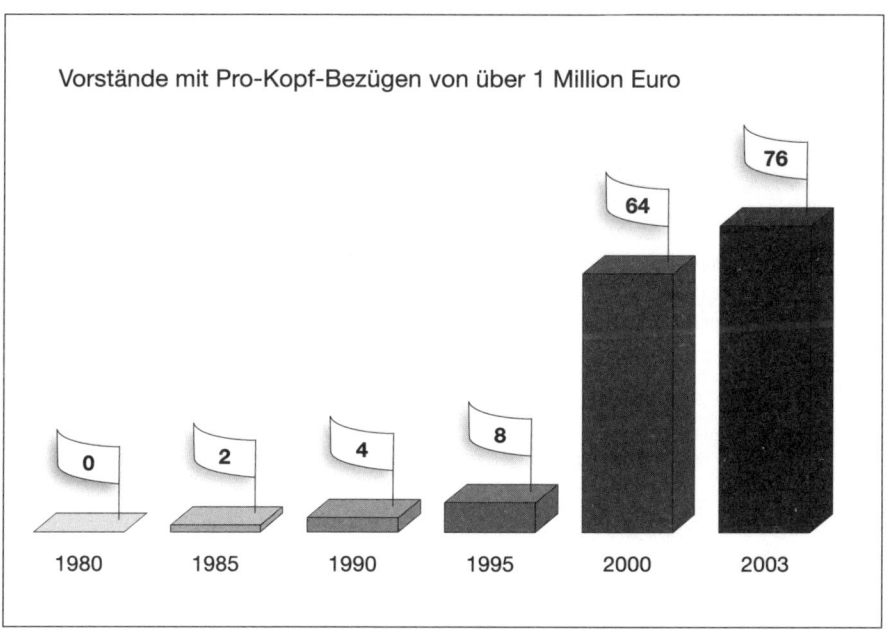

Zahlen nach: Hans-Böckler-Stiftung (2005): Vormarsch der Euro-Millionäre, in Anlehnung an Kienbaum 2005, http://www.boeckler-boxen.de/boecklergrafik.htm?pageid=49018&project=hbs.

Vorstandsetagen, waren es zehn Jahre später vier. Mit zunehmender Entflechtung der Deutschland AG und der Orientierung der Bezüge am angloamerikanischen Entlohnungssystem veränderte sich die Landschaft rapide. Im Jahr 2000 wurden bereits 64 Euro-Millionäre in den Vorständen deutscher Unternehmen gezählt, 2003 waren es 76 (dies wird in der Abbildung 22 gezeigt).

Eine Langzeitauswertung von Kienbaum Management Consultants zeigt, dass die Gehaltsentwicklung der Vorstände mit den Entwicklungen des DAX und damit mit ihren Leistungen für das Unternehmen verknüpft ist. Auch dort ist ein enormer Anstieg zu verzeichnen. Bei einer Annahme eines Indexwertes von 100 im Jahr 1987, so die Consultants, verzeichnet

Abbildung 23: Die Gehälter von DAX-Vorständen
sind seit 1987 um rund 650 % gestiegen

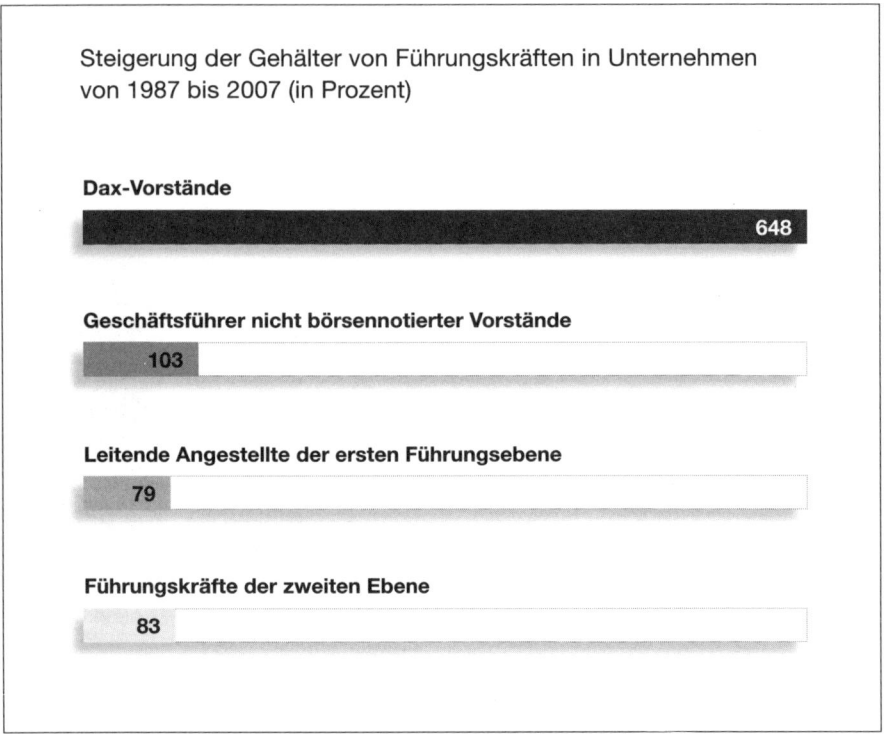

Steigerung der Gehälter von Führungskräften in Unternehmen
von 1987 bis 2007 (in Prozent)

Dax-Vorstände
648

Geschäftsführer nicht börsennotierter Vorstände
103

Leitende Angestellte der ersten Führungsebene
79

Führungskräfte der zweiten Ebene
83

In Anlehnung an: Kienbaum 2008, nach: *DGB einblick* 10/09

*Abbildung 24: DAX-Vorstände erhalten vor allem
eine variable Vergütung*

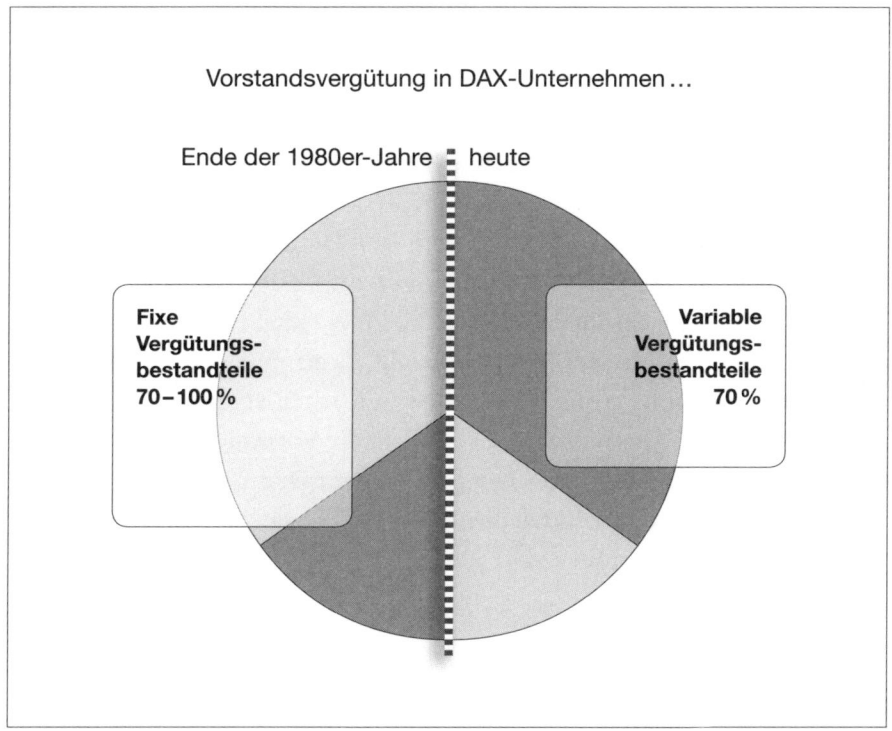

Vorstandsvergütung in DAX-Unternehmen…

Ende der 1980er-Jahre ⋮ heute

Fixe
Vergütungs-
bestandteile
70–100 %

Variable
Vergütungs-
bestandteile
70 %

In Anlehnung an: Kienbaum 2008, nach: Hans-Böckler-Stiftung:
http://www.boeckler-boxen.de/5149.htm, Zugriff: 21.07.09

der DAX einen Anstieg auf 800 Punkte im Jahr 2007. Im selben Zeitraum schaffen es die Gehälter der DAX-Vorstände (ebenfalls bei einem Ausgangswert von 100) auf 750 Punkte; eine nahezu parallele Entwicklung. Das entspricht einer Gehaltssteigerung von 650 Prozent. In absoluten Zahlen ausgedrückt: Verdiente ein DAX-Vorstand 1987 im Schnitt 445 800 Euro jährlich, so sind es zum Zeitpunkt der Kienbaum-Studie 2007 ansehnliche 3 334 000 Euro. Diese Entwicklung gilt ganz offensichtlich nur für die DAX-Vorstände. Betrachtet man dagegen die Gehälter von Geschäftsführern nicht börsennotierter Unternehmen, ist lediglich ein Wachstum von 103 Prozent beziehungsweise bei leitenden Angestellten der ersten Führungsebene sogar nur von 79 Prozent zu verzeichnen.[17]

Die starken Gehaltssteigerungen spiegeln die veränderten Gehaltssysteme wider. Immer stärker wurde in diesem Zeitraum das Managerentgelt an die Entwicklung des Aktienkurses gekoppelt, das Gewicht der variablen Vergütung nahm stark zu. Während Ende der 1980er Jahre der Anteil des Fixgehalts noch zwischen 70 und 100 Prozent lag, machen die festen Vergütungsbestandteile heute nur noch rund 30 Prozent der Gesamtvergütung von DAX-Vorständen aus (vergleiche hierzu Abbildung 24).

So wünschenswert eine stärkere Erfolgskomponente in den Gehalts- und Boni-Regelungen der Manager auch ist – lag der Vorwurf, sie würden das Unternehmen nur noch im Eigeninteresse über den Börsenkurs lenken, vor allem im Lichte der Finanzkrise 2008/2009 nahe. Dabei tragen Manager heute eine weit größere Verantwortung als zu Zeiten der Deutschland AG. Sie führen häufig wesentlich mehr Mitarbeiter, verantworten größere Etats und arbeiten international. »Vor allem die Vorstandsvorsitzenden befinden sich heute in einer ähnlichen Rolle wie CEOs amerikanischer Unternehmen, […] mit allen zusätzlichen Risiken, die sie zu verantworten haben«.[18] Vorstandspositionen sind Schleudersitze.

Verzögerung bei der Bankenfusion

Das raue Klima an der Spitze färbt ab auf das Verhalten. Auf jeden Fall führen die zunehmende Konkurrenz um Führungsaufgaben und die wachsenden Einkommen zu einer steigenden Zahl von Fällen, in denen Manager ihre vermeintlichen Ansprüche auch gegen das Unternehmen durchzusetzen versuchen.

Ein solcher Fall war die Verzögerung der Zusammenlegung von Dresdner Bank und Commerzbank durch die Vorstände der zu übernehmenden Dresdner Bank. Obwohl die Fusion vor dem Hintergrund der Finanzkrise von allen Beteiligten als zwingend notwendig zur Abwendung einer Insolvenz mit bösen, kaum kalkulierbaren Folgen für die gesamte Finanzwirtschaft gesehen wurde und die Details der Übernahme der Dresdner Bank durch die Commerzbank definiert waren, kam die Fusion nicht in Gang. Alle Vorstände bis auf Desdner-Chef Herbert Walter verweigerten die Zustimmung zum Vertrag. Was zunächst nur als eine Formsache schien, entwickelte sich scheinbar zu einem Kampf um Privilegien.

Es ging um Arbeitsplatzgarantien. Außer Walter sollte kein Dresdner-Bank-Vorstand in den neuen Commerzbank-Vorstand einrücken. Ausgerechnet der Finanzchef der Co-Bank, Eric Strutz, hatte dafür den Teppich gelegt: »Um es klar zu sagen: Wir brauchen in Zukunft keine zwei Konzernzentralen mehr, in denen zwei Abteilungen das Gleiche machen.«[19] Auf die Weigerung der Zustimmung zur Fusion drohte die Allianz Versicherung, damals Miteigentümerin der Dresdner Bank, sperrigen Dresdner-Vorständen mit sofortiger Entlassung. Die Betroffenen konterten mit dem Vorwurf der Nötigung. Auf einer kurzfristig einberufenen außerordentlichen Hauptversammlung wurden die Dresdner-Bank-Vorstände verpflichtet, dem Verkauf endlich zuzustimmen.

Einige Mitarbeiter der Dresdner Bank gingen einen Schritt weiter und reichten Klagen gegen ihren alten Arbeitgeber und seinen Rechtsnachfolger ein, um Abfindungszahlungen oder die sicher geglaubten Boni durchzusetzen. Ob und in welchem Umfang solche Klagen von Managern zugenommen haben, lässt sich kaum sicher ermitteln. Das deutsche Arbeitsrecht ist vor allem darauf ausgerichtet, die strukturelle Überlegenheit von Unternehmen gegenüber ihren Arbeitnehmern vor Gericht auszugleichen. Prozesse von Führungskräften fielen ursprünglich nicht in den Schutzbereich dieses Gesetzes, sie werden deshalb nicht ausgewiesen. Auch hier lassen sich aber aus einer Analyse der Berichte in der Wirtschaftspresse erste Anhaltspunkte dafür finden: Die Zahl dieser Klagen nimmt anscheinend zu. So berichteten *Frankfurter Allgemeine Zeitung* und *Handelsblatt* 1993 über zehn Fälle dieser Art; im September 2009 waren es bereits 26 solcher Klagen, die das Interesse der Presse weckten.

Auch die Zufriedenheit mit der Arbeit bei Führungskräften lässt Rückschlüsse darauf zu, wie sich der Wettbewerbsdruck unter ihnen auswirkt. Ein Blick auf den Zeitraum seit Mitte der 1980er Jahre offenbart: Die Arbeitszufriedenheit lässt nach. Lag der Wert um 1985 bei knapp über 8,5 Punkten – wobei ein Wert von 10 hoch und ein Wert von 0 niedrig bedeutet –, so lag er um 2007 nur noch bei etwa 7,5 Punkten.

Kein Wunder: Die Luft an den Unternehmensspitzen wird zusehends dünn, die Nerven liegen blank. Revierkämpfe um Macht, Besitz und Einfluss werden manchmal mit Brachialgewalt ausgetragen, und das Publikum schaut begierig zu.

Beispiel Volksfürsorge: Kurz nach der Fusion der Marken Volksfürsorge und Generali muss Jörn Stapelfeld, der damalige Chef der Lebensversicherung, den Hut nehmen. *Die Welt* paraphrasiert ein Mitarbeiterschreiben von Dietmar Meister, dem Vorstandschef der Deutschland-Holding. Danach, so heißt es, sei ein Machtkampf zwischen Stapelfeld und dem Management der Grund für die Freisetzung gewesen. Auslöser waren angeblich unterschiedliche Auffassungen über die geschäftspolitische Ausrichtung und den Fortgang der Zusammenführung der Marken. Der frühere Volksfürsorge-Chef habe zu eigenmächtig agiert, heißt es im Umfeld des Unternehmens, so *Die Welt*. Zur Sprache kommt ein Brief von Stapelfeld an den damaligen Bundesfinanzminister Peer Steinbrück. Darin bittet der Manager den Politiker offen um Hilfe in einem Streit mit der Commerzbank – ein ungewöhnlicher Vorstoß, der, so ist zu lesen, wohl nicht abgesprochen war. Die Presse warf Stapelfeld vor, er habe Eigeninteressen gegen andere durchzusetzen versucht – ohne Rücksicht auf sein Unternehmen.[20]

Ein weiteres Beispiel lieferte die Fusion von Daimler-Benz und Chrysler. Diese »Hochzeit im Himmel« zeigte, dass Konflikte auf der Ebene der Führung zum Scheitern von Veränderungsprozessen führen können. Die amerikanischen Chrysler-Manager sahen in dem ursprünglich als »Merger of equals« angekündigten Zusammenschluss während des laufenden Change Managements eine »Germanization« ihrer ehemaligen Cooperation. Wie die Fusion dagegen auf deutscher Seite gesehen wurde, enthüllt ein spektakuläres Interview des Daimler-Vorstandsvorsitzenden Jürgen E. Schrempp. Der *Financial Times* sagte er im Oktober 2000, in Wahrheit habe es sich um eine Übernahme gehandelt – eine folgenschwere Aussage, die später vor Gericht kam und Daimler viel Geld kosten sollte. Ein Change Management, das auf einem solchen Fundament aufgebaut wird, steht unter keinem guten Stern.

Auch die öffentliche Diskussion um Personalien zeigt, wie der Kampf um Positionsgüter innerhalb des fusionierten Unternehmens geführt wurde. So war die Nachfolge für den Chef der Mercedes Car Group, Jürgen Hubbert, eigentlich geregelt, bis sich sein designierter Nachfolger Wolfgang Bernhard in konzernstrategischen Fragen gegen den Vorstandsvorsitzenden Schrempp stellte und zusätzlich für die Zeit nach seiner Amtsüber-

nahme einen erheblichen Personalabbau ankündigte. Zwei Tage vor Amts-
antritt entließ Schrempp den Daimler-Hoffnungsträger, was wiederum – so
die Wirtschaftspresse – den damaligen Chrysler-Lenker und Bernhard-Ver-
trauten, den heutigen Daimler-Chef Dieter Zetsche, in Wallung brachte,
angeblich weil er um einen wichtigen Verbündeten gegen Widersacher
Schrempp fürchtete. Es wird deutlich, dass unterschiedliche Parteien im
Unternehmen ihre Interessen gegeneinander in Stellung brachten. Das
Handelsblatt zitierte einen Chrysler-Manager mit den Worten: »Ab diesem
Tag begann sich der Kreis des Widerstands gegen Schrempp zu schließen.«[21] Bei einem Pressetermin in Sindelfingen, Bernhard hatte das Unternehmen bereits verlassen, ließ Zetsche seinem Ärger Lauf.»Sehr enttäuschend sei das, niemand bei Chrysler sei froh über die Entscheidung«, wird
er zitiert. Am nächsten Tag relativierte Zetsche seine Aussage – auf Drän-
gen Schrempps.[22] Das Ende vom Lied: Schrempp dankt ab, Zetsche folgt
ihm auf den Chefposten.

Der Konzern hat nach Einschätzung des *manager magazins* »von 1985
bis heute […], das zeigen die Bilanzen, mehr als 60 Milliarden Euro ver-
brannt. Aufsichtsräten zufolge ist die Summe sogar bedeutend höher.«[23]
Nach einer erneuten Straffung der Prozesse war dennoch eine Sanierung
von Chrysler nicht abzusehen und die Fusion mit Chrysler stand vor ihrem
Aus. Zetsche stieß Chrysler 2007 wieder ab. Der Name verschwand aus
dem Firmentitel. Daimler heißt wieder Daimler AG.

Im zunehmenden Wettbewerb der Führungskräfte untereinander wird
gutes »Mikromanagement von Beziehungen« zu einer entscheidenden
Größe. Wie der Management-Professor Fred Luthans analysiert, der sich
auf »Organizational Behaviour« spezialisiert hat, stehen mikropolitisches
Verhalten und Karriereerfolg in einem Wirkungszusammenhang. Offensichtlich wird genau jene Art von Entscheidern durch ihre Vorgesetzten gefördert, die sehr erfolgreich Mikropolitik betreiben. Dabei legen erfolgreiche
Entscheider mehr Wert auf Netzwerkpflege (48 Prozent) und Kommunika-
tives (28 Prozent) als auf Personalmanagement (11 Prozent). Die Ergebnisse
dieser Studie[24] legen also zumindest eine gewisse kritische Distanz gegenüber jener gängigen Vorstellung nahe, wonach Beförderungen primär aufgrund von Leistung erfolgen. Vielmehr unterstreichen sie die Bedeutung
sozialer und politischer Fähigkeiten für den Aufstieg in Organisationen.

Ganz konkret: Wer es heute auf die erste Führungsebene schafft, hat in der Regel studiert. Hatte vor 20 Jahren noch fast jede Führungskraft eine betriebliche Berufsausbildung, kann dies heute nicht mal jede sechste von sich behaupten. Seit der Gründung des DAX ist auch ein Wandel bei den Fachrichtungen des Studiums zu beobachten: In den 50er Jahren des vergangenen Jahrhunderts wies die Hälfte aller CEOs einen juristischen Abschluss vor und nur 23 Prozent den erfolgreichen Abschluss eines wirtschaftswissenschaftlichen Studiums. 2008 fanden sich nur noch 19 Prozent Juristen an der Spitze der DAX-Konzerne, dafür aber 35 Prozent Wirtschaftswissenschaftler. Auch die Bedeutung der natur- und ingenieurwissenschaftlichen Studiengänge nimmt zu. 2008 verfügten bereits 42 Prozent der CEOs über einen entsprechenden Abschluss (1988: 26 Prozent).

Die Zahl der promovierten Topmanager passt sich neuen internationalen Entwicklungen an: Sie geht zurück. Konnten 1988 noch 68 Prozent der CEOs mit dem Titel trumpfen, setzen heute Manager zunehmend den international anerkannten MBA; der Anteil ist von 0 auf 23 Prozent gestiegen. Ausbildung und Berufserfahrung richten sich immer stärker an internationalen Maßstäben aus. Heute kann mehr als die Hälfte der Führungskräfte in Deutschland auf internationale Erfahrung zurückblicken; sie haben im Ausland studiert und/oder dort praktische Erfahrungen gesammelt. Fast merkwürdig: Sie bleiben nicht dort und werden eher in ihrem Heimatland aktiv. So führen 52 Prozent der neuen CEOs aus 2008 einen internationalen Titel, aber nur 13 Prozent sind in einem Land außerhalb des Firmenstammsitzes tätig.

Führungskräfte von heute haben ein neues Profil, verfolgen andere Ziele und müssen sich neuen, konfligierenderen Herausforderungen stellen. Es gibt also viele Indizien dafür, dass die Auseinandersetzungen zwischen Führungskräften eines Unternehmens an Zahl und Härte zunehmen, mit teilweise fatalen Folgen für die betroffenen Unternehmen: »Das Ideal der wohlstrukturierten Ordnung [von Unternehmen] wird als politisch motiviertes, ideologisches Trugbild entlarvt [...]. Ressourcen werden für den Ausbau von Machtpositionen eingesetzt, statt produktiv genutzt zu werden [...]«, urteilt Oswald Neuberger, der sich intensiv mit Mikropolitik und Moral in Organisationen auseinandergesetzt hat.[25]

Konsequenzen für das Change Management

Die Konzepte des Change Managements dienen der schnellen und nachhaltig erfolgreichen Umsetzung von Veränderungen im Unternehmen. Primär fokussieren die Ansätze auf die vom Prozess betroffenen Akteure der Unternehmensebene. Diese werden gezielt angesprochen, um für aktives Engagement und Unterstützung der definierten Ziele zu werben. Das ist vor allem deshalb notwendig, weil Change Management die Veränderung von Zugriffen auf Ressourcen und Bedrohung von Positionsgütern bedeutet und die Akteure damit in ihren intrinsischen und extrinsischen Arbeitsmotiven empfindlich treffen. Eine Folge sind häufige Konflikte in Unternehmen, die es aufzulösen gilt. Konfliktmanagement und Kommunikation nehmen dabei einen großen Stellenwert ein, um Widerstände und daraus resultierende Konfliktherde aufzulösen oder so gering wie möglich zu halten und einen reibungslosen Prozess zu ermöglichen.

Wie bereits angeführt, fanden diese Konflikte noch vor zwei Jahrzehnten – in der Deutschland AG und vor dem Hintergrund der System-Konfrontation – vor allem vertikal statt. Es standen sich in der Regel Arbeitnehmer und Arbeitgeber mit ihren jeweiligen politischen und gesellschaftlichen Unterstützern gegenüber. Es wurden Gehälter, Kündigungsschutz etc. verhandelt. Zu Recht adressierten die Konzepte des Change Managements früher die unteren zwei Drittel der Unternehmenshierarchie – die Arbeitnehmer waren stark organisiert und hätten die Veränderungen stoppen können. Die historische Entwicklung der Change Konzepte, wie wir sie aufgezeigt haben, verhalfen dem Management, sich entprechend gegenüber diesem vertikalen Konfliktherd mit geeigneten Interventionstechniken zu rüsten.

Auch wenn es heute auf vertikaler Ebene weniger Potenzial durch die aufgezeigte Schwächung der Arbeitnehmerseite und zudem eine geringere Bereitschaft zu Machtkämpfen gibt, wäre der Schluss gänzlich falsch, dass damit Konflikte mit Belegschaften in Zukunft nicht mehr zu berücksichtigen wären. Die Interessenvertretungen der Arbeitnehmer sind nach wie vor in der Lage, Ziele in ihrem Sinne auch durch Machtkämpfe systematisch durchzusetzen. Das zeigt die Fusion von Commerzbank und Dresdner Bank exemplarisch. Dort verweigerten die Betriebsräte beider Institute Commerzbank-Chef Martin Blessing in einer Wahl die Zustimmung zum

Eintritt in den Vorstand der Dresdner Bank und gefährdeten damit zeitweilig die Übernahme. Das Beispiel macht deutlich: Etablierte Ansätze für Change Management sind nicht überflüssig. Auch künftig ist die Aufgabe der Konfliktentschärfung zwischen Management und Belegschaften notwendig.

Dennoch: Es vollzieht sich eine Verlagerung des Einfluss- und Konfliktpotenzials auf die horizontale Ebene. Heute sind es die Manager, die sich im internen Verteilungskampf eine sehr gute und attraktive Position erarbeitet haben und sie in Veränderungssituationen verteidigen müssen.

In Change-Management-Prozessen öffnen sich daher mikropolitische Arenen, da vor dem Hintergrund der Veränderung die langfristige Option von Sicherheit für Entscheider wegfällt. Jobs oder Ressourcen sind von der Veränderung bedroht. In der Regel haben Unternehmen Anreizstrukturen etabliert, damit Konflikte nicht ausbrechen oder bestehende Konflikte zur Lösung angegangen werden können. Sie dienen allerdings nur dazu, den Akteuren auf mittel- bis langfristige Sicht Anreize zu schaffen. Die langfristigen Optionen jedoch sind nicht mehr gegeben in Zeiten des Changes – das zeigen Jobverluste von CEOs während der Fusionen und Übernahmen. Wenn aber die Sicherheiten wegfallen, können die Anreize ihre Wirkung nicht entfalten. Für die einzelne Führungskraft ist es unter Umständen also ein höherer Anreiz, sich gegen das Unternehmen oder Kollegen zu stellen.

Der »horizontale« Konflikt im Management hat sich als ein entscheidendes Hindernis für Veränderungen entpuppt. Manager stehen im Dilemma zwischen Aufgabenerfüllung und Realisierung von Eigeninteressen, also zwischen Kooperation und Wettbewerb. Das zeigt nicht zuletzt ein Artikel aus dem *Harvard Business Manager* Ende 2009 zum Thema Change, der unter anderem die »wichtigsten Gründe für mangelnde Veränderungsbereitschaft« auf Führungsebene auf Basis einer Studie darlegt. 47 Prozent der befragten Führungskräfte antworteten, dass sie die Argumente für die letzten Veränderungsprojekte in ihrem Unternehmen nicht nachvollziehen können. Ob sie das nicht nur nicht können, oder ob sie nicht wollen, ist eine entscheidende Frage, denn gleichzeitig antworten 44 Prozent, dass sie den Verlust von Einfluss fürchteten, weitere 33 Prozent sehen ihren Status in Gefahr, und immerhin 15 Prozent geben ausgeprägten Egoismus als Grund an. So schreiben dann auch die Autoren: »Alarmierend ist

[...], dass diese Verständnisbarriere in bestimmten Bereichen bereits zwischen Geschäftsführung und zweiter Führungsebene besteht. Solange diese Sprachlosigkeit zwischen Topmanagement und Senior Management nicht überwunden wird, werden auch die Ergebnisse von Veränderungsprojekten unbefriedigend bleiben.«[26] Darüber hinaus gaben 45 Prozent Angst vor schwierigen Entscheidungen an – Mut zur klaren Meinung fehlt – wahrscheinlich aus Angst vor Konsequenzen, doch im Kontrast dazu besteht keine Angst davor, die eigene Startegie auch gegen das Unternehmen und Kollegen zu verfolgen. ...

2005 arbeitet der Vorstandschef der Hypo-Vereinsbank, Dieter Rampl, an Europas größter Bankenfusion. Die HVB sollte mit der UniCredit – der Nummer Eins in Italien – fusionieren. Rampl hatte – so die Wahrnehmung der Medien – nicht nur wirtschaftliche Ziele im Blick. Er selbst geht im eigenen Interesse ein hohes Risiko ein. Das *Handelsblatt* schreibt: »Gelingt die Fusion, wird Rampl zum Verwaltungsratspräsidenten der neuen Großbank. Damit wäre er einer der mächtigsten Banker Europas [...]. Platzt der Deal jedoch, würde die HVB zu einem taumelnden Hermes. Rampls Tage an der Spitze der HVB wären wohl gezählt.«[27] Rampl liefert sich mit Albrecht Schmidt, dem mächtigen Aufsichtsratsvorsitzenden, einen längeren Machtkampf. Schmidt will die Unabhängigkeit des Münchener Konzerns erhalten, schlüpft also in die Rolle des Widerständlers, der Rampl plötzlich im Wege steht. Das Verhältnis der beiden Alphatiere gleiche einer »Hassliebe«, notiert das *Handelsblatt*.[28] 2005 ist der Zusammenschluss mit UniCredit endlich perfekt. Bis zuletzt versucht Schmidt, die für ihn bittere Fusion abzuwehren. Er schafft es nicht, zieht die Konsequenzen und legt sein Amt Ende 2005 nieder.

Dieses Beispiel zeigt, wie dicht Gewinner und Verlierer in Veränderungsprozessen beieinander liegen. Dabei sind die auftretenden Konflikte auf horizontaler Ebene mit den bestehenden Instrumenten für vertikale Auseinandersetzungen nicht auflösbar. Es wird immer Verlierer geben. Daher erscheinen zwei Optionen möglich:

1. Die Konflikte in ihrer wie auch immer gearteten Ausprägung »laufen lassen«, bis sich beispielsweise jemand als der Stärkere herauskristallisiert. Dies kann unter Umständen zu einer enormen Kostensteigerung

führen. Prozesse ziehen sich in die Länge, versanden oder scheitern komplett. Eine »Balkanisierung« der Interessenlage ist also kostspielig für das Unternehmen.

2. Konflikte aktiv entscheiden. Eine solche schnelle Entscheidung ist häufig auch kostengünstig, sie bedarf allerdings einer funktionalen Einflussgröße, die sich gegenüber Interessen von Entscheidern und gegen »Silodenken« durchsetzen kann.

Erfolgreiches Management von Veränderungen hat mit der Fähigkeit zu tun, Interessengegensätze innerhalb der Unternehmen zu übersteuern, eine Lösung durchzusetzen. Dazu bedarf es zunächst eines neuen Machtbegriffs, der die Herausforderungen des Change Managements versteh- und handhabbar macht.

Doch was ist Macht? Welche Rolle spielt sie in Unternehmen und in deren hierarchischen Strukturen? Kann Macht zur Verbesserung der Change-Prozesse beitragen? Dies sind die Fragen, denen wir uns im folgenden Kapitel stellen wollen.

Anmerkungen

1 Hoerster (2003), S. 18 f.
2 Max-Planck-Institut (2003): Arbeitsbeziehungen in Deutschland: Wandel durch Internationalisierung, S. 13, http://www.mpi-fg-koeln.mpg.de/pu/ueber_mpifg/ArbeitsbeziehungenInDeutschland.pdf.
3 Dribbusch, Heiner (2006): Arbeitskampf im Wandel - Zur Streikentwicklung seit 1990, in: *WSI-Mitteilungen* 07/2006.
4 Hans-Böckler-Stiftung (2007): Eine Zusammenfassung der Ergebnisse zur »Biedenkopfkommission« – Regierungskommission zur Modernisierung der deutschen Unternehmensmitbestimmung.
5 WSI-Betriebsrätebefragung (2005).
6 Bispinck, Reinhard und Schulten, Thorsten (2009): Re-Stabilisierung des deutschen Flächentarifvertragssystems, in: *WSI-Mitteilungen* 4/2009, http://www.boeckler.de/pdf/wsimit_2009_04_bispinck_schulten.pdf.
7 Ebd., S. 201 f.
8 Schroeder, Wolfgang (2007): Soziale Demokratie und Gewerkschaften, http://www.fes-online-akademie.de/download.php?d=wolfgang_schroeder.pdf.
9 Bispinck, Reinhard und Schulten, Thorsten (2009), S. 202
10 Ebd.

11 Hans-Böckler-Stiftung (2008): Konflikte stärken die Partnerschaft, in: *Magazin Mitbestimmung* 10/2008, http://www.boeckler.de/163_93144.html.

12 Schroeder, Wolfgang (2007): Soziale Demokratie und Gewerkschaften, http://www.fes-online-akademie.de/download.php?d=wolfgang_schroeder.pdf.

13 Piazza, James (2001): De-linking Labor – Laber Unions and Social Democratic Parties und Globalization, in: *Party Politics* 4/2001, S. 413–435.

14 Ebd.

15 Diese Datenbank reicht bis zum Jahr 1993 zurück.

16 Schwalbach, Joachim (2009): Vergütungsstudie 2009 – Vorstandsvergütung und Personalkosten der Dax-30-Unternehmen 1987–2008.

17 Vgl. Kienbaum Management Consultants (2008): Kienbaum-Analyse zur Gehaltsentwicklung im DAX. Gummersbach, 30.06.2008, Ergebnisse einer Langzeitauswertung der Kienbaum Management Consultants auf Basis der Kienbaum-Studien der vergangenen 20 Jahre, http://www.kienbaum.de/desktopdefault.aspx/tabid-502/650_read-1199/.

18 Ebd.

19 *Süddeutsche Zeitung online* (2008): Stellenabbau nach Bankenfusion – Bittere Briefe im Advent, 01.09.2008, http://www.sueddeutsche.de/finanzen/556/308500/text.

20 *Die Welt online* (2009): Versicherer Generali feuert nach Machtkampf Volksfürsorge-Chef, 14.07.2009, http://www.welt.de/die-welt/article4115802/Versicherer-Generali-feuert-nach-Machtkampf-Volksfuersorge-Chef.html.

21 *Handelsblatt online* (2006): Männer, Memmen und Manager, 11.04.2006, http://www.handelsblatt.com/unternehmen/industrie/maenner-memmen-und-manager;1063042.

22 Ebd.

23 *manager magazin* (2007): DaimlerChrysler. Die Quittung, Heft 4/2007.

24 Vgl. Luthans et al. (1988).

25 Neuberger (2006), S. 41.

26 Claßen, Martin und von Kyaw, Felicitas: Change-Management – Warum der Wandel meist misslingt, in: *Harvard Business Manager*, 12/2009, S. 10–16, http://www.harvardbusinessmanager.de/heft/artikel/a-665915.html.

27 *Handelsblatt online* (2005): HVB-Chef Rampl spielt »alles oder nichts«, 10.06.2005, http://www.handelsblatt.com/unternehmen/koepfe/hvb-chef-rampl-spielt-alles-oder-nichts;911214.

28 Ebd.

Kapitel 5

Wer Konflikte entscheiden will, braucht Durchsetzungsvermögen

»Nichts ist beständiger als der Wandel«, hat Heraklit von Ephesos einst erkannt. Er wurde gut ein halbes Jahrtausend vor Christus geboren. Der griechische Philosoph ist überzeugt, das Weltall, weder von Menschen noch von den Göttern geschaffen, sei ein Urfeuer, das sich selbst entzündet und löscht. Aus Kampf entsteht Vielfalt, aus Eintracht Erstarrung. Für Heraklit befindet sich alles im Fluss.

Noch heute liegt diese Erkenntnis jeder Standard-Präsentation eines Change Agents oder Trainers zugrunde, der eine in sich erstarrte Organisation wieder auf Touren bringen soll. Nichts könnte die Bedeutung des Worts »Change Management« besser und einleuchtender beschreiben als Heraklits weise Worte – wenn da nicht der Mensch selbst wäre. Er lebt seine Gewohnheiten, päppelt die Yucca-Palme neben dem Schreibtisch, reserviert sich den Liegestuhl durch sein Badehandtuch und klebt an seinem Sessel. Der gemeine Mensch, das wissen Psychologen, liebt nichts so sehr wie das Ritual.

Und doch: Der Mensch – er ist ein mächtiger Faktor in Veränderungsprozessen. Mögen ihm die Verkünder einer neuen Zeit wie apokalyptische Reiter vorkommen, er will und muss überzeugt werden. Wer den Faktor Mensch außer Acht lasse, so die gängige Lehrmeinung, riskiert jede noch so sinnvolle Neuerung. Nur wer die Menschen in den Prozess integriere und ihnen den Mehrwert einer Veränderung verdeutliche, könne auf ihre Veränderungsbereitschaft hoffen.

Von Führungskräften, besonders vom Mittelmanagement an der Nahtstelle zwischen strategischer Planung und operativem Geschäft, wird vor allem die Fähigkeit erwartet, die Kolleginnen und Kollegen von der Notwendigkeit des Wandels zu überzeugen und die von der Unternehmensspitze verabschiedete Change-Story mit der Eindringlichkeit eines amerikanischen Fernsehpredigers in deren Köpfe zu hämmern. Reine Logik oder die Kraft des guten Arguments wirken nicht immer. Hinter dem Widerstand verbirgt sich häufig nackte Angst. Seine wahre Intention zu erkennen, so die weit verbreitete Erkenntnis aus zahllosen Change-Projekten, erfordert hohe soziale und kommunikative Kompetenz.

Dieser sozialpädagogische Ansatz beherrscht heute noch jedes ernst zu nehmende Change-Projekt – und die wissenschaftliche Diskussion dazu. Danach bedeutet Change nichts anderes, als das naturgegebene Konfliktpotenzial zwischen Unternehmensführung, die sich bewegen muss, und Belegschaft, die sich nicht bewegen lassen will – jedenfalls nicht so schnell –, einigermaßen gesittet abzubauen. Eskalation, die in die Katastrophe führt, muss unbedingt vermieden werden, getreu dem Motto: Alle in einem Boot. Nur gemeinsam sind wir stark.

Die Frage lautet: Warum scheitern so viele Change-Projekte trotzdem?

Dass Führungskräfte ihre Hausaufgaben in Change-Projekten nicht gemacht haben, kann man ihnen gewiss nicht unterstellen. Auch dass Change-Projekte gegen den fortwährenden passiven oder aktiven Widerstand von Belegschaften kaum erfolgreich sein können, ist eine Binsenweisheit. Change-Managern pauschal vorzuwerfen, ihr persönlicher Mangel an sozialer und kommunikativer Kompetenz sei der wahre Grund, warum alle ihre Anstrengungen im Sande verlaufen, wäre weit gefehlt.

Top oder Flopp – was ist dann der Unterschied? Warum gelingt dem einen, was dem anderen aus der Hand gleitet? Wie schafft jemand eine Unternehmenskultur, in der permanenter Wandel praktisch zu Hause ist? Was fehlt bei anderen?

Eine Antwort drängt sich auf: Durchsetzungsvermögen. Und wenn ja: Welcher Form?

Macht – allgegenwärtig und dennoch ein Tabubegriff

Unsere Hypothese steht konträr zum aktuellen Mainstream: Was, wenn die Einstellungen und Absichten der einzelnen Mitarbeiter nur so weit relevant wären, wie sie geeignet sind, das Erreichen des beabsichtigten Veränderungsziels zu verhindern, und nicht, es aktiv zu befördern? Wenn also die positive Motivation für das Gelingen des Changes weniger wichtig wäre als die Frage, wie weit es einem verhältnismäßig kleinen Teil der Organisation gelingt, ein bestimmtes Vorhaben gegen eine größere Gruppe durchzusetzen? Was also, wenn nicht die Einsicht vieler über den Erfolg von Veränderungsprojekten entscheidet, sondern die Überzeugung weniger, die – ganz im Sinne des Philosophen Kant – ein »Vermögen, welches großen Hindernissen überlegen ist«, einsetzen, um die Anpassung von Zielen, Prozessen und Strukturen in ihrem Sinne durchzusetzen?

Der Ansatz ist nicht nur neu. Er stellt nicht nur die gängige Praxis offensichtlich auf den Kopf. Er ruft nach etwas, was es offiziell gar nicht gibt oder gar nicht geben darf. Er weckt Assoziationen der unangenehmen oder sogar ungeheuerlichen Art: Macht als Strategie für die Durchsetzung nötiger Anpassungen – ein Rückfall in die industrielle Frühkultur?

Die Betriebswirtschaftslehre, sonst jedem praktischen Problem der Unternehmensführung bis auf die zehnte Kommastelle aufgeschlossen, schweigt diesmal lautstark. Sie verfügt über keinen eigenen Zugang zu diesem heiklen Thema. Sie hat keinen eigenen Begriff von Macht entwickelt. Obwohl die Aufgabe der Wissenschaft in der Beschreibung und Erklärung aller betrieblichen Erscheinungen und Probleme in Unternehmen besteht, spielt dort der Einfluss der Macht auf die Entscheidungen und das Funktionieren von Organisationen keine Rolle. »Machtlosigkeit der Wirtschaftstheorie« nennt die Wissenschaftlerin Helga Duda das.[1]

Diese »Machtlosigkeit« erklärt sich vor allem aus den heute gültigen Paradigmen der ökonomischen Lehre: Märkte werden als ideale Plattformen für Tauschhandlungen zweckrational handelnder, informierter Marktteilnehmer betrachtet. Dabei finden Angebot und Nachfrage zu einem Preis den Ausgleich, der den Nutzen der einzelnen Handelnden spiegelt und insgesamt den größten zum gegebenen Zeitpunkt möglichen Nutzen realisiert. Solche Märkte werden nicht nur für einzelne Akteure angenommen. Auch Unternehmen sind intern und in ihrem Verhältnis zu anderen Unternehmen als eine Reihe von Märkten zu verstehen, etwa beim Einkauf von Arbeit, von Vorprodukten oder dem Verkauf der Waren und Dienstleistungen.

Für diese Tauschhandlungen ist Macht nicht nur nicht notwendig, ihr Einsatz würde das markträumende Gleichgewicht gefährden. Entweder setzt der Anbieter seine Marktmacht ein, um höhere Preise für sich zu erzielen, oder die Nachfrage erzwingt einen Preis, der unter dem idealen Angebotspreis liegt. So oder so stellt der Einsatz von Macht innerhalb dieser Tauschbeziehungen einzelne Beteiligte auf Kosten anderer besser und führt damit insgesamt zu suboptimalen Lösungen. Es gibt daher »gute Argumente für die Ausblendung von Macht, gerade wenn man die Betrachtung auf die Entwicklung der modernen Preis- und Allokationstheorie im allgemeinen Gleichgewicht fokussiert.«[2]

Mögen der Begriff und die Erscheinungen von Macht in der wissenschaftlichen Betriebswirtschaft theoretisch begründet sein, wirklichkeitsfremd bleiben sie dort in jedem Fall. Dreht sich das Blatt? So hat die 2008 explodierte globale Wirtschafts- und Finanzkrise eine Welle von wissenschaftlichen Publikationen allein zur Frage ausgelöst, wie valide die Annahme rationaler, vollständig informierter Akteure ist, die seit den 1970er Jahren die wirtschaftswissenschaftliche Diskussion dominiert. Auch das Paradigma der überlegenen Leistungsfähigkeit der Märkte insgesamt scheint plötzlich überholt. Eine umfassende Diskussion der sogenannten Efficent Market Hypothesis findet sich in zum Beispiel im Leitblatt des Wirtschaftsliberalismus *The Economist* unter dem Titel »Efficiency and Beyond«[3]: Der Versuch, wirtschaftliche Vorgänge auf eine Serie von noch so komplex verzahnten Tauschhandlungen zu interpretieren, blende zum Beispiel die schwierigen Herausforderungen der Organisation von Gruppen aus, die sich im Unternehmen täglich stellen und unter anderem von Disziplinen wie der Organisationssoziologie behandelt würden.

Klar scheint jedoch immer noch: An der grundsätzlichen Einschätzung der Schädlichkeit von Macht in wirtschaftlichen Abläufen hat sich bislang nichts geändert. Macht bedeutet weithin die Abwesenheit all dessen, was traditionelle Change-Theorien vereint: Überzeugung, Vertrauen, Konsens. Stattdessen wird Macht im Betrieb als Störgröße empfunden. Für die Wirtschaft gilt damit offenbar nicht, was Eduard Spranger, profilierter Vertreter der geisteswissenschaftlichen Pädagogik, einst als einen allgemeinen Grundsatz menschlichen Zusammenlebens beschrieb: »Das ganze menschliche Leben ist von Machtrivalitätsverhältnissen durchzogen. Auch in den bescheidensten und engsten Kreisen spielt sie eine Rolle. Jeder Einzelne ist irgendwie ein Machtzentrum und auch wieder ein Machtobjekt.«[4]

Macht ist also ein alltägliches Phänomen. Warum nicht auch in Unternehmen? Wir alle haben sie. Wir genießen sie. Und wir schauen genüsslich zu, wenn sich andere darum reißen. Manche leben sogar davon.

»Der Machtkampf schadet Continental, die Personaldiskussionen und Spekulationen werden dazu führen, dass das tägliche Geschäft ein wenig aus den Augen verloren wird«, wettern die *FinanzNachrichten* auf dem Höhepunkt der Übernahme des Hannoverschen Traditionskonzerns durch die Herzogenauracher Schaeffler-Gruppe.[5] Die Geschichte ist ein Text für die Medien, ein echter Krimi: Erst baut Schaeffler die Macht bei Conti aus, dann übernehmen die Banken bei Schaeffler die Macht. Noch während das Übernahmeangebot läuft, geht die Investmentbank Lehman Brothers pleite. Die Weltbörsen crashen, Conti schmiert auf 20 Euro ab. Prompt überschütten die Aktionäre Schaeffler mit Aktien: Die Familienfirma ist verpflichtet zu kaufen. Am Ende hat Schaeffler ungewollt 90 Prozent von Conti und Bankschulden von mehr als 12 Milliarden Euro – und das mitten in der Finanzkrise und vor dem Hintergrund einer miesen Autokonjunktur. Ein einziges Desaster. Aus der Multimilliardärin Maria-Elisabeth Schaeffler ist eine »Königin ohne Land« geworden, urteilt das *manager magazin*.[6] Doch untergehen darf sie nicht. Niemand kann sich das leisten. Die Banken wandeln die kurzfristigen Kredite in langfristige Darlehen um, die erst 2014 und 2015 getilgt werden müssen. *Die Zeit* kommentiert: »Manchmal ist es schon ein Sieg, wenn man nicht alles verliert.«[7]

Noch ärger geht es bei Porsche und Volkswagen zu. Es ist eine Schlacht um die Vorherrschaft im mutmaßlich bald größten Automobilunternehmen der Erde, ein Machtkampf auf Biegen und Brechen zwischen dem Porsche-Macher Wendelin Wiedeking und dem Porsche- und Volkswagen-Miteigentümer Ferdinand Piëch: So etwas hat die Welt noch nicht gesehen. Was genau der Patriarch Piëch ist, weiß die Presse nicht so richtig einzuschätzen. Sie überschlägt sich mit Superlativen: *Die Welt* positioniert ihn als den »mächtigsten Automanager der Welt«[8], die *Sächsische Zeitung* den »(über)mächtigsten Automanager der Welt«[9]. *Cicero* rückt ihn in die Nähe eines Diktators.[10] Dem reicht ein Satz, um das Denkmal Wiedeking und dessen abenteuerliche Pläne, Volkswagen zu schlucken, in der Luft zu zerreißen – bei der Polo-Präsentation auf Sardinien. Wendelin Wiedeking, spricht Piëch fast beiläufig und wie immer sehr leise, genieße »zurzeit« noch sein Vertrauen. Der Porsche-Chef sei persönlich bemüht, »den Reifendefekt rückgängig zu machen«, schiebt er noch nach, aber die Sache ist damit durch: Wiedeking muss weg. Nicht Porsche übernimmt Volkswagen, sondern Volkswagen verleibt sich den Sportwagenbauer als zehnte Konzernmarke ein. Die *Sächsische Zeitung* stellt erleichtert fest, endlich sei »der dreckige Machtkampf beendet«[11].

Auch Krach an der Spitze der vornehmen Deutschen Bank erschüttert im Frühjahr 2009 das Land: »Machtkampf zwischen Ackermann und Börsig vor Eskalation«, posaunt *Spiegel Online* und weiß von einem drohenden Eklat: Bank-Chef Josef Ackermann mache Stimmung gegen seinen Aufsichtsratsvorsitzenden Clemens Börsig. Der Chefaufseher gerate in der Affäre um die Ausspähung eines kritischen Aktionärs unter Druck.[12]

Er lasse sich nicht erpressen, lässt Börsig die *Frankfurter Allgemeine Sonntagszeitung* wissen. »Ich sehe keinen Grund für einen Rücktritt.«[13] Die Auseinandersetzung, so das Blatt, lähme die Deutsche Bank zusehends. »Die Stimmung ist angespannt«, lässt sich ein ungenannter Aufsichtsrat zitieren. Schon zuvor ist es zwischen Ackermann und Börsig zu einem Machtkampf gekommen, als Börsig angeblich erfolglos versuchte, Ackermann als Vorstandschef abzulösen. Stattdessen wurde der Vertrag mit Ackermann überraschend verlängert. Damals erwarteten viele Beobachter den Rückzug des Aufsichtsratschefs. Doch der blieb.

Die Liste spektakulärer Machtkämpfe in den Führungsetagen deutscher Unternehmen lässt sich spielend erweitern: Großaktionäre und Management des Automobilzulieferers Kuka bezichtigen sich in der Öffentlichkeit gegenseitig der Inkompetenz. Der monatelange Machtkampf an der Spitze bei Deutschlands größtem Stahlproduzenten ThyssenKrupp kostet Jürgen Fechter, Chef der Edelstahlsparte, und Karl-Ulrich Köhler, verantwortlich für das klassische Stahlgeschäft, die Vorstandsposten. Hintergrund: ein Streit über die künftige Ausrichtung des Konzerns. Während die eine Seite, so Presseberichte, immer wieder die starke Abhängigkeit vom Stahl angeprangert und verlangt hätte, in die anderen Sparten (Aufzüge, Maschinenbau, Autozulieferer) zu investieren, lehnten dies Vertreter der Rohstoffsparten ab.

Allen Beispielen ist gemein: Es geht immer um strategische Fragen. In keinem Fall aber wird der Machtkampf als ein notwendiger, angemessener oder sogar sinnvoller Beitrag zur Lösung dieser weitreichenden Fragen interpretiert, sondern als Verschwendung von Zeit und ökonomischen Ressourcen, die darüber hinaus als vorwiegend persönlich motiviert diskreditiert scheinen. Macht, so scheint es, ist zumindest in der Sphäre der Ökonomie durchgehend negativ beleumundet.

Was ist Macht?

Der Wirtschaftsprofessor Wilfried Krüger schrieb: »[...] nur wenige Begriffe sind so schillernd und faszinierend, nur wenige Phänomene so alltäglich und doch so unbekannt. [...] So wirkt das Phänomen auf viele anziehend und bedrohlich zugleich. Kein Lebensbereich ist frei von Macht, und dennoch sind viele Machtprozesse schwer erkennbar und durchschaubar. Wer viel Macht hat, spricht nicht darüber, sondern wendet sie an. Wer wenig Macht hat, spricht schon eher von ihr, vor allem aber versucht er, mehr davon zu erreichen.«[14]

Diese Vielschichtigkeit des Machtbegriffes wird bereits beim Versuch deutlich, ihn zu definieren. Das Wort »Macht« stammt vom germanischen Wort »mah-ti« ab, was so viel bedeutet wie »Macht und Kraft«, welche die Substantive zu *mag* – »kann, vermag«, »das Können, das Vermögen« bilden.[15] Besonders in der redensartlichen Verwendung des Begriffs Macht wird seine Spannweite deutlich. Sie reicht von der »Macht der Gewohnheit« über die »Macht des Schicksals« bis hin zu »Wissen ist Macht«.

Die wohl bekannteste Definition stammt von Max Weber, dem Juristen, Nationalökonomen und Mitbegründer der Soziologie in Deutschland: »Macht bedeutet jede Chance, innerhalb einer sozialen Beziehung den eigenen Willen auch gegen Widerstreben durchzusetzen, gleichviel, worauf diese Chance beruht.«[16] Doch Weber bezeichnet Macht als »soziologisch amorph«. Aus diesem Grund wendet er sich in seiner Betrachtung auch vom Machtbegriff schnell ab und zieht den Herrschaftsbegriff vor. Der ist aus seiner Sicht konkreter und wissenschaftlich nutzbarer. »Schon in dieser völligen Offenheit des Machtbegriffes von Weber steckt ein Problem«, schreibt denn auch der Soziologe Hans Haferkamp in seinem Buch *Soziologie der Herrschaft*, und fährt fort: »Denn das ist ja eigentlich das Interessante: Jemand setzt seinen Willen durch, auch gegen Widerstreben. Wie ist das möglich?«[17] Auf die Frage nach dem, »worauf diese Chance beruht«, antwortet Weber ganz allgemein: »Alle denkbaren Qualitäten eines Menschen und alle denkbaren Konstellationen können jemanden in die Lage versetzen, seinen Willen in einer gegebenen Situation durchzusetzen.«[18] Der Machtbegriff bleibt bei Weber also unbestimmt.

Um sich dem Wesen der Macht zu nähern, scheint es hilfreich, Macht von zwei verwandten Begriffen abzugrenzen, die häufig als Synonyme gebraucht werden: »Autorität« und »Herrschaft«.

In der Nachfolge Webers wurde Macht vielfach auf ihre sich faktisch vollziehende Qualität, die Herrschaft, reduziert. Der Begriff »Herrschaft« wird dem mittelhochdeutschen Wort »Herrschaft« zugeordnet. Es bedeutet so viel wie »Würde«, »Ehrenamt« und »Herrschaft«, unter dem Einfluss von »Herr, herrschen«.[19]

- Nach dem *Philosophischen Wörterbuch* von Heinrich Schmidt und Georgi Schischkoff bedeutet Herrschaft »Verfügung über menschliche Leistungen«. Überall, wo Schutz gewährt werde, entstehe Herrschaft über den Beschützten. »Um beschützen zu können, bedarf es der Macht.«[20]

- Für die Bundeszentrale für politische Bildung ist Herrschaft ein »politisch-soziologischer Grundbegriff, der ein Über- und Unterordnungsverhältnis zwischen Herrschenden und Beherrschten beschreibt, das als rechtmäßig (legitim) anerkannt wird und insofern institutionalisiert ist, als es auf Dauer angelegt und gewissen Regeln unterworfen ist«. Herrschaft biete damit den Herrschenden (z. B. über Befehle) die Möglichkeit, auf das Verhalten der Beherrschten (z. B. über Gehorsam) gezielt Einfluss zu nehmen.[21]

Max Webers Definition von »Herrschaft« ist ähnlich einflussreich für die politische und soziologische Theorie wie seine Erklärung des Machtbegriffs. Für ihn ist Herrschaft »die Chance, für einen Befehl bestimmten Inhalts bei angebbaren Personen Gehorsam zu finden«.[22] Weber versteht unter Herrschaft eine institutionalisierte Machtausübung. Er verweist auf »die Legitimation der Herrschaft als Unterscheidungskriterium. Herrschaft ist Macht mit Legitimation. […] Es wird legitimer Herrschaft auf Befehl gehorcht.« In idealtypischer Form kann die Herrschaft nach Weber drei Ursprünge haben:[23]

- Charismatische Herrschaft beruht auf dem Glauben an die Besonderheit eines Herrschers (Kraft, Klugheit, Rhetorik etc.).
- Traditionale Herrschaft beruht auf dem Glauben an die Heiligkeit von Traditionen, gegebenen Ordnungen und den damit verbundenen Autoritäten.
- Legale Herrschaft beruht auf dem Glauben an eine sachgemäß und rechtmäßig geschaffene Ordnung und dem daraus folgenden Recht der Herrschenden, Gehorsam zu verlangen.

»Warum bilden sich die Weberschen Herrschaftsformen aus?« Dieser Frage stellt sich Hans Haferkamp und führt dazu eine kurze Entwicklungsgeschichte auf, wie unterschiedliche Herrschaftsformen entstehen, und unter welchen Bedingungen sie sich gegenseitig ablösen: »[C]harismatische Herrschaft [tritt] auf, wenn die pure Existenzsicherung noch unsicher ist, wenn Leid (Krankheit, Tod) und Glück (Reichtum, reichhaltige Funde) dem Leben den Stempel aufdrücken, und Herrscher wird, wer Leid wie Glück Sinn zu geben vermag, wer aus der Not herausführt, wer Begeisterung entfacht. […] [T]raditionale Herrschaft [tritt] auf, wenn das Existenzminimum für die betrachtete Gruppe der Gesellschaft erreichbar ist. Wer diese Notwendigkeit dauerhaft sichert, der wird als Herrscher anerkannt. […] [E]gal-bürokratische Herrschaft [tritt] auf, wenn gesteigerte Existenz für alle relevanten Gruppen möglich ist, wenn mehr Werte für viele möglich werden. In dieser Gesellschaft ist es die Bürokratie, die verrechtlicht, verstetigt, plant, die paktierten oder oktroyierten Herrschaftswillen effizient durchsetzt.«[24]

Folgt man Max Weber, so gibt es zwischen Herrschaft und Macht einen wesentlichen Unterschied: Die Gehorsamsbereitschaft, die Bereitschaft zur Unterordnung bei den Beherrschten, muss für die Herrschaft gegeben sein. Herrschaft setzt also sozusagen die Anerkennung von Macht voraus. Oder mit anderen Worten: Herrschaft ist etablierte Macht. Der Sozialwissenschaftler Thomas Matys arbeitet genau diesen Punkt heraus und argumentiert, Herrschaft sei stets an das »aktuelle Vorhandensein eines erfolgreichen [...] Befehlenden geknüpft«. Sie sei »nicht in der Lage, Widerstand zu überwinden«.[25]

Anerkennung der tatsächlichen Machtverhältnisse, wie sie sich in den bestehenden Herrschaftsverhältnissen manifestieren, ist also offenbar Voraussetzung für die Ausübung von Macht und Herrschaft – und ganz offensichtlich auch konstituierend für den dritten verwandten Begriff: »Autorität«. Der Begriff wird dem lateinischen »auctōritās« zugeordnet – »Gültigkeit, Glaubwürdigkeit«, und dem lateinischen Substantiv »auctor«, was so viel heißt wie »Urheber, Gründer«.[26]

Das Philosophische Wörterbuch von Schmidt/Schischkoff definiert »Autorität« als »Geltung beziehungsweise Einfluss, den eine Person oder auch eine Sache hat, ohne ständig dafür eintreten beziehungsweise eingesetzt werden zu müssen«.[27]

Rudolf Zorn beschreibt Autorität als »[...] das maßgebende Ansehen einer Persönlichkeit, deren Charakter, persönliche Lebensführung und Leistung über jeden Zweifel erhaben sind und daher allgemein als Vorbild und Beispiel anerkannt werden«.[28]

Auch der deutsche Soziologe Heinrich Popitz bezeichnet Autorität als eine spezifische Form der Macht. Sie wirkt in Form der unaufgeforderten Unterordnung in Beziehungen. Als eine der ersten überlieferten Quellen für diesen Grundgedanken gilt der chinesische Philosoph Men aus dem vierten Jahrhundert vor Christus: »Wenn Menschen gewaltsam unterworfen werden, so beugen sie sich nicht in ihrem Sinne, sondern nur, weil ihre Kraft nicht ausreicht. Werden Menschen durch die Macht der Persönlichkeit unterworfen, so freut es sie im Grunde ihres Herzens und sie beugen sich wirklich.« Popitz schreibt dazu: »Ich nehme an, dass Autoritätsbindungen auf dem Bestreben beruhen, von anderen anerkannt zu werden.«[29] Anerkennung ist also die Bedingung für die Wirkungsweise der Autorität. Ihr Mittel ist die Abhängigkeit von Anerkennung oder das Bedürfnis danach.

Der Faktor der Freiwilligkeit der Unterwerfung und die Abhängigkeit als deren Voraussetzung ist für eine Begriffsabgrenzung ausschlaggebend. Es bedeutet: Wenn die Autorität nicht anerkannt wird, kann sie sich auch nicht gegen Widerstände durchsetzen. Wer der Autorität Nachdruck verleiht, wird immer eine Form konkreter Macht anwenden müssen, die wirkungsmächtiger ist als die Autorität und somit auch von ihr abzugrenzen ist.

Herrschaft und Autorität scheinen also eine gemeinsame Voraussetzung zu haben: Die ihr Unterworfenen müssen ihre relative Unterlegenheit erkennen und akzeptieren. Auf der anderen Seite bedeutet dies: Wer etwa seine Autorität kenntlich machen muss, hat keine. Hannah Arendt, eine eigensinnige Gelehrte, hält über Autorität fest, was ähnlich auch für Herrschaft gelten könnte: »Da Autorität immer Gehorsam fordert, wird sie gewöhnlich für eine Art Macht oder Gewalt gehalten. Doch Autorität schließt die Anwendung äußerer Mittel des Zwangs aus; wo Zwang nötig ist, hat Autorität versagt«.[30]

Das Verständnis des Herrschaftsbegriffs ist zwar aktiver – Befehle werden beispielsweise ausgesprochen –, aber auch dabei gilt: Herrschaft kann sich nicht gegenüber Widerständen durchsetzen. Auch an den Herrschaftsanspruch und an die Rechtmäßigkeit des Befehls, der formalen Struktur oder an die Legitimation muss der Angesprochene glauben oder sie anerkennen.

Herrschaft, etablierte und bedrohte Form der Macht

Ralf Dahrendorf hat diese Zusammenhänge in ein Kreislaufmodell gefügt und damit das statische Herrschaftsmodell Weber'scher Prägung um eine dynamische Komponente ergänzt. Dieser Ansatz soll dazu dienen, das in diesem Buch formulierte Machtverständnis zu erweitern, und zeigen, warum Macht als Voraussetzung für Herrschaft zu begreifen ist. Wie sich Herrschaft etabliert, wie sie wirkt, aber vor allem, was passiert, wenn eine etablierte Herrschaft Veränderungsdruck ausgesetzt ist, lässt sich nach Dahrendorf an folgendem Schema verdeutlichen.

In der Herrschaft etabliert sich Macht in Form eines Geflechts von Normen und Sanktionen. Sie repräsentieren die zugrunde liegenden Machtverhältnisse, gleichzeitig stabilisieren sie das Herrschaftsverhältnis. Dahrendorf leitet daraus zwei Klassen ab: die Herrschenden, die Normen und Sanktionen gesetzt haben und sie aufrechterhalten, und die Beherrschten, die diesen Setzungen folgen. Daraus ergibt sich ein Spannungsfeld: Während die Herrschenden danach trachten, ihre Position auszubauen und ihre

Abbildung 25: Dahrendorfs Herrschaftsdefinition

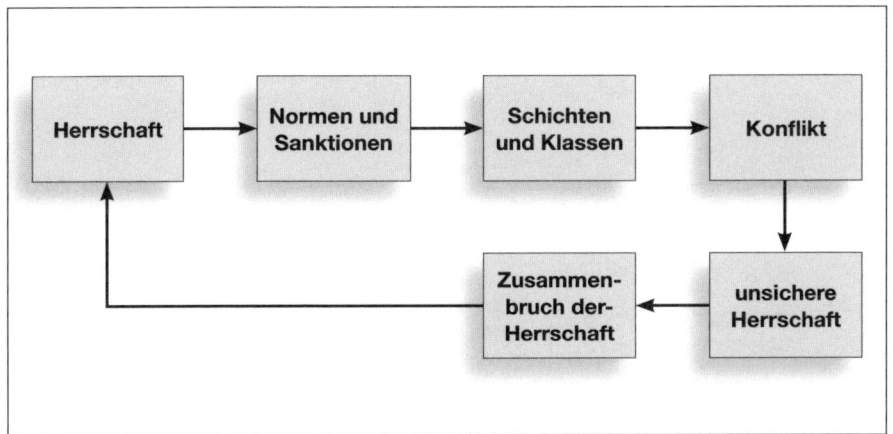

In Anlehnung an: Hans Haferkamp: *Soziologie der Herrschaft*, 1983, Seite 71

Interessen durchzusetzen, wünschen die Beherrschten unter gewissen Umständen, die Normen und Sanktionen zu verändern oder zu ersetzen.

So entsteht ein ständig schwelender Konfliktherd, der die bestehenden Herrschaftsverhältnisse bedrohen oder gar umstürzen kann. Die Herrschenden bedürfen daher über das etablierte System der Herrschaft hinaus der Instrumente der Macht, um ihre Ansprüche schützen zu können und das bestehende System aufrechtzuerhalten.

Herrschaft ist also ein Zustand etablierter Macht und Autorität und – im Verständnis dieser vorliegenden Arbeit – ein Instrument, um die Macht auszubauen oder zumindest zu erhalten. Ausgeschlossen ist in dieser Betrachtung eine Herrschaftsform auf der Basis von Gewalt. So ergibt sich folgender Wirkungszusammenhang sich gegenseitig verstärkender Faktoren, deren wesentlicher Bezugspunkt die Macht ist.

Dahrendorf beschreibt allerdings auch die – latente – Auseinandersetzung der Herrschenden mit den Beherrschten, die dieser Logik inhärent ist: »Es geht bei sozialen Konflikten um mehr Lebenschancen beziehungsweise um die Verteidigung ihres einmal erreichten Niveaus, d.h. (vom Standpunkt der Herrschenden) um den Versuch der Sicherung der zu Privilegien gewordenen Optionen im Rahmen obwaltender Bindungen oder Ligaturen beziehungsweise (vom Standpunkt der Beherrschten) um die Durchsetzung

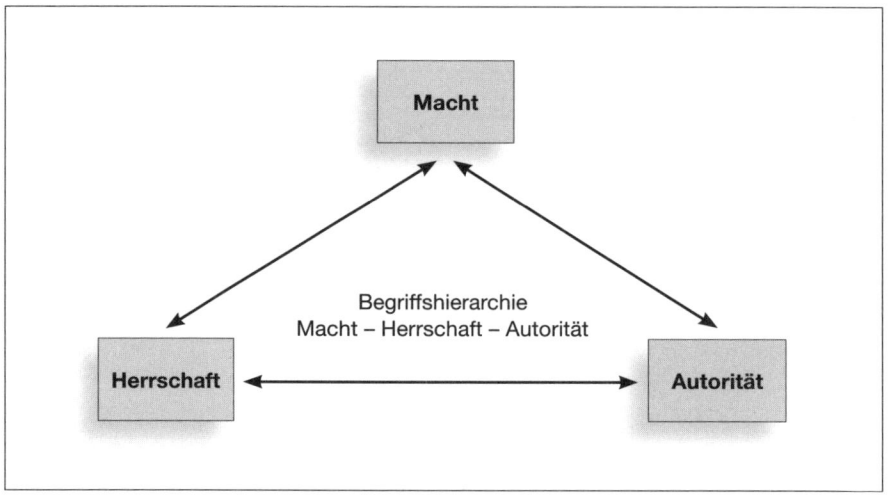

neuer Optionen auch auf Kosten bekannter Bindungen, wenn nicht um eine neue Qualität der Bindung selbst.«[31]

Macht lässt sich in diesem Sinne als Fähigkeit beschreiben, Aussagen über die Richtung des Wandels, wie Dahrendorf meint, als verbindlich zu setzen und damit entsprechende Normen und Sanktionen zu etablieren. Es handelt sich um Weltbilder – sehr komplexe Konstrukte –, deren Durchsetzung an Macht, Sprache, Zeichen und Symbole gekoppelt ist. Solche Weltbilder sind der Interpretationsrahmen, nach dem Handlungsstrategien durchgesetzt werden.

Veränderungsdruck schafft neue Optionen

Dahrendorf verdanken wir auch die Einsicht, dass es einen dauerhaften Wettbewerb um die Etablierung dieser Weltbilder gibt. Veränderungsdruck erzeugt einerseits Bestrebungen der Herrschenden, ihre etablierten Welterklärungen und ihre Normen- und Sanktionssysteme zu verteidigen. Gleichzeitig bedeutet Veränderungsdruck auch eine Chance für konkurrierende Gruppen, Weltbilder zu etablieren. Dies gilt auch für die Unternehmung, für die sich in der Krise gezeigt hat, dass für jedes aktuell gültige und vermeintlich zwingende Weltbild Alternativen diskutiert werden können. Mit der wachsenden Unsicherheit über die Rahmenbedingungen wächst eben auch die Skepsis gegenüber bestehenden Analysen und Zielen, und die Chancen für alternative Weltbilder steigen. Das heißt, dass die aktuellen Machtverhältnisse, die zur Etablierung einer bestimmten Herrschaft geführt haben, gerade in Krisen- und Umbruchzeiten um sichtbare Alternativen ergänzt werden können (dies wird in Abbildung 27 gezeigt) – neue Machtfelder entstehen durch alternative Weltbilder.

Abbildung 27: Gerade in Veränderungssituationen
entsteht Konkurrenz um Macht

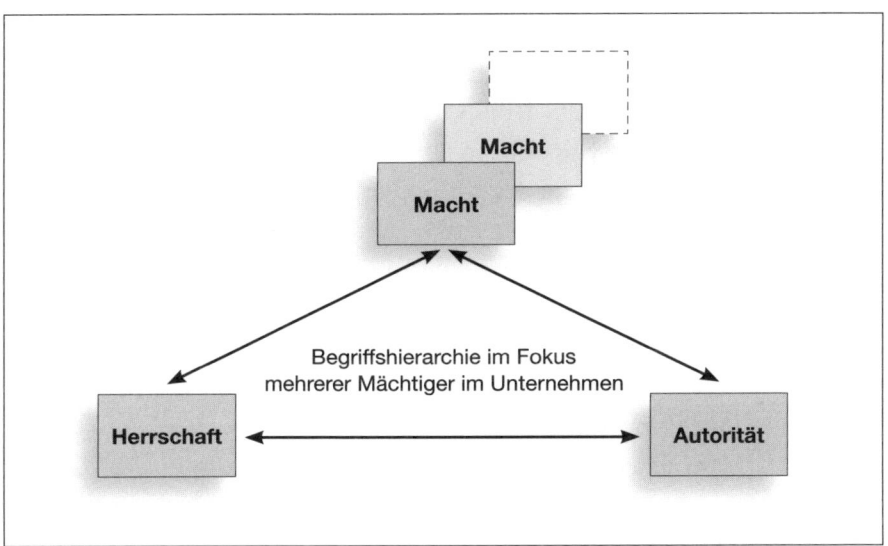

Change Management ist in dieser Situation »Täter« und »Opfer« zugleich. Es kommt immer genau dann zum Einsatz, wenn die Organisation sich in einem Zustand unsicherer Herrschaft bewegt, und soll als Instrument der aktuell Mächtigen die bestehenden Herrschaftsverhältnisse erhalten, indem es sie auf eine neue Grundlage stellt. Gleichzeitig ist Change Management das sichtbare Zeichen dafür, dass Machtkämpfe möglich und Ressourcen neu verteilt werden. Um es mit den Worten der Wirtschaftsprofessoren Willi Küpper und Günther Ortmann zu sagen: »Organisationen sind durchwirkt von Politik. Ihre Entscheidungsprozesse sind politische Prozesse, ihre Akteure Mikropolitiker. Ihre Vernunft kann nicht errechnet werden, nicht als one best way gegeben sein. Auf der Strecke bleibt sie, solange die Rationalität der Organisation wie die Effizienz einer Maschine erwartet wird; solange sie nicht als kontingentes Resultat politisch-praktischen Handelns und andauernder Kommunikation unter Mikropolitikern aufgefasst wird.«[32] Das Change Management kann dabei selbst zum Schauplatz der aufbrechenden Rivalitäten werden.

Macht als die elementarste Form der Durchsetzungsfähigkeit in Unternehmen kann also dazu beitragen, Weltbilder zu etablieren und Herrschaft zu stabilisieren. Gerade Veränderungsvorhaben aber stellen die etablierten Verhältnisse zum Teil auf den Kopf. Für einige Betroffene bedeutet das die Chance, eigene Positionen aufzubauen.

Für die etablierte Herrschaft ergibt sich daraus die Notwendigkeit der Kontrolle von (potenziellen) Konkurrenten. Professor Christopher Hood hat mit seinen Arbeiten zur »Effectiveness of Administrative Control« besonders darauf hingewiesen. Im Mittelpunkt seiner Betrachtungen steht die öffentliche Verwaltung. Seine Analysen und Schlussfolgerungen lassen sich jedoch auch auf Umbruchsituationen in Wirtschaftsunternehmen anwenden.

Qualität und Umfang von Kontrolle entsprechen nach Hood hohen Ansprüchen: »Control resources must be limitless, controls must be perfectly effective and there must be no incompatibilities between levels or types of control.«[33] Natürlich ist diese Form perfekter Kontrolle in der Realität nicht existent, wie es der Titel seines Buches *Limits of Administration* bereits impliziert.

Laut Weber machen Hierarchie, Spezialisierung und Standardisierung die Bürokratie zu einer effizienten Organisationsform. Hood fasst die kritische Auseinandersetzung mit Webers optimistischer Hypothese so zusammen: »The second generation of theory, [...] pointed out that many of the control systems involved in Weber's sketch of efficient bureaucratic organization could in fact hamper administrative effectiveness and thus could be ›dysfunctional‹. Similar arguments had been put forward by earlier antibureaucratic theorists such as John Stuart Mill.«[34] Entscheidend in unserem Zusammenhang scheint dabei das Problem der Funktionalität bei divergierenden Interessen der Mitglieder einer Organisation. Mit den Worten Hoods: »One difficulty which has been identified by many writers is that the word ›disfuncionality‹ implies a prior judgment about what organizations *ought* to be doing, whereas in practice people in organizations have multiple and conflicting objectives, and the objectives of the ›bosse‹ are open to challenge.«[35] Die Feststellung, dass Zielkonflikte zu einer Dysfunktionalität in Organisationen führen können, entspricht weitgehend der Grundhypothese der vorliegenden Überlegungen. Dass unterschiedliche konkurrierende Zielvorstellungen die Effizienz von Ablauf- und Aufbauorganisation beeinträchtigen können, zeigt das Modell von Dahrendorf.

Wie lassen sich nun solche Konflikte erkennen und kontrollieren? Hood unterscheidet vier unterschiedliche Vorgehensweisen: Kontrolle durch Übersicht (»Oversight«), durch Wettbewerb (»Competition«), Kontrolle durch Gegenseitigkeit (»Mutuality«) und Zufallskontrollen (»Contrived Randomness«):[36]

- *Oversight* meint Kontrolle durch bewusste Übersicht und Prüfung sowie die formale Befugnis zur Genehmigung oder Ablehnung, zur Stellungnahme zu Streitigkeiten oder Beschwerden, zum Erteilen von Verboten oder Befehlen, Genehmigungen und Strafen. Beispiel: militärische Befehlskette.
- *Competition* heisst die bewusste Inszenierung von Rivalität und Wettbewerb unter den Akteuren einer Organisation. Eines der Standardverfahren, um Angehörige einer Organisation zu Loyalität, Eifer und Strebsamkeit anzuspornen, ist die systematische Förderung des Konkurrenzdenkens zwischen Einzelnen und Arbeitsgruppen in Bezug auf Auswahl, Mitspracherecht, Beförderung, Gehalt, Prämien, Prestige, Auszeichnungen, Raum, Ausstattung und Ressourcen. Beispiel: Ranglisten, die zwischen besseren und schlechteren Akteuren unterscheiden helfen.
- *Mutuality* erhebt die Zusammenarbeit in der Gruppe zum alleinigen Sinn und Zweck. Es meint das Beobachten von Akteuren durch andere Akteure gleicher Hierarchiestufen innerhalb der Organisation. Nach Hood steht dieser Ansatz für das Geben und Nehmen in der Dynamik

sozialer Gruppen als das zentrale Kontrollelement, das die Aspekte des Miteinanders in Organisationen betont. Beispiel: Teamstrukturen wie paarweise Polizeistreifen.

- *Contrived Randomness* schließlich meint die Ausführung unerwarteter Arbeitsabläufe und Kontrollen in der Organisation. Die Rotation der Mitarbeiter beispielsweise soll das Entstehen allzu großer Vertrautheit mit Kunden oder Kollegen verhindern. Unangekündigte Zufallskontrollen verfolgen ebenfalls den Zweck, Beweggründe und Gelegenheiten für ein Handeln in geheimem Einverständnis zu verringern. Ziel des Einsatzes von Zufallselementen als Kontrollinstrument in Organisationen ist es also, einer kriminellen Zusammenarbeit oder einer sonstigen gegen das System gerichteten Handlung vorzubeugen. Contrived Randomness erreicht diesen Effekt, indem es darauf abzielt, den Betrieb der Organisation so unvorhersehbar wie möglich zu machen. Beispiel: traditionelle Steuerbürokratie.

Hoods Mechanismen der Kontrolle bieten eine Auswahl an Instrumenten. Sie stehen der Unternehmensführung zur Verfügung, um zu kontrollieren und zu lenken. Solche Mechanismen bedeuten Macht in funktionaler Form. Macht in Form von Kontrolle und Lenkung der Akteure kann auch in Veränderungssituationen eingesetzt werden, um Konkurrenz im eigenen Betrieb auf die definierten Ziele nicht nur auszurichten, sondern sie gezielt durchzusetzen.

Versteht man unter Macht im Sinne I.C. MacMillans »ability to restructure the situations«,[37] so findet die Restrukturierung vor allem dadurch statt, dass sich im Zuge eines Machtkampfes aus einer theoretisch unbegrenzten Zahl von Weltbildern ein Entwurf durchsetzt und für eine Organisation als herrschend etabliert werden kann. So liefert Macht den besten Beitrag zur Lösung von Problemen. Dies gilt erst recht, wenn sich die Realität der Wirtschaft nicht durch die Analyse von Daten allein ergibt, sondern bereits selbst eine Frage der Konstruktion und der Etablierung von Weltbildern ist. Dann wäre auch Macht eine valide Lösung, um Entscheidungen zu treffen und dabei Such-, Findungs- oder andere Transaktionskosten zu verringern. Außerdem spricht vieles dafür, dass die Implementierung von Herrschaft Klarheit über Entscheidungsträger, Ziele und

Aufbau- und Ablauforganisation schafft, mithin also einen Beitrag zur Effizienz einer Organisation leisten kann.

Trotzdem: Noch immer findet das Thema »Macht« wenig Beachtung unter Ökonomen. Der funktionale Aspekt der Macht bleibt stets hinter ihrem schlechten Ruf zurück. Der Gedanke an eine funktionale Dimension der Macht im Unternehmen erscheint auf Anhieb vielen Praktikern absurd, ja sogar gefährlich.

Der schlechte Ruf der Macht

Für das schlechte Image der Macht gibt es zwei Erklärungsversuche. Macht steht geradezu im Gegensatz zur Idee freier, effizienter Märkte. Außerdem ist allein schon das Wort unter ökonomischen Eliten verpönt, vor allem wenn es um die Umwandlung ökonomischer in politische Macht geht. Manager haben, kein Zweifel, Macht, die sie auch mitunter rücksichtslos ausüben. Aber darüber reden? Sie haben gelernt, das Unwort lieber in wohlklingende Vokabeln wie Teamführung, kooperativer Führungsstil oder gemeinsame Leistungsverantwortung zu verhüllen. Macht hat eben einen äußerst schlechten Beigeschmack. Das Wort transportiert Skrupellosigkeit, Rücksichtslosigkeit oder Konkurrenz um jeden Preis. Darum hat es auch die Ökonomie so schwer, sich unverstellt dem Thema zu widmen.

Dabei ist es eine »[...] endless parade of great names from Plato and Aristotle through Machiavelli and Hobbes to Pareto and Weber«, die sich mit dem Thema Macht beschäftigt hat.[38] Überraschender noch als die Universalität des Phänomens scheint die Universalität des schlechten Leumunds der Macht.

Psychologen erklären den schlechten Ruf der Macht vielfach mit der überwältigenden Einsicht des Einzelnen in seine Hilflosigkeit. Für Religionswissenschaftler ist dies sogar eine zentrale Quelle des Glaubens. »In den Religionen der Völker wird die Begegnung des Menschen mit Göttern, Ahnen und Naturkräften als Abhängigkeit von ›höheren Machtträgern‹ erfahren. Ihnen gegenüber ist der Mensch der auf Ermächtigung Angewiesene [...]. Die Frage des Machtzuwachses im Sinn von Lebensqualität und Lebensdauer bestimmt in den Naturreligionen den Kult und steht im Zentrum allen rituellen Handelns.«[39]

Im Alten Testament ist Gott allmächtig, die Entscheidung über die Schicksale der Menschen wird ihm zugesprochen und fällt damit quasi im Himmel. Die Menschen auf der Erde müssen sich den rätselhaften Entscheidungen ihres Herrn beugen – »Er tut große Dinge, die nicht zu erforschen, und Wunder, die nicht zu zählen sind«[40] – und leben in der Hoffnung, Rechtgläubigkeit und Gottgefälligkeit würden ihnen die Gnade des Herrn bescheren: »Und wer überwindet und hält meine Werke bis ans Ende, dem will ich Macht geben über die Heiden, und er soll sie weiden mit eisernem Stabe, und wie irdene Töpfe soll er sie zerschmeißen.[41]

In der *Theologischen Realenzyklopädie* heißt es: »Wichtige Impulse bekommt der Machtbegriff mit der Erschließung des Alten und des Neuen Testaments durch christliche Theologie. Hier dominiert die überlegene Allmacht, die das Wesen des persönlichen, lebendigen Gottes ausmacht. Dies erlaubt auch, die Ermächtigung der Geschöpfe durch den Schöpfer sowie seine Vollmacht für seinen Sohn nach dem Vorbild der Natur zu verstehen.«[42]

Gleichzeitig offenbart sich einmal mehr der Doppelcharakter der Macht – sie lässt sich nicht einseitig begründen und aufrechterhalten. Die Gläubigen erwarten, dass ihr Gott ihnen seine Macht beweist, um weiterhin an ihn glauben zu können: »Herr, erhebe dich in deiner Kraft, so wollen wir singen und loben deine Macht.«[43]

Im Zusammenhang mit dem christlichen Erlösungsglauben spricht das Neue Testament in zahlreichen Begriffen von einem Gott, der durch Christus entmachtet wurde[44] beziehungsweise der als der »Erstgeborene der ganzen Schöpfung«, als ihr »Haupt«[45], den Menschen überlegen ist. Im Hintergrund steht ein Weltbild, das wie das jüdisch-apokalyptische betont, wie sehr der Mensch höheren Mächten ausgeliefert ist. Doch haben die Jünger Jesu Christi Macht über die Dämonen erfahren, dass »weder Tod noch Leben, weder Engel noch Macht«[46] ihre neue Gottesbeziehung zerstören können.

Damit wurde Macht teilweise ihrer metaphysischen Größe beraubt. Sie wechselte vom Himmel – aus dem Übernatürlichen, dem unerklärlichen, ungreifbaren Phänomen – auf die Erde, mitten hinein in die Realität der Gesellschaft. Für viele Generationen war der Kern des Neuen Testament nicht nur eine Aussage zum individuellen Glauben, sondern eine politische Botschaft, deren Ziele und Anspruch die Strukturen der Gesellschaften angingen; dies gilt für die heute nahezu sozialistisch anmutenden Vorstellungen der ersten Christen Roms bis zur Theologie der Befreiung, die das Christentum als konkrete Anweisung für die Realisierung von Gerechtigkeit auf der Erde versteht, ganz gemäß dem Wort Jesu: »Ihr wisst, dass die Herrscher ihre Völker niederhalten und die Mächtigen ihnen Gewalt antun. So soll es nicht sein unter euch.«[47]

Religionen stellen jedoch nicht nur die Machtfrage, sie werden selbst zu Machtfaktoren: »Religiöse Macht reicht also von dem auf das Jenseits ausgerichteten Glauben, der sich nicht zuletzt als Gegenentwurf zu weltlichen Machtverhältnissen versteht, bis hin zur politischen Gestaltung, bei der versucht wird, religiöse Ziele zu verwirklichen. Bei näherer Betrachtung erweist sich Religion dabei als Kraft, die – aufgrund ihres Absolutheitsanspruchs – durchaus anfällig ist für maßlose Machtausübung: Vom universalen Anspruch einer Religion zur machtvollen, ja gewaltsamen Durchsetzung religiöser Vorstellungen ist der Weg oft kurz.«[48]

Damit liegen alle noch heute gültigen Elemente der Diskussion über die irdische Macht offen dar. Es scheint, als besäße Macht vor allem Attribute der Unfreiheit, des Zwangs, der Verhinderung von Emanzipation. Kaum ein soziologisches Thema ist so leicht mit den dunklen Seiten der menschlichen Leidenschaft zu verbinden wie das Thema Macht. Allein aufgrund der – bereits verdeutlichten – begrifflichen Unschärfe auch in Abgrenzung etwa zu Begriffen wie Autorität, Einfluss, Zwang oder Gewalt verwundert es kaum, dass Macht höchst unterschiedlich eingeschätzt und teils sogar konträr bewertet wird. Im Alltagsverständnis erscheint Macht als etwas weithin Negatives; sie wird beizeiten sogar dämonisiert: Machtmenschen entwickeln Machthunger bis zur Machtbesessenheit.

Und mit den Worten des Soziologen Erhard Friedberg: »Im Allgemeinen verbinden sich mit Macht völlig unrealistische und verdinglichte Vorstellungen. Macht wird betrachtet als ein Ding, als etwas, das man besitzen kann, das aber nur einige wenige, nämlich, die ›da oben‹, besitzen und gegen die vielen Machtlosen ›da unten‹ anwenden, wobei man sich selbst meist zu den Machtlosen zählt. Dies umso mehr, als Macht auch als unanständig gilt: Macht und Machtausübung haben immer einen Beigeschmack von Machtmissbrauch, Gewalt und anrüchiger Einflussnahme. Kurzum, Macht ist böse, und über sie zu sprechen mutet fast obszön an.«[49]

Der englische Historiker J. E. Edward Dalberg-Acton räsonierte: »Power tends to corrupt, and absolute power corrupts absolutely.«[50] Und der deutsche Philosoph Friedrich Nietzsche beschreibt den Machttrieb als Dämon im Menschen selbst: »Nicht die Notdurft, nicht die Begierde – nein, die Liebe zur Macht ist der Dämon der Menschen.«[51] Das innere Verlangen und das stetige Streben nach (mehr) Macht ist ein allgegenwärtiger Bestandteil des menschlichen Seins. Nietzsche findet dazu die passenden Worte: »Wo ich Lebendiges fand, da fand ich Willen zur Macht.«[52] Oder vergleichend drastischer: »Nur wo Leben ist, da ist auch Wille, aber nicht Wille zum Leben, sondern Wille zur Macht.«[53] Diesem Willen schreibt Nietzsche so viel Einfluss zu, dass er sogar davon spricht, dass »alles Geschehen aus Absichten […] reduzierbar auf die Absicht der Mehrung von Macht [ist]«.[54]

Jede Interaktion zwischen Akteuren, die ein Ziel verfolgt, begreift Nietzsche als Machtkampf. »Der Wille zur Accumulation von Kraft ist spezifisch für das Phänomen des Lebens, für Ernährung, Zeugung, Vererbung, für Gesellschaft, Staat, Sitte, Autorität. […] Nicht bloß Constanz der Energie: sondern Maximal-Oekonomie des Verbrauchs: so dass das Stärker-werden-wollen von jedem Kraftcentrum aus die einzige Realität ist, – nicht Selbstwahrung, sondern Aneignung, Herr-werden-, Mehr-werden-, Stärker-werden-wollen.«[55]

Dass der Mensch nach Mehrung von Macht strebt, sieht auch der Staatsphilosoph Thomas Hobbes. Im *Leviathan* verkündet er den Trieb nach Macht als innere Kraft: »So halte ich an erster Stelle ein fortwährendes und rastloses Verlangen nach immer neuer Macht für einen allgemeinen Trieb der gesamten Menschheit, der nur mit dem Tode endet. Und der Grund hierfür liegt nicht immer darin, dass ein Mensch einen größeren Genuss erhofft als den bereits erlangten, oder dass er mit einer bescheidenen Macht nicht zufrieden sein kann, sondern darin, dass er die gegenwärtige Macht und die Mittel zu einem angenehmen Leben ohne den Erwerb von zusätzlicher Macht nicht sicherstellen kann.«[56] Und: »Wenn daher zwei Menschen nach demselben Gegenstand streben, den sie jedoch nicht zusammen genießen können, so werden sie Feinde und sind in Verfolgung ihrer Absicht, die grundsätzlich Selbsterhaltung und bisweilen nur Genuss ist, bestrebt, sich gegenseitig zu vernichten oder zu unterwerfen.«[57]

Diesen Konflikt erkennt auch der italienische Ökonom und Soziologe Vilfredo Federico Pareto und bezieht ihn auf gesellschaftliche Aspekte. Er verwendet in diesem Zusammenhang den Elitenbegriff. Zwei Gruppen der Eliten sieht er, die regierende und die nicht-regierende. Dadurch stünden die Inhaber von Machtpositionen, die auf der Ebene von Befehlen und Gehorchen das soziale Leben bestimmten, denjenigen gegenüber, welche die Macht erlangen wollten. Daraus resultiere ein Interessen- beziehungsweise ein Klassenkonflikt, dessen Gegenstand das Mittel zur Erlangung subjektive gesetzter Zwecke darstellt.

Auf diesen Klassenkampf zielt vor allem Karl Marx, der die ganze menschliche Geschichte als Geschichte von Klassenkämpfen begreift. Er teilt die Gesellschaft in die Kapitalisten oder Bourgeoisie, die über Land und Produktionsstätten verfügen und das Proletariat oder die Arbeiter, die mit ihrer Arbeitskraft faktisch die Waren erstellen. Diese Aufteilung hat enorme Konsequenzen für das Verständnis gesellschaftlicher Machtbeziehungen. Weltbilder wie ›die da oben und wir hier unten‹ leiten sich aus einer derart geprägten Sichtweise von Gesellschaft ab. Doch auch die Kapitalisten fügen sich dem staatlichen Machtgebilde »Die Kapitalisten mochten zwar von einer reinen Wirtschaftsgesellschaft träumen, in der der Staat nur eine geringe Rolle spielt, doch sie waren auf die staatliche Macht angewiesen, um das Wirtschaftssystem funktionsfähig zu halten und die Verlierer des Wettbewerbs daran zu hindern, zu rebellieren.«[58]

Im Unterschied zu Marx verortet Sigmund Freud die Machtproblematik weniger in der Gesellschaft als in der Psyche des Einzelnen. In seiner ersten Fassung von *Jenseits des Lustprinzips* ordnet Freud den »Machttrieb« den Trieben des Todes (Gegenpol zu Eros – Lebenstrieb) zu. »Die Aufstellung der Selbsterhaltungstriebe, die wir jedem lebenden Wesen zugestehen, steht in merkwürdigem Gegensatz zur Voraussetzung, daß das gesamte Triebleben der Herbeiführung des Todes dient. Die theoretische Bedeutung der Selbsterhaltungs-, Macht- und Geltungstriebe schrumpft, in diesem Licht gesehen, ein; es sind Partialtriebe, dazu bestimmt, den eigenen Todesweg des Organismus zu sichern und andere Möglichkeiten der Rückkehr zum Anorganischen als die immanenten fernzuhalten, aber das rätselhafte, in keinen Zusammenhang einfügbare Bestreben des Organismus, sich aller Welt zum Trotz zu behaupten, entfällt.«[59]

Diese Sichtweise wird für weite Teile der Psychologie prägend bleiben. »Während Macht auf Beherrschung, Missachtung und Unterdrückung der Bedürfnisse anderer Menschen ausgerichtet ist, kann unter dem Eros im weitesten Sinne die Beziehungsfunktion, d. h. das Eingehen auf den anderen in seiner Eigenheit und mit seinen spezifischen Bedürfnissen – was eine Grundbedingung der Kooperation ist – verstanden werden.«[60] So könnte man dem allgemeinen Trugschluss folgen, dass dort, wo Macht herrscht, kein Platz für Eros, also Kooperation ist.

Auch wenn der Machtbegriff vorrangig negativ belegt ist – Macht kann nicht nur unterdrückend und egoistisch, sondern auch produktiv wirken. Der Psychologe Jan Hofer antwortet in einem Interview der Zeitschrift für Wirtschaftspsychologie und Management *NEUNsight* auf die Frage, ob Macht zu Unrecht negativ besetzt ist: »Das Machtmotiv ist zunächst neutral, kann aber missbraucht werden. Macht kann prosozial, um anderen zu helfen, eingesetzt werden [...].«[61] Der Psychologe McClelland kommt in einer empirischen Untersuchung zum Ergebnis, dass in Abteilungen mit einer hohen Arbeitsmoral die Abteilungsleiter ein großes Machtbedürfnis aufweisen, also keinen stark ausgeprägten kooperativen Führungsstil pflegen. Er widerspricht damit der weit verbreiteten Auffassung, dass ein ausgeprägtes Machtverlangen der Vorgesetzten sich ungünstig auf die Leistungsanforderungen und den Teamgeist im Betrieb auswirke.

Auch der französische Philosoph Michel Foucault sieht nicht nur eine negative Seite der Macht. Sie »produziert Dinge, verursacht Lust, bringt Wissen hervor und schafft Diskurse«[62]. Für Foucault teilen der Machtausübende und der Machtunterworfene zumindest zeitweise ihre Einschätzung der Machtverhältnisse. In diesem Sinne ist Macht eine Form von Kommunikation und eine Begebenheit aller menschlichen Interaktion. Foucault kommt deshalb zum Schluss: »Machtbeziehungen sind vor allem produktiv.«[63]

Foucaults positive Interpretation erinnert an Max Weber. Der hält ihre Ordnungsfunktion für wesentlich. Für Weber ist die Bürokratie die »reinste Form« der legalen Herrschaft, nämlich die Herrschaft festgelegter Regeln und Normen, die für alle Beteiligten verbindlich sind. Unter Bürokratie versteht Weber die Ausübung von bestimmten Tätigkeiten innerhalb einer Hierarchie, also Über- und Unterordnung in Organisationen. Die Macht kann innerhalb der geregelten hierarchischen Struktur als Ordnungs- und Regelungskriterium verstanden werden. In Unternehmen wird sie beispielsweise in der Unternehmensordnung festgehalten. Macht lässt sich so anhand von formaler Ordnung eingrenzen, aber auch zur Durchsetzung der formalen Ordnung einsetzen. Insgesamt dient die Macht dem Aufbau eines kooperativen Gebildes durch Regeln und Normen, das auf ein Ziel ausgerichtet ist und Akteure diese in gemeinsamem Einverständnis verfolgen lässt. Die Macht erhält so einen funktionalen Charakter. Wenn es also bei Weber heißt: »[…] ›auch gegen Widerstreben‹ […], muss Weber eine besondere Weitsicht unterstellt werden: denn Widerstand ist in Webers Machtbegriff nicht automatisch mitgedacht. Es bedeutet, dass Weber durchaus mit Macht rechnet, die sich ohne Widerstand entfaltet, ja sogar auf Konsens stützt.«[64]

Macht ist nicht immer gleichbedeutend mit Konflikt und Kampf. Das betont auch Ralf Dahrendorf: »[A]lltägliches Handeln [ist] auch unabhängig von allen Konfliktsituationen auf Macht angewiesen […]. In diesem umfassenderen Sinn bezeichnet Macht das menschliche Vermögen, selbst gesetzte Ziele zu verwirklichen und die dafür notwendigen Mittel zu entwickeln, bereitzustellen und einzusetzen. In dieser Perspektive ist nicht nur die Fähigkeit, die eigenen Ziele gegen das Widerstreben anderer durchzusetzen, sondern ebenso die Fähigkeit, mit anderen ein Einverständnis über Ziele zu erreichen und im Blick auf diese Ziele zu kooperieren, ein Ausdruck von Macht.«[65]

Niccolò Machiavelli war der Erste, der die funktionale Dimension der Macht vollständig erkannte und darlegte. Seine Haltung, als »Machiavellismus« verfemt und gleichgesetzt mit der Bejahung skrupelloser Herrschaft, die sich über alle Gesetze hinwegsetze, wenn es den eigenen Zielen nur nutze, ist im Kern ein rationaler Versuch, das Beste für die Gemeinschaft durch eine starke und verlässliche Regierung zu erzeugen. Tatsächlich hat »Machiavelli die Anwendung amoralischer Methoden zwischen Bürgern stets abgelehnt […] und sie nur in den Notzeiten des Staates beim verantwortlichen Staatsmann, im Interesse des Gemeinwohls für vertretbar gehalten«.[66] Er forderte von den Fürsten seiner Zeit, Macht aufzubauen und damit Herrschaft fest zu etablieren, und zwar im Sinne des »Allgemeinwohls«. Aus der Erfahrung seiner Gegenwart setzte er ein

Machtvakuum mit Chaos, Leid und ökonomischen Verlusten gleich. Die Erringung der Macht und ihre Verteidigung rechtfertige daher nahezu alle Mittel. »So muss der Fürst Milde, Treue, Menschlichkeit, Redlichkeit und Frömmigkeit zur Schau tragen und besitzen, aber wenn es nötig ist, imstande sein, sie in ihr Gegenteil zu verkehren.«[67]

Die moderne Politologie hat die funktionale Dimension der Macht untersucht und in Kategorien wie Machtgrundlagen, Machtmittel, Machtumfang und Machtbereich gegliedert. Dabei hat sich eine differenzierte Sicht auf die Dimensionen der Macht entwickelt: »Die drei Gesichter der Macht« nennt sie der britische Soziologe und Sozialphilosoph Steven Lukes.[68]

Das erste Gesicht zeichnet sich durch einen offen ausgetragenen Interessenkonflikt zwischen den beteiligten Akteuren aus. A und B haben divergierende Zielvorstellungen, die sie klar geäußert haben. Beide missachten oder durchkreuzen die Pläne ihrer Gegner. Welcher der Akteure dabei gewinnt, ist abhängig von der individuellen Stärke ihrer Macht. Oswald Neuberger bezeichnet dieses Verständnis als Macht der Entscheidung, da sich beide offen gegen die Entscheidung des anderen positionieren – »Macht ist sichtbar, sie zeigt sich als Widerstand und kann bekämpft werden.«[69]

Nach Lukes' zweitem Gesicht der Macht wird die formale Machtposition innerhalb bestehender Strukturen genutzt, um einen möglichen Machtkonflikt im Keim zu ersticken, dabei wird in der Regel ein subtiles, nicht erkennbares Vorgehen gewählt. Es werden in Organisationen Themen und Entscheidungsprozesse unterdrückt, um Alternativen zu minimieren und so Konflikten aus dem Weg zu gehen. A kann bestimmte Optionen ausschließen, sie stehen gar nicht mehr zur Wahl. A braucht dann nicht gegen B einzuschreiten, weil A im Vorfeld schon dafür gesorgt hat, dass unerwünschte Entscheidungen nicht fallen können. Insofern trifft A die Entscheidung, keine Entscheidung von B zuzulassen. Selbst wenn die betroffenen Personen oder Gruppen unter ihrer Benachteiligung leiden, können sie keine offiziellen Anstrengungen unternehmen. Es gibt also keinen offenkundigen oder nach außen sichtbaren Protest gegen die bestehende Situation, weil von vornherein dafür gesorgt ist, dass Alternativen keine Chance

Abbildung 28: Das erste Gesicht der Macht

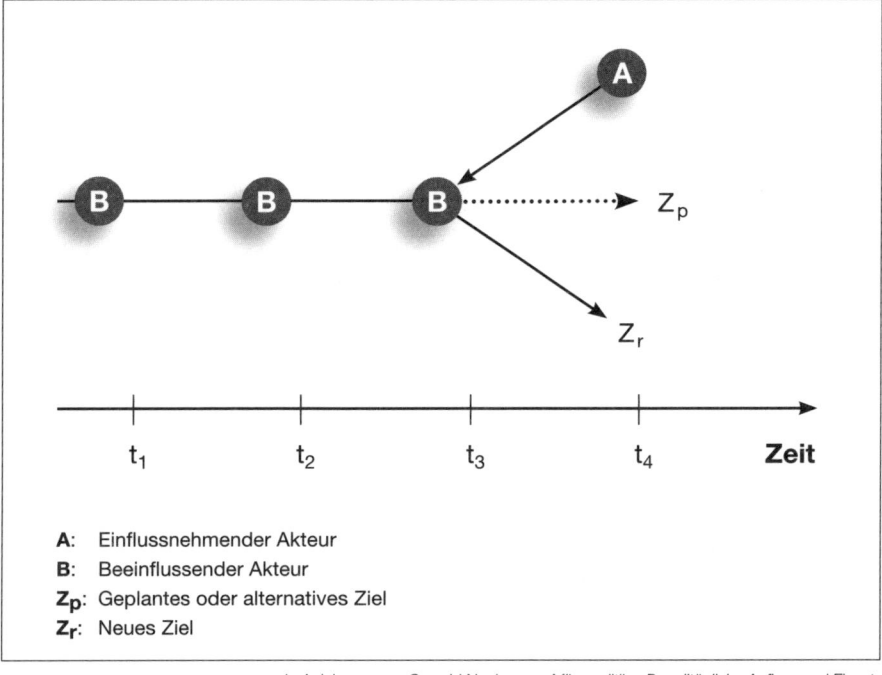

In Anlehnung an: Oswald Neuberger: *Mikropolitik – Der alltägliche Aufbau und Einsatz von Macht in Organisationen*, 1995, Seite 57

haben. Oswald Neuberger bezeichnet dieses Verständnis als »Macht der Nicht-Entscheidung« – »Macht verschleiert [...] sich nach außen hin für uniformierte BeobachterInnen, aber sie ist für die Machtunterworfenen durch Einschränkungen der Wahlmöglichkeiten spürbar.«[70]

Im dritten Gesicht der Macht folgt der Machtunterlegene, ohne diese selbst bewusst wahrzunehmen. Dabei manifestiert sich die Macht in der Routine, Legitimität, im Wertekanon, in kulturellen Handlungsmustern und institutionalisierten Abläufen. »Es gibt nun keine verbietende identifizierbare Instanz A mehr, und es stellt sich das Problem einer Wahl zwischen Alternativen gar nicht, weil keine existiert. [...] Person B ist so sehr eingenommen von bestimmten Sichtweisen, Wissensständen, Motiven, Haltungen usw., dass ihr nicht einmal im Traum der Gedanke an eine Alternative kommt. Das Bestehen ist selbstverständlich. Damit ist jener Zu-

Abbildung 29: Das zweite Gesicht der Macht

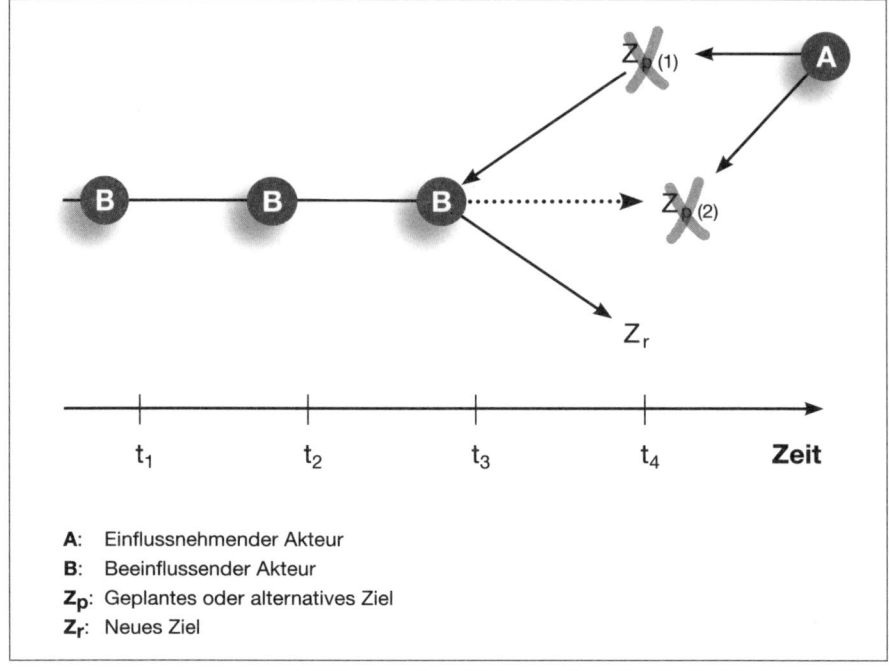

A: Einflussnehmender Akteur
B: Beeinflussender Akteur
Z_p: Geplantes oder alternatives Ziel
Z_r: Neues Ziel

In Anlehnung an: Oswald Neuberger: *Mikropolitik – Der alltägliche Aufbau und Einsatz von Macht in Organisationen*, 1995, Seite 57

stand erreicht, den andere falsches Bewusstsein nennen.« [Macht existiert in dieser Situation] »scheinbar gar nicht, was geschieht, gilt als normal und durchaus im eigenen Interesse«, so Neuberger.[71]

Lukes beschreibt also mit den drei Gesichtern, wie sich Macht vom Gegenstand offener Auseinandersetzung zu einer Herrschaft entwickeln kann, die beim Einzelnen intrinsisch verankert ist.

Das heute verbreitete Change Management zielt auf das dritte Gesicht der Macht ab, allerdings häufig, ohne dabei Kontinuität und Stabilität bieten zu können, die für die Etablierung einer solcher Herrschaft zwingend sind. Das legt die Frage nahe, ob und wie Veränderungsprozesse für eines der beiden anderen genannten Gesichter der Macht durchzusetzen wären. Peter Krüssel hat dazu die wesentlichen Kennzeichen der drei Gesichter der Macht herausgearbeitet:[72]

1. Gesicht der Macht
   - Subjektiv wahrgenommene Interessenbetroffenheit
   - Manifeste, beobachtbare Machtphänomene
   - Offener Widerstand und manifeste Konflikte in konkreten Entscheidungsprozessen zwischen Akteuren mit gegensätzlichen Interessen.

2. Gesicht der Macht
   - Subjektiv wahrgenommene Interessenbetroffenheit
   - Manifeste und latente Machtphänomene
   - Verdeckter und offener Widerstand (Widerstreben) sowie latente und manifeste Konflikte, scheinbarer Konsens
   - Machtbasen, -mittel: zum Beispiel Sanktions-, Informationsmacht, Vorstrukturierung der Entscheidungsagenda (Agenda-Setting, Gatekeeping)
   - Machtwirkungen sind zum Beispiel Nicht-Entscheidungen, antizipatorische Reaktionen wie resignative Unterordnung, vorauseilender Gehorsam.

3. Gesicht der Macht
   - Subjektiv nicht wahrgenommene, objektiv jedoch vorhandene Interessenbetroffenheit
   - Latente Machtphänomene
   - Weder verdeckter noch offener Widersand (Widerstreben), weder latente noch offene Konflikte, Kontrolle der Gedanken, Wünsche, Bedürfnisse und Interessen der Machtunterlegenen
   - Machtbasen, -mittel: zum Beispiel: strukturelle Macht, Ideologie, Indoktrination, Sozialisation, Identifikations-, Legitimitäts-, Informationsmacht, Manipulation, Täuschung etcetera.
   - Machtwirkungen sind zum Beispiel Identifikation, Loyalität, Commitment, Compliance, Kohäsion, Konformität, Zustimmung der Machtunterlegenen zu ihrer objektiven Beeinträchtigung.

Krüssels Zusammenstellung lässt bereits erahnen, welche Konflikte und Verwerfungen möglich sind, wenn Machtkämpfe offen ausbrechen. Mag sich das traditionelle Change Management noch so sehr auf das dritte Gesicht der Macht konzentrieren, es gibt sehr viele Indizien, die den Schluss

Abbildung 30: Das dritte Gesicht der Macht

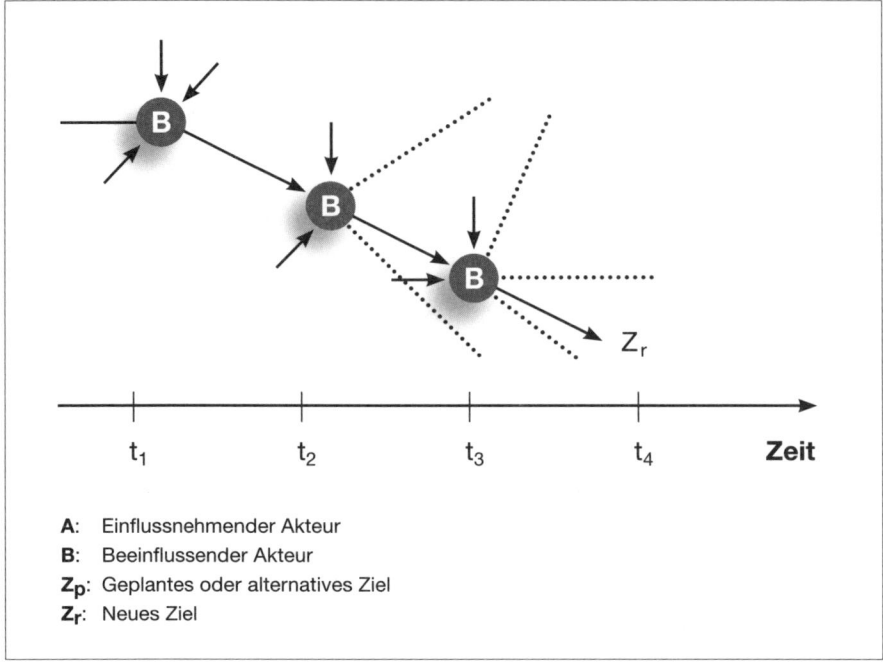

In Anlehnung an: Oswald Neuberger: *Mikropolitik – Der alltägliche Aufbau und Einsatz von Macht in Organisationen*, 1995, Seite 57

nahe legen, dass Auseinandersetzungen um Veränderungen in Organisationen heute stärker der Logik des ersten und zweiten Gesichts der Macht entsprechen. Die Unternehmensführung muss daher über eine Definition der Macht verfügen, um ihre funktionale Dimension für die Organisation und deren Veränderung nutzen zu können.

Denn Macht kann einen Beitrag zur Lösung betriebswirtschaftlicher Probleme leisten.

Die machtlose Wirtschaftstheorie

»In den Nachbarschaftsdisziplinen Politikwissenschaft und Soziologie stellt ›Macht‹ einen der Kernbegriffe des Fachs dar, während er in der Ökonomik nur ein Randdasein fristet«, schreibt der Ökonom Matthias Erlei.[73] Die herrschende Lehre der Ökonomie denkt Wirtschaft als geprägt vom Wechselspiel zwischen Angebot und Nachfrage – dem Marktmechanismus. Der Markt bildet dabei real oder virtuell den Platz für das Zusammentreffen von Angebot und Nachfrage, von Produzent und Konsument. Das wirtschaftliche Geschehen spielt sich auf verschiedenen Märkten ab, etwa dem Konsumgütermarkt, dem Investitionsgütermarkt, dem Arbeitnehmermarkt oder dem Geld- und Kapitalmarkt. Verbraucher haben zudem individuelle Bedürfnisse und befriedigen sie durch den Konsum von Gütern mit größtmöglichem persönlichem Nutzen. Ihnen gegenüber stehen Unternehmen, die ebenfalls auf den unterschiedlichen Märkten agieren. Sie handeln im Bestreben, mit Rücksicht auf die Nachfrage die Art und Menge von Gütern herzustellen, durch deren Verkauf sie größtmöglichen Gewinn erzielen können.

Anbieter und Nachfrager folgen jeweils ihren eigenen Interessen. Sie treffen laufend Entscheidungen, die Angebot und Nachfrage ins Marktgleichgewicht bringen sollen. Der Preis für den Tausch reguliert sich durch das eigeninteressierte Verhalten der Marktteilnehmer im Gleichgewichtspreis.

Henry Mintzberg, kanadischer Management-Guru, schrieb 1999, dass den Forschern der Machtfaktor in der Ökonomie durchaus bekannt sei, sie sich aber nur ungern mit diesem Faktor beschäftigen würden. Er forderte daher, »die Gründe zu beleuchten, warum Arbeiten über Machteinflüsse – gemessen an der Wichtigkeit dieses Phänomens – in der wirtschafts-wissenschaftlichen Forschung unterrepräsentiert sind«.[74]

Tatsächlich hat Macht auch in der Wirtschaftswissenschaft über lange Zeit eine wichtige Rolle gespielt. Dass sie es heute nicht mehr tut, ist ironischerweise das Resultat eines Machtkampfes, der zu ihren Ungunsten ausgegangen ist. Adam Smith, der schottische Moralphilosoph und Begründer der klassischen Volkswirtschaftslehre, hat mit seinem Werk *Wohlstand der Nationen* den Grundstein für zwei Theorieschulen der Ökonomie gelegt. Seine Theorie zeichnet sich durch das »verdeckte Nebeneinander von historisch [...] eingebundenen Individuen einerseits und anonymen sowie eigeninteressierten Individuen andererseits«[75] aus. Diese Doppeldeutigkeit mündet in der großen Antinomie, die die Nationalökonomie für Jahrzehnte beschäftigen sollte; dabei standen sich »Neoklassik«

und »Institutionenökonomik« bis zum Ende des 19. Jahrhunderts unversöhnlich gegenüber.

Die Neoklassik bemühte sich um eine einheitliche, allgemeingültige ökonomische Theorie. Sie sollte – analog den Naturwissenschaften – die komplexe Realität in Form von verallgemeinerten, brauchbaren Modellen zur Orientierung und Bemessungsgrundlage der ökonomischen Zusammenhänge abbilden. Diese abstrakt-theoretische Richtung hat maßgeblich der britische Ökonom David Ricardo eingeleitet, ein Vertreter der klassischen Nationalökonomie. Sie führte zur Trennung der Nationalökonomie von Raum und Zeit, die in der neoklassischen Gleichgewichtstheorie und der Wohlfahrtsökonomik ihren vorläufigen Höhepunkt fand. »In diesen Theorien werden die Individuen […] als isolierte Akteure modelliert, die unter der Annahme je eigener Präferenzen bei gegebenen Restriktionen raum- und zeitlos ihre Entscheidungen zu optimieren suchen.«[76]

Der österreichische Wirtschaftswissenschaftler Kurt W. Rothschild kennt die Ursachen für diesen Verlauf. Eine sieht er in der Vorbildfunktion der Naturwissenschaften im 18. und 19. Jahrhundert. Wirtschaftstheoretiker entwickelten Modelle, die mit mathematischen Methoden ähnlich exakte Resultate für ihren Bereich erzielten wie zum Beispiel die Physik. Das Preismodell gilt als Juwel dieser Orientierung. Rothschild sieht das Festhalten an der rein formalen Ausrichtung der Ökonomie als dessen unausweichliche Konsequenz: »Die formale Verwandtschaft mit den Naturwissenschaften, die so erreicht wurde, bildete den enormen Anreiz, diesen Pfad nicht zu verlassen, selbst wenn gelegentlich Zweifel auftauchten, ob die formale Exaktheit nicht durch zu große Konzessionen bezüglich der Aussparung ›unexakter‹ soziologischer, psychologischer, politischer und anderer Faktoren erkauft wurde.«[77]

Weitere Einflüsse haben zu einer raschen Ausbreitung des Gleichgewichts- und Preismodells geführt.Beispielsweise hat sich die Ökonomie aufgrund der raschen Weiterentwicklung der Wissenschaftsdisziplinen nur mit den ›rein‹ ökonomischen Problemen befasst und die Analyse anderer Einflussgrößen den Soziologen und Politologen überlassen.

Im Gegensatz dazu standen die Institutionenökonomen der »Historischen Schule«, der »Österreichischen Schule« und der »Freiburger Schule«: Ihre Ideen erwuchsen aus der Auseinandersetzung mit der Neoklassik: »Der praktische Menschenverstand in Verbindung mit den unüberschaubaren raum-zeit-bezogenen Problemen und Vielförmigkeiten des wirtschaftlichen Alltags musste früher oder später konträre Theorieansätze auf den Plan rufen«, so Leipold.[78] Die Vertreter der »Historischen Schule« zum Beispiel unternahmen den Versuch, die geschichtlich-kulturelle Vielfalt des Wirtschaftens in ökonomische Analysen zu integrieren, um eine bestimmte räumlich und zeitlich definierte Realität zutreffend zu beschreiben und ihre spezifische Entwicklungsdynamik darstellen zu können. Aus dieser Perspektive spielten die tatsächlichen Machtkonstellationen eine bedeutende Rolle. Ein zentrales Werk, das in dieser Diskussion um den Faktor Macht in der Ökonomie immer wieder genannt wird, ist *Macht oder ökonomisches Gesetz?* von Eugen von Böhm-Bawerk aus dem Jahr 1914. Er sah den Faktor Macht als eine sehr wohl einflussreiche Variable der Preisbildung an.[79]

In diesem sogenannten Antinomiestreit standen sich also zwei Erklärungsansätze gegenüber: Folgt die Ökonomie grundlegenden Gesetzmäßigkeiten? Oder ist sie jeweils nur in ihrer spezifischen räumlich und zeitlich definierten Ausprägung zu verstehen? Eine Reihe von Ökonomen kritisierte die Vertreter des reinen Theoriemodells, die eine Vernachlässigung der Machtelemente nicht zu scheuen schienen, um das eigens entworfene Preismodell in bestehender Form zu erhalten.

Eine Lösung der Antinomie gab es nicht. Im Kampf um das Machtphänomen konnte es nur einen geben. Schließlich setzte sich die Position der Neoklassiker nahezu vollständig gegen alle konkurrierenden Schulen durch. Der Machtbegriff in der Ökonomie ist dabei gewissermaßen selbst einem Machtkampf zum Opfer gefallen. Matthias Erlei verdeutlicht, warum Macht als erklärende Größe in der Ökonomik auch heute noch verzichtbar sei: »Der ökonomische Ansatz – untrennbar verbunden mit dem Begriff des Homo oeconomicus – versucht, menschliches Verhalten dadurch zu erklären, dass er den betrachteten Entscheidungsträgern Handlungsalternativen und deren Folgewirkungen vorgibt. Anschließend bewertet der Entscheider alle Optionen anhand einer Zielfunktion und wählt diejenige aus, die ihm den größten Nutzen einbringt. Die Spieltheorie erweitert dieses Szenario noch um wechselseitige Abhängigkeiten zwischen den Akteuren, d. h., die Folgewirkungen einer Entscheidung hängen nicht nur von der eigenen, sondern auch von Entscheidungen anderer ab. Im

Kern bleibt der Ansatz jedoch unverändert, im Gleichgewicht wählen alle Akteure wechselseitig optimale Strategien. [...] Eine weitere Erklärungsgröße mit dem Namen Macht wird nicht benötigt.«[80]

Nur noch wenige Kritiker bemängeln das Fehlen des Phänomens Macht in der Ökonomie. Rothschild ist einer davon. Er sagt: »Das Machtphänomen ist bis heute nicht in die Preistheorie integriert. Es wird kaum sichtbar, dass Preise und Preisstrukturen auch das Resultat von Positionskämpfen sind, in denen Einzelne und Gruppen gesetzliche, traditionelle und ökonomische Ausgangsstellungen für eine günstige Preis- und Einkommensbildung zu schaffen trachten.«[81]

Aus der Perspektive der Mikroökonomie

Die Lücke der Makroökonomie hat eine Lücke der Mikroökonomie zur Folge. Karl Sander schreibt in *Prozesse der Macht* zum betriebswirtschaftlichen Machtbegriff, Erklärungsansätze der Betriebswirtschaft gingen nicht über ein tautologisches Begriffsverständnis hinaus. »Der Machthaber hat Macht, weil er über Machtressourcen verfügt; er verfügt über solche Ressourcen, weil er Macht hat.«[82] Für Betriebswirtschaftler kam die Erkenntnis nicht überraschend. »Vor allem die deutschsprachige betriebswirtschaftliche Literatur weist auf diesem Gebiet eine empfindliche Lücke auf«, schrieb bereits 1967 Wilfried Krüger.[83] 1980 fasste Reber diesen enttäuschenden Zustand zusammen: »Insgesamt kann man feststellen, dass der angesprochene Themenbereich sich als eine Nuss erwiesen hat, die nicht geknackt werden konnte.«[84] Sander legte 1992 nach. Es hätte sich »seither in der betriebswirtschaftlichen Organisationstheorie keine Entwicklung ergeben, die eine Abschwächung dieser Feststellung erlauben würde«.[85]

Macht wird nach Sander dabei im Allgemeinen als »die intentionale Durchsetzung von Zielvorstellungen, die auf das Handeln (Unterordnung) anderer angewiesen ist«, bezeichnet.[86] Im Wesentlichen lassen sich nach ihm drei Perspektiven auf das Thema Macht unterscheiden: Erstens: die nicht-relationalen Theorien der Macht, bei denen die Machtunterlegenen nicht berücksichtigt werden. Zweitens: relationale Theorien der Macht, bei denen auch die unterlegene Partei noch einen Platz in der Betrachtung hat. Und drittens: Theorien, die auch die Abhängigkeit des Machtunterle-

genen von den Ressourcen des Machtüberlegenen berücksichtigen (Dependenzmodell der Macht). Nicht zufällig werden in allen drei Betrachtungs-
weisen häufig Begriffe wie »Machtgrundlagen«, »Quellen der Macht«
oder »Machtbasis« verwendet, die eine Nähe zum Ressourcenbegriff der
Betriebswirtschaft aufweisen.

Nicht-relationale Theorien der Macht konzentrieren sich alleine auf den
»Machthaber«. Der Ansatz kennzeichnet Macht als Fähigkeit oder Eigenschaft des Mächtigen. Der leitet seine Macht aus der Verfügung über Ressourcen ab. Dieses verkürzt als R=M-Modell bezeichnete Konzept unterstellt dabei eine einfache Wirkungsbeziehung für den Machthaber: Je
größer seine Ressourcen, desto größer seine Macht.

Deutlich komplexer wird Macht in den relationalen Konzepten verstanden. Sie ist nicht mehr direktes Ergebnis der Verfügung über Ressourcen,
sondern das Ergebnis einer Transformation. Sie ermöglicht es einer Person,
ihre Ressourcen in Macht umzuwandeln. Dieses Machtmodell vermeidet
die Tautologie des R=M-Modells, indem es auf den Vermittlungsprozess
zwischen Ressourcen und Macht hinweist, oder in den Worten von Bierstedt: »Ressources are not themselves power.«[87]

Wilfried Krüger zeigt einen solchen Transformationsprozess exemplarisch anhand von vier Aggregatzuständen der Macht auf. Sie sollen hier
kurz aufgeführt werden:

- Potenzielle Macht
  - A besitzt Macht, nutzt sie aber nicht
  - B weiß/glaubt aber, dass A diese Machtressource besitzt

- Androhung von Macht
  - A droht mit Machteinsatz
  - B kann sich für Unterordnung oder Widerstand entscheiden

- Aktivierte Macht
  - A muss die Machtbasis erst aktivieren (beispielsweise auf   den
    richtigen Zeitpunkt des Einsatzes warten)

- Aktualisierte Macht
  - A übt Macht aus und verhängt beispielsweise eine Strafe

Relationale Theorien der Macht unterscheiden sich von nicht-relationalen durch Einbeziehung des Adressaten. Das »Machtbasenmodell« von French und Raven trifft dabei auch Annahmen darüber, dass einige Ressourcen oder Ressourcengruppen anderen im Bezug auf den Erwerb überlegen sind. Innerhalb dieser ressourcenbasierten Ansätze[88] ist dieses Modell sicher das meistzitierte. Es unterscheidet sechs Machtbasen:[89]

1. *Belohnung:* A kann Macht durch Belohnung ausüben, wenn er in der Lage ist, B etwas in Aussicht zu stellen, das dieser als positiv empfindet. Der Effekt auf B hängt davon ab, ob und wieweit er A.'s Fähigkeiten vertraut, diese Belohnungen tatsächlich zu erwirken. Dabei kann zwischen immaterieller Belohnung – Lob, Anerkennung und emotionaler Unterstützung – und materiellem Anreiz unterschieden werden, zum Beispiel: Gehaltserhöhung, Beförderung oder Firmenwagen. Angst und Hoffnung bestimmen also das Verhalten B.'s.
2. *Bestrafung:* Macht zur Bestrafung hat A dann, wenn er jemanden in eine von dieser Person als negativ empfundene Situation versetzen kann. Auch hier kann zwischen immateriellen (etwa Diffamierung) und materiellen Strafen (beispielsweise Kürzung des Gehalts) unterschieden werden. Die Grenzen zwischen Belohnungs- und Bestrafungsmacht sind nicht klar. Der Entzug einer Belohnung kann eine Bestrafung sein, die Aufhebung einer Bestrafung bereits eine Belohnung.
3. *Legitimation:* Macht durch Legitimation stützt sich auf die Auffassung, dass es A zusteht, von B etwas zu erwarten oder zu verlangen, und dass B seinerseits die Pflicht hat, diesem Verlangen beziehungsweise dieser Erwartung nachzukommen. Vorgesetzten kommt zum Beispiel solche Macht zu. Sie kann mit Autorität gleichgesetzt werden. Eine Sonderform der Legitimation ist die Legalität. Diese Form der Legitimation findet sich in Organisationen, wenn B sich alleine aufgrund von formal definierten Rollen dem Willen des A unterordnet.
4. *Identifikation:* Macht durch Identifikation entsteht, wenn A als Bezugsperson für B dient. B identifiziert sich mit ihr/ihm oder hat den Wunsch, zumindest ähnlich zu sein. Handlungsweisen werden beispielsweise angeglichen. Bei dieser Form von Macht ist es nicht zwingend, dass A oder B sich dieser Situation bewusst sind. Der Mensch strebt im Allgemeinen

nach Maßstab und Anerkennung. So entsteht eine psychische Abhängigkeit. Sie lässt die Identifikation zur Machtbase werden.

5. *Expertise:* Macht durch Sachkenntnis erlangt A durch situationsbezogenes, wertvolles Wissen oder die Fähigkeiten beziehungsweise Erfahrungen, von denen B annimmt, dass A über sie verfügt. Das heißt: A muss nicht darüber verfügen, der Anschein reicht für B aus, sich unterzuordnen.

6. *Information:* Macht durch Information gründet sich auf Informationen, die sowohl von A als auch von B genutzt werden können. Beispielsweise kann man jemanden mit klugen und überzeugenden Argumenten beeinflussen. Der Unterschied zur Sachkenntnis besteht darin, dass die Informationsmacht von A unabhängig ist. Jeder kann sie nutzen, sofern er Zugang hat. Eine Beeinflussung ist beispielsweise durch Weitergabe von falschen oder veränderten Informationen möglich. Aber auch das Zurückhalten von Informationen durch die Kontrolle des Kommunikationskanals kann ein Machtinstrument darstellen. Dadurch, dass Macht auf Grundlage von Information nicht an die Person des Übermittlers gebunden ist, eignen sich Massenkommunikationsmittel hervorragend dazu, richtige Situationsdefinitionen an ihre Adressaten zu übermitteln. Die Betriebszeitung – die *Prawda* der Unternehmen.

Sander unterzieht das Machtbasenmodell von French und Raven einer kritischen Würdigung und hält neben einigen Stärken auch Schwächen fest. Übersichtlichkeit, Alltagsplausibilität und Instrumentalität gehören zu den Stärken: Das Modell ist sowohl schnell erfassbar als auch auf konkrete Alltagssituationen wie in Unternehmen einfach anzuwenden. Dagegen sind für Sander unklare Selektionskriterien »wichtiger« Machtgrundlagen das Manko. Das heißt: Es gibt weitere Machtgrundlagen, die sich nicht in eine der Kategorien einordnen lassen. Auch die unklare Abgrenzung zwischen den einzelnen Machtgrundlagen (siehe bereits erwähnt: Belohnung versus Bestrafung) mahnt er an. Zudem fällt die weitgehende Verwechslung von Grundlagen der Macht mit ihren Voraussetzungen auf. Beispielsweise kann die Legitimationsmacht Voraussetzung für Machtgrundlagen der Belohnung oder Bestrafung sein. Als letzten Punkt kritisiert Sander, das Machtbasenmodell B stelle nur als »bedingter Reagierer« die aktivierten Ressourcen von A dar. Deshalb sei die Relationalität nur eingeschränkt vorhanden.[90]

Das dritte Modell, das sogenannte Dependenzmodell, reagiert darauf. Es geht von einer relationalen Machtbeziehung aus, die neben der Machtbasis auch das Verhältnis zwischen Machtuntergebenen und Machthabern betrachtet. Diese Form der Betrachtung einer Machtbeziehung zwischen zwei Akteuren geht auf den austauschtheoretischen Ansatz nach Emerson zurück. Grundidee: Menschen sind nicht autonom. Sie benötigen Ressourcen, die sie nicht eigenständig, sondern nur durch andere Personen erlangen können, zum Beispiel Geld, Zuneigung oder Anerkennung. Aus diesem Grund gehen sie Tauschbeziehungen ein.

Was hat Austausch mit Macht zu tun? Ganz einfach: Wer etwas besitzt, wonach ein anderer strebt, kann seinen Willen einfacher durchsetzen, da eine Abhängigkeit besteht. Aber auch der »Nachfrager« hat Macht. Ohne seine Wünsche wäre die Ressource des Gegenübers wertlos. Es handelt sich also um eine beiderseitige Beziehung. Beide Seiten verfügen über Macht, deren Ausmaß nicht zuletzt von der Interaktion abhängt. »Macht ist hier keine Fähigkeit oder Eigenschaft von A oder der Ressourcen, die A als Machthaber kontrolliert, sondern Macht wird zur Eigenschaft einer Relation«, konstatiert Sander.[91]

Die drei vorgestellten Modelle stammen ursprünglich nicht aus der Betriebswirtschaft. Ihre Inhalte werden bis heute lediglich auf diese Wissenschaft übertragen. Die Grundlage der Machtbetrachtungen in der Betriebswirtschaftslehre setzen sich daher in der Regel aus der Machtdefinition von Max Weber und dem beschriebenen Machtbasenansatz der Sozialpsychologen French und Raven zusammen. Sander kritisiert: »Beide sind bejahrte, historische Theoriebezüge. Solche eklektische Verknüpfung von Definition und Typologie übersieht, dass damit die Produkte zweier unterschiedlicher und inkompatibler Forschungsprogramme verquickt sind.«[92]

Das Konzept der Macht in der Betriebswirtschaft ist also simpel geblieben und wenig verbreitet. Dies ist in besonderem Maße ungewöhnlich, betrachtet man zum Beispiel das Aufgabenspektrum von Führungskräften, ihre Machtinstrumente und ihr Machtstreben. So lässt sich aus den Entleihungen bei French und Raven zumindest eines entnehmen, das auch für die Betriebswirtschaft gilt: Wenn die Verfügung über Ressourcen zumindest die

Grundlage für Machterwerb und die Ausübung von Macht legt, dann sind vor allem diejenigen betroffen, die über diese Ressourcen verfügen: die Manager. Dabei stellt die Macht nicht, wie in der Ökonomik vorherrschendes Urteil, ausschließlich einen Störfaktor dar.

Entscheider brauchen Macht

Weder der Mikro- noch der Makroökonomie ist es gelungen, einen Zugang zum Phänomen der Macht zu eröffnen. Dabei sind die Einflüsse von Machtinteressen auf alle Bereiche der Wirtschaft unmittelbar spürbar. Diese Tatsache wird vermutlich nirgends so deutlich wie in Unternehmen. Der Bonner Wirtschaftswissenschaftler Dietmar Fink schreibt dazu: »Die Entscheidungen des Topmanagements werden dabei auf der Basis harter Fakten getroffen. Und Fakten – diese Auffassung ist in der traditionellen Theorie weit verbreitet – sind letztendlich immer quantifizierbar. Wer Fakten allerdings so versteht, läuft Gefahr, ein ganz entscheidendes Faktum des Managements zu übersehen: den Faktor Mensch.«[93]

Das Kriterium »Macht« ist wesentlich entscheidender für die Führungskräfte, als sie das üblicherweise zugeben. Die wenigen Studien zu diesem Thema zeigen: Entscheider stehen unter ständiger Anspannung, ihre erarbeitete oder erkämpfte Machtposition zu verlieren. Walter K. H. Hoffmanns Buch *Macht im Management – Ein Tabu wird protokolliert* verdeutlicht, dass eine »moralische Schranke« zur offensichtlichen Nutzung der Macht auf der Führungsebene besteht.

Führungskräfte, ganz egal auf welcher Ebene, haben Zugang zur Macht. Ihr Wunsch ist es, sie zu verteidigen oder auszubauen. Macht bestimmt ihr tägliches Verhalten. Dabei agieren die Spieler wie in einem Orchester, in dem sie unterschiedliche Rollen spielen:

- Der Dirigent (E 1) bestimmt, was gespielt wird, er wählt die Partitur aus.
- Die Solisten (E 2) geben den Ton an.
- Die große Gruppe der Musiker (E 3) macht mit ihren Fähigkeiten die Umsetzung der Partitur erst möglich.

Diese Analogie öffnet den Blick auf einen neuen, universellen Segmentierungsansatz, gültig für verschiedenste Organisationsformen. Er orientiert sich an den wirkungsmächtigsten Interessen von Entscheidern: Macht für eigene Entscheidungen zu erhalten und auszubauen.

Abbildung 31: Ehrgeiz und Wettbewerb definieren drei Entscheider-Typen

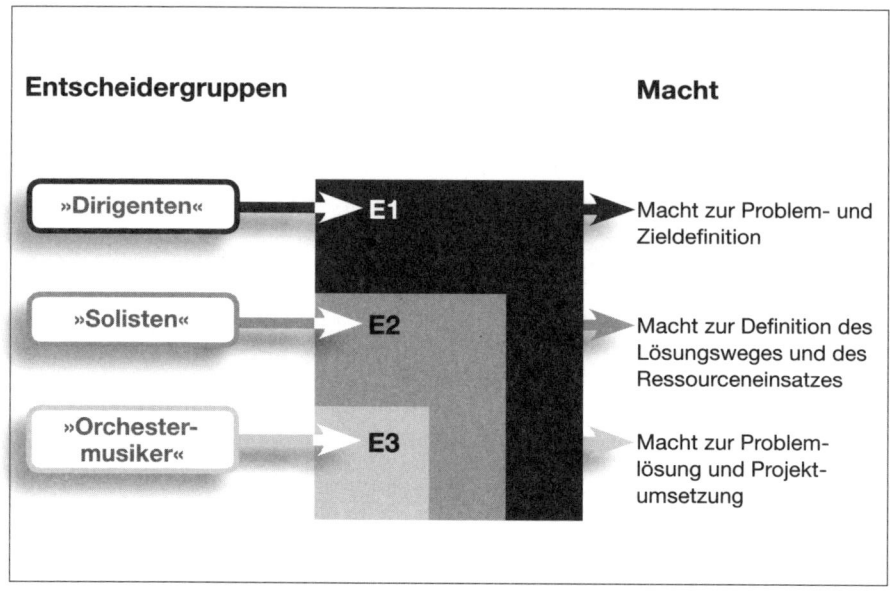

Quelle: Torsten Oltmanns et al.: *Eliten-Marketing*, 2008, Seite 44

Führungskräfte zeichnen sich dadurch aus, dass sie über das Vermögen und den Einfluss verfügen, für ihre Organisation die wichtigsten Herausforderungen zu priorisieren, die Ressourcen für deren Lösungen zuzuweisen und darüber zu entscheiden, welche die beste Lösung ist.

Unterstellt ist dabei, dass Manager die nötige Macht für die Ausübung dieser Funktion zu erwerben versuchen, um sie im Wettbewerb mit anderen Entscheidungsträgern zu verteidigen oder auszubauen. Andererseits aber sind die Führungskräfte – wie die Mitglieder eines Orchesters – nicht nur zum Wettbewerb, sondern auch zur Kooperation gezwungen. Nur so wird das Organisationsziel erreicht. In diesem Spannungsfeld sind Informationen und das jeweils persönliche Netzwerk ganz entscheidende Faktoren. Sie dienen zum einen dazu, die jeweiligen (Führungs-)Aufgaben zu lösen. Zum anderen helfen sie, den Abstand zu den Wettbewerbern im ei-

Abbildung 32: Information und Kommunikation
entscheiden im Wettbewerb um Macht

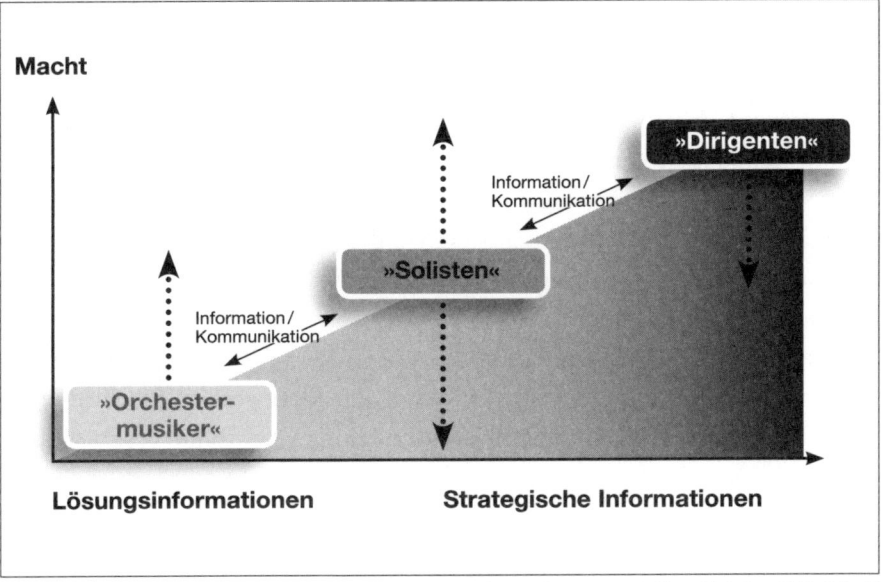

Quelle: Torsten Oltmanns et al.: *Eliten-Marketing*, 2008, Seite 48

genen und in anderen Unternehmen auszubauen beziehungsweise abzusichern.

Für jede Gruppe von Entscheidern ergibt sich – aus dem Wettbewerb um Macht und aus den spezifischen Rollen von Information und Kommunikation – ein unterschiedliches Informationsverhalten. Dieses Informationsverhalten und seine Bestandteile, etwa die regelmäßig genutzten Informationsmedien und die Art der Kommunikationskanäle, können umgekehrt Aufschluss über die Zugehörigkeit zu einer Gruppe in der Entscheidertypologie geben. Diese Hypothesen haben wir empirisch überprüft.

Für einen ersten Hypothesentest 2007 befragten die Autoren dieses Buchs 20 deutsche Führungskräfte verschiedener Führungsebenen qualitativ auf dieser Basis von Juli bis September 2007 weitere 103 Vertreter der ersten drei Ebenen aus Unternehmen mit einem Jahresumsatz von mehr als 500 Millionen Euro telefonisch.

Das Resultat: Entscheider lassen sich allein durch die ausgewerteten Faktoren Information und Kommunikation zu 82,4 Prozent in drei klar unterscheidbare Gruppen einteilen, die wir Orchestermusiker, Solisten und Dirigenten nennen!

Die Tabelle in Abbildung 33 zeigt, dass die Treffergenauigkeit für diese Hypothesen deutlich höher liegt als eine zufällige Übereinstimmung von 33,3 Prozent. Für den Faktor Information ergibt sich eine Zuordnungswahrscheinlichkeit von 47,6 Prozent und beim Faktor Kommunikation ein Wert von 80,2 Prozent. Insgesamt können 82,4 Prozent der ursprünglich gruppierten Fälle korrekt klassifiziert werden. Die empirische Analyse liefert damit einen guten Beleg für die Inhomogenität der Gruppe der Entscheider.

Bestätigt wird damit auch die zugrunde liegende Hypothese: Das Informations- und Kommunikationsverhalten der Führungskräfte wird ganz wesentlich von ihrer Stellung in der Unternehmenshierarchie bestimmt und

Abbildung 33: 82,44 % der Fälle werden eindeutig klassifiziert

Klassifizierung der Gruppen

ORIGINAL	Führungsebene	Vorhergesagte Gruppenzugehörigkeit			
		E1	E2	E3	Gesamt
Anzahl	E1 »Dirigenten«	15	1	2	18
	E2 »Solisten«	2	31	4	37
	E3 »Orchestermusiker«	4	3	29	36
Prozent	E1 »Dirigenten«	83,3	5,6	11,1	100,0
	E2 »Solisten«	5,4	83,8	10,8	100,0
	E3 »Orchestermusiker«	11,1	8,3	80,6	100,0

vom Zwang, diese Stellung zu behaupten oder auszubauen. Mit anderen Worten: von ihren Macht-Interessen.

Wie wir gezeigt haben, fehlen die Ansatzpunkte für den Einbezug der Macht in die ökonomische Theorie. Dabei spielt Macht nicht nur grundsätzlich eine zentrale Rolle, wie unsere Befragungen gezeigt haben sie spielt auch für das Gelingen von Change-Prozessen eine große Rolle. Gerade in Veränderungssituationen sind etablierte Herrschaftsstrukturen besonders angreifbar. Durch den Zusammenbruch der bestehenden Ordnung in Unternehmen durch Wandel werden langfristige Loyalitäten obsolet. Konflikte zwischen Belegschaft und Führung treten auf, aber eben auch Konflikte zwischen den Führungskräften und ihrem Unternehmen.

Anmerkungen

1 Duda (1987), S. 34.
2 Held et al.: (2008), Vorwort.
3 *Economist* (2009): »Efficiency and Beyond«, 16.07.2009.
4 Spranger (1921), S. 189.
5 *FinanzNachrichten* (2009): Der Machtkampf schadet Continental, 26.01.2009, http://www.finanznachrichten.de/nachrichten-2009-01/12928512-der-machtkampf-schadet-continental-022.htm.
6 *manager magazin* (2009): Maria-Elisabeth Schaeffler. Königin ohne Land, Heft 4/2009.
7 *Zeit online* (2009): Wirtschaftsgewinner des Jahres - Gekämpft und gewonnen, 30.12.2009, http://www.zeit.de/2010/01/gekaempft-und-gewonnen?page=all.
8 *Welt online* (2009): Volkswagen-Konzern - Im Reich von Ferdinand Piëch lauern Gefahren, 03.12.2009, http://www.welt.de/wirtschaft/article5404342/Im-Reich-von-Ferdinand-Piech-lauern-Gefahren.html.
9 *Sächsische Zeitung online* (2009): Der (über)mächtigste Automanager der Welt, 04.12.2009, http://www.sz-online.de/nachrichten/artikel.asp?id=2330609.
10 *Cicero* (2010): Der letzte Konzernpatriarch. 02/2010, S. 80.
11 *Sächsische Zeitung* zitiert nach: *n-tv online* (2009): Das VW/Porsche-Trauerspiel - Endlich fällt der Vorhang! 23.07.2009, http://www.n-tv.de/politik/pressestimmen/Endlich-faellt-der-Vorhang-article432225.html.
12 Vgl. *Spiegel online* (2009): Deutsche Bank. Machtkampf zwischen Ackermann und Börsig vor Eskalation, 26.07.2009, http://www.spiegel.de/wirschaft/0,1518,638361,00.html.
13 *Frankfurter Allgemeine Zeitung online* (2009): Spitzelaffäre. Die Deutsche Bank demontiert sich, 26. Juli 2009, http://www.faz.net/s/RubD16E1F55D21144C4AE3F9DDF-52B6E1D9/Doc~E07C7658FED6543C4AE025636B86C6314~ATpl~Ecommon~Scontent.html.
14 Krüger (1976), S. 1.

15 Vgl. Kluge und Seebold (2002), S. 587.
16 Weber (1976), S. 28.
17 Haferkamp (1983), S. 64.
18 Weber zitiert nach Haferkamp (1983), S. 64.
19 Vgl. Kluge, Friedrich und Elmar Seebold (2002), S. 409.
20 Schmidt, Heinrich und Georgi Schischkoff (1978), S. 267.
21 Bundeszentrale für politische Bildung (www.bpb.de) zum Stichwort »Herrschaft«.
22 Weber (1976), S. 28.
23 Weber zitiert nach Haferkamp (1983), S. 65.
24 Haferkamp (1983), S. 68.
25 Matys (2006), S. 56.
26 Vgl. Kluge und Seebold (2002), S. 78.
27 Schmidt und Schischkoff (1978), S. 50.
28 Zorn (1960), S. 37.
29 Popitz (2004), S. 114.
30 Arendt (1968), S. 92 f.
31 Dahrendorf (1979), S. 91.
32 Küpper und Ortmann (1992), S. 9.
33 Hood (1976), S. 136.
34 Ebd.
35 Ebd.
36 Hood (1998), S. 50 f.; Hood (2004), S. 5 f.
37 MacMillan (1986), S.14.
38 Dahl (1957), S. 201.
39 Kasper (2006), S. 1166.
40 Bibel: Hiob 9, 10.
41 Bibel: Offenbarung Johannes 2, 26 und 27.
42 Theologische Realenzyklopädie (1991), S. 649 f.
43 Bibel: Psalm 21, 14.
44 Bibel: Korinther 15, 24; Römer 8,38 f.; Epheser 1,20 f.; 1 Petrus 3, 2.
45 Bibel: Kolosser 1, 15 f.; 2, 10.
46 Bibel: Römer 8, 38 f.
47 Bibel: Matthäus 20, 26.
48 Bertelsmann Lexikon Institut (2009), S. 10.
49 Friedberg, Erhard (1992): Zur Politologie von Organisationen. Prämissen einer stra-
    tegischen Organisationsanalyse, in: W. Küpper und G. Ortmann (Hrsg.): *Mikropolitik*,
    1992, S. 39–52.
50 Dalberg-Acton, J. E. Edward (1887): Der Satz bezieht sich auf den Papst und steht in
    einem Brief Actons an Bischof Mandel Creighton.
51 Nietzsche (1881): Morgenröte – Gedanken über die moralischen Vorurteile, S. 262,
    http://www.textlog.de/19956.html.
52 Nietzsche zitiert nach Montinari (1982), S. 93.
53 Nietzsche zitiert nach Jaspers (1981), S. 301.
54 Nietzsche zitiert nach Haberkamp (2000), S. 16.
55 Nietzsche zitiert nach Kiechl (1985), S. 119.
56 Hobbes, Thomas (1651): Leviathan, S. 75, http://www.gutenberg.org/dirs/etext02/
    lvthn10.txt.
57 Hobbes zitiert nach Kiechl (1985), S. 116.
58 Joas (2007), S. 29 f.

59 Freud, Sigmund (1921): Jenseits des Lustprinzips, http://www.gutenberg.org/files/28220/28220-h/28220-h.htm.
60 Kiechl (1985), S. 365.
61 »Neun Sight« (2007): Vom Umgang mit der Macht – Wer hat Lust an der Macht, Ausgabe 01/2007, S. 8 f.
62 Foucault (1978), S. 35.
63 Ebd., S. 188.
64 Matys (2006), S. 55 f.
65 Dahrendorf zitiert nach Wolfgang Huber (2004): Glaube und Macht – Aktuelle Dimensionen eines spannenden Themas, Vortrag in Wittenberg am 25.09.2004, http://www.ekd.de/vortraege/huber/040925_huber_wittenberg_glaube_und_macht.html.
66 Zitiert nach Kiechl (1985), S. 114.
67 Zitiert nach ebd, S. 112.
68 Lukes (1974).
69 Neuberger (1995), S. 58.
70 Ebd., S. 58.
71 Ebd.
72 Krüssel (1996), S. 126.
73 Erlei (2008): Macht in der Ökonomik, in: Held (2008), S. 241.
74 Mintzberg et al. (1999), S. 268.
75 Leiphold (2006), S. 23.
76 Ebd.
77 Rothschild (2008): Macht: Die Lücke in der Preistheorie, in: Held (2008), S. 27 f.
78 Leiphold (2006), S. 23.
79 Böhm-Bawerk, E. v. (1914): Macht oder ökonomisches Gesetz?, in: Zeitschrift für Volkswirtschaft, Sozialpolitik und Verwaltung, Bd. 23, S. 205–271; wiederabgedruckt von Franz X. Weiss (1924): Böhm-Bawerk, Gesammelte Schriften.
80 Erlei (2008): Macht in der Ökonomik, in: Held (2008), S. 242.
81 Rothschild (2008): Macht: Die Lücke in der Preistheorie, in: Held (2008), S. 17.
82 Sander (1992), S. 1 f.
83 Krüger (1976), S. 2.
84 Zitiert nach Sander (1992), S. 2.
85 Sander (1992), S. 2.
86 Ebd., S. 94.
87 Bierstedt, Robert (1974): Power and Progress: Essays in Sociological Theory, S. 239.
88 Eine Synopse ressourcenbasierter Ansätze findet sich bei Krause (2004).
89 French, John R. P. Jr. und Bertram Raven (1959): The Bases of Social Power, in: Dorwin Cartwright (Hrsg.): Studies in Social Power. Ann Arbor: Institute for Social Research, S. 150–167. vgl. dazu auch Sander (1992), S. 16 f. und Krause (2004), S. 109 f.
90 In enger Anlehnung an eine Aufzählung von Sander (1992), S. 25.
91 Sander (1992), S. 29.
92 Ebd.
93 Fink, Dietmar und Knoblach, Bianka (2009): Wie Manager ihre Realitäten konstruieren – Weltbilder und Modethemen, in: Oltmanns et al. (2009), S. 4.

Kapitel 6

Jenseits des Machiavellismus – ein funktionaler Zugang zur Konfliktbewältigung

Konflikte in Unternehmen haben sich zunehmend von der Vertikalen in die Horizontale verlagert. Auseinandersetzungen zwischen Belegschaften und Unternehmensführung nehmen an Qualität und Quantität ab. Konfrontationen auf Führungsebene nehmen zu. Gerade die Führungskräfte sind in wachsendem Maße von Veränderungsprojekten betroffen. Gehälter und Boni besonders für Topmanager haben Rekordniveau erreicht. Der Wettbewerb untereinander steigt. Die Fluktuation nimmt zu.

Manager sind in der Regel extrem gut ausgebildet. Sie verfügen über eine hohe Informationsdichte. Sie haben die Fähigkeit, diese Informationen im Kontext der betrieblichen und gesamtwirtschaftlichen Entwicklung zu bewerten und zu nutzen. Sie verstehen etwas von Planung und sind erfahren in der Umsetzung komplexer Aufgaben. Außerdem: Sie sind glänzend vernetzt – und bringen damit die besten Voraussetzungen mit, um als kleine, aber feine Minderheit ihre Interessen gegen den Willen deutlich größerer Gruppen durchzupauken.

Mehr denn je muss sich das Change Management deshalb auf eine Frage konzentrieren: Wie lassen sich die Führungskräfte eines Unternehmens daran hindern, ihre Durchsetzungsfähigkeit in einer Umbruchsituationen ausschließlich im eigenen Interesse einzusetzen? Um diese Frage zu beantworten, soll eine neue, kommunikationsorientierte Definition von Macht und Führung vorgestellt werden – die Grundlage eines modernen Change Managements.

Change Management, wie wir es kennen, befördert im Kern ein erzieherisches Ziel: Belegschaften sollen den Wandel unterstützen und ihr Verhalten anpassen. Motto: »Kooperation statt Konflikt«. Erfolgreicher werden Veränderungsprojekte damit noch lange nicht. Die Vermutung liegt nahe, dass

»Konflikt statt Kooperation« der durchschlagende Leitsatz ist. Lassen sich unvermeidbare Konflikte in Veränderungssituationen durch den Einsatz von Macht entscheiden? Die Antwort ist ein klares Ja: Change braucht Macht.

Doch wie kann Macht gezielt aufgebaut und für die Ziele des Unternehmens eingesetzt werden? Welche Rolle spielen dabei Weltbilder, und wie können sie dazu beitragen, Veränderungen verbindlich zu gestalten?

Im Mittelpunkt der Principal-Agent-Problematik steht die Frage nach der Verfügbarkeit und Verlässlichkeit von Informationen. Ihre Verteilung und Nutzung in Unternehmen ist in den vergangenen Jahren von der Wirtschaftswissenschaft intensiv diskutiert worden und hat unter anderem zur Entwicklung der Informationsökonomik geführt. Birgitta Wolff beschreibt das Erkenntnisobjekt »Informationsökonomik« im *Gabler Wirtschaftslexikon*: Diese »[...] bezeichnet alle Untersuchungen, die sich mit den Auswirkungen unterschiedlicher Informationsbedingungen auf die Funktionsweise ökonomischer Systeme (wie Unternehmen, Kooperationsformen, Märkte, Gesamtwirtschaft) beschäftigen«.[1] Die Theorie der Informationsökonomik stützt sich wesentlich auf die inhaltlichen Bedingungen der Neuen Institutionenökonomik. Die Principal-Agent-Theorie, die Transaktionskostentheorie oder die Theorie der Verfügungsrechte gehören zu den zentralen Ansätzen. Die Theorie geht von der Annahme unvollkommener Märkte und dort vorliegenden Informationsasymmetrien, unter anderem aufgrund begrenzter Rationalität der Akteure, aus. Darüber hinaus werden opportunistisches Verhalten und langfristig angelegte Vertragsbeziehungen betrachtet.

Damit rückt auch die Informationsökonomik von der Annahme der Neoklassik ab, dass Akteure über vollständige Informationen verfügen; bei Vorliegen einer asymmetrischen Informationsverteilung lassen sich viele zentrale Annahmen und Modelle der Neoklassik nicht aufrechterhalten. »Die explizite und zentrale Berücksichtigung von Information als Inputgut im ökonomischen Produktionsprozess sowie die Berücksichtigung der Existenz unvollkommener Information, v. a. in Form asymmetrischer Informationsverteilungen in bilateralen Austauschbeziehungen, stellen eine entscheidende Weiterentwicklung der neoklassischen Ökonomik dar. Die Informationsökonomik hat in dieser Hinsicht die Vorstellung der Funktionsweise wirtschaftlicher Systeme und Prozesse verändert.«[2] Welchen Stellenwert diese Untersuchungen haben, und wie aktuell das Thema ist, zeigt die Verleihung des Nobelpreises für Ökonomie im Jahr 2001 an die Forscher George Akerlof, Michael Spence und Joseph E. Stiglitz für ihre Untersuchungen zu Informationen und Märkten.

Die Informationsökonomik erklärt Informationsasymmetrien innerhalb von Principal-Agent-Beziehungen und liefert Ansätze für deren Reduzierung. Zwei zentrale Begriffe haben sich etabliert: »Screening« und »Signalling«. Beim Screening übernimmt der Principal als schlechter informierte Partei die Initiative und versucht, die Informationslücke zwischen sich und dem Agenten durch Informationsbeschaffung zu verringern. Beim Signalling ist der Agent – die besser informierte Partei – die treibende Kraft. Er versucht, die Lücke zwischen sich und dem Principal zu schließen, indem er glaubhafte Informationen an den Principal sendet.

Informations-Management

Beide Ansätze werfen eine wichtige Frage auf: Was genau sind die Informationen, die asymmetrisch verteilt sind und gemanagt werden müssen? Manager haben es zunächst mit einer Fülle von Zeichen zu tun (vgl. Abbildung 34).

Diese zusammenhanglosen Datenelemente bestehen »aus Buchstaben, Ziffern, Sonderzeichen etc. Die Menge aller Zeichen bilden den Zeichenvorrat. [...] Daten bestehen aus Zeichen beziehungsweise Zeichenfolgen, die nach bestimmten Ordnungsregeln (Code oder Syntax) kombiniert werden. Sie sind aber nur Symbole, die Daten sind sozusagen neutral: Es gibt noch keinen Hinweis auf Bezug, Kontext, Zusammenhang u. Ä.«[3]

Das erst leisten Informationen. Informationen sind Zeichenfolgen, »die aus einem Zeichenvorrat nach bestimmten Regeln erzeugt werden (Syntax), die eine abstrakte oder gegenständliche Bedeutung haben (Semantik), und die vom Sender beziehungsweise Empfänger der Information in bestimmter Weise inhaltlich gleich interpretiert werden (Pragmatik)«.[4] Der Empfänger verdichtet Daten zu Informationen und ordnet sie in einen bestimmten (sinnvollen) Kontext, um sie für die Erreichung eines Vorhabens zu benutzen.

Erst aus der Verarbeitung und Verdichtung dieser Informationen durch die Einzelnen entsteht Wissen. Es wird definiert als die Gesamtheit der

Abbildung 34: So werden Zeichen zu abrufbarem Wissen

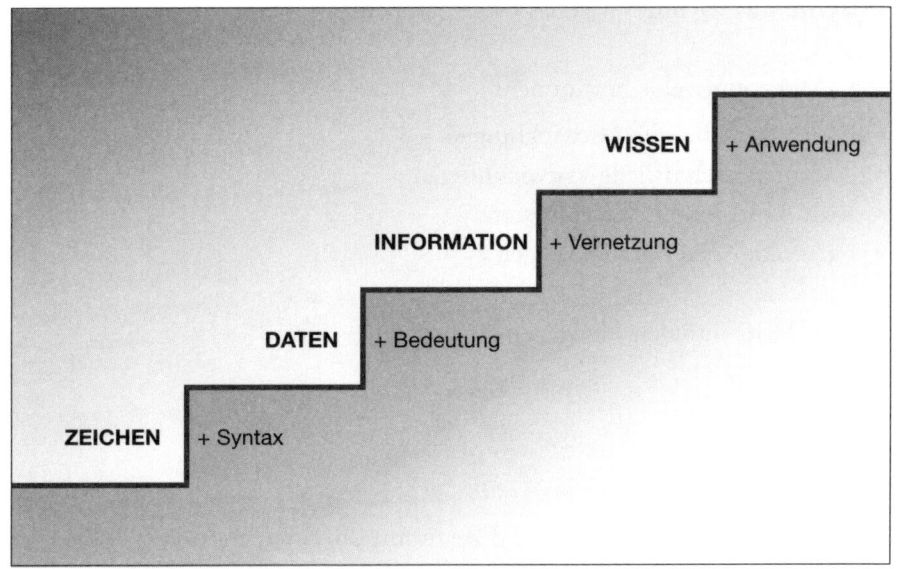

In Anlehnung an: Klaus North: *Wissensorientierte Unternehmensführung – Wertschöpfung durch Wissen*, 2002

Kenntnisse, Fähigkeiten und Fertigkeiten, die Personen zur Lösung von Problemen einsetzen. Dies umfasst sowohl theoretische Erkenntnisse als auch praktische Alltagsregeln und Handlungsanweisungen. Wissen stützt sich auf Daten und Informationen und ist immer an Personen gebunden. In einem Unternehmen besitzt jeder Einzelne Wissen, das zum Gesamterfolg beitragen kann. Doch ist es nur dann wertvoll, wenn es auch zu Können wird? Es reicht nicht, Wissen zu besitzen oder zu erwerben. Es muss auch eingesetzt werden, damit sich Erfolge einstellen können.

Was sind die Konsequenzen für die Unternehmensführung? Typischerweise bedeutet »Management« das Planen, Steuern und Kontrollieren von betrieblichen Abläufen zur effizienten Erreichung des Unternehmensziels. Im Lichte der Informationsökonomik lässt sich diese Definition jedoch modifizieren. Demnach wäre es eine der wesentlichen Aufgaben der Führungskräfte, zu definieren, welche Zeichen zu Informationen werden, und auf welchen Feldern Information zu Wissen werden muss, damit das Unternehmensziel erreicht wird. Dabei ist der Informationsbedarf sowohl durch interne als auch durch externe Informationsquellen und -ressourcen zu decken. Sie lassen sich in drei Gruppen einteilen[5]: »Makroumwelt«, »Mikroumwelt« und »Eigenes Unternehmen«.

Die »Makroumwelt« bestimmen:
- politisch-rechtliche Entwicklungen
- gesamtwirtschaftliche Entwicklungen
- sozio-kulturelle Entwicklungen
- technologische Entwicklungen

In der »Mikroumwelt« bewegen sich:
- Lieferanten
- Abnehmer
- Wettbewerber

Ein »Eigenes Unternehmen« wird bestimmt durch:
- Ressourcen
- Kernkompetenzen
- Betriebswirtschaftliche Größen (z.B. Kostenstruktur, Deckungsbeiträge, Kapazitätsauslastung, Liquidität)
- Wettbewerbsposition (Patente, Marktanteile, Distributionsgrade, Kontakte zu Händlern)
- Unternehmenskultur
- Qualifikation und Motivation der Mitarbeiter
- Erfüllung zentraler Erfolgsfaktoren

Wie in Abbildung 35 gezeigt wird, interpretieren die Führungskräfte innerhalb gegebener institutionell geprägter Rahmen. So grenzen beispielsweise Steuergesetze, Zinssätze für Darlehen oder Sachzwänge die Interpretationsmöglichkeiten der eingehenden Daten ein, dasselbe gilt natürlich für die bereits erfolgten Entscheidungen anderer Unternehmen: Das Investment der Wettbewerber in Kernkraft anstelle erneuerbarer Energien etwa stellt eine Rahmenbedingung für einen Turbinenhersteller dar, die seinem Einfluss entzogen ist. Auch sie beruht jedoch letztlich auf denselben Mechanismen, der Interpretation und Entscheidungsfindung. Zu den externen

Daten kommen unternehmensinterne Informationen, etwa Begrenzungen von Kapazitäten und Ressourcen. Die darüber hinaus bestehenden Freiheitsgrade sind individuelle Interpretationen auf Basis der Unternehmensidee und persönlicher Erfahrungswerte.

Abbildung 35: Zentrale Führungsaufgabe: die Interpretation;
so werden Daten zu Informationen

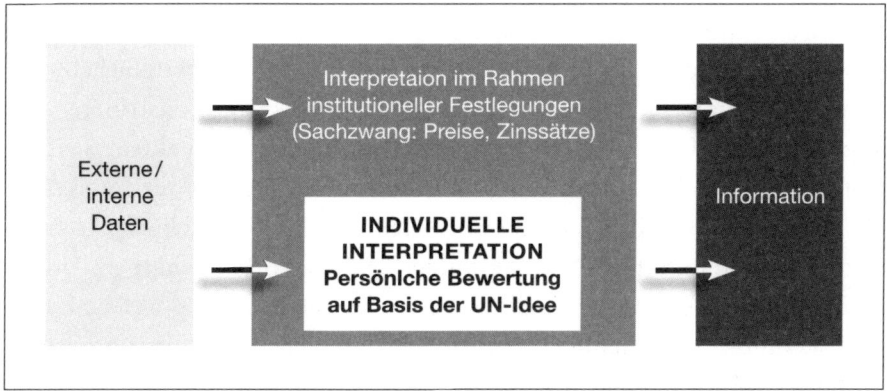

Die Entscheidung darüber, welche Daten zu Informationen werden, ist eine wesentliche (vielfach unbewusste) Leistung der Unternehmensführung. Ihre Bedeutung geht weit über die unmittelbare Entscheidung hinaus, weil sich so – bewusst oder unbewusst – Weltbilder in Unternehmen verfestigen oder neue als gültig für eine Organisation gesetzt werden.

Was heißt das? Bei näherer Betrachtung folgen Unternehmen bei ihren Entscheidungen weniger den vielfach beschriebenen Sachzwängen, etwa institutionellen Rahmenbedingungen, als die Manager selbst für sich in Anspruch nehmen. So konstatieren Dietmar Fink und Bianka Knoblach: »Das in der traditionellen Managementtheorie vorherrschende Bild der zielgerichtet planenden, koordinierenden Führungskraft ist im Alltag des Managements viel seltener anzutreffen, als die betreffenden Modelle dies nahelegen.«[6] Wirklichkeit oder das Weltbild eines Unternehmens ergeben sich nicht allein aus der Analyse von Daten und deren Interpretation, sondern aus der Übereinkunft der Menschen. Oder: Die Realität der Wirtschaft entsteht aus der Interaktion zwischen Managern, Wissenschaftlern,

Politikern, Journalisten – gemeinsam entwickeln sie ein Weltbild und sorgen für dessen öffentliche Verankerung. Dieses Weltbild entscheidet letztlich darüber, welche Daten für das Unternehmen als strategisch wesentlich angesehen, wie Investitionsentscheidungen getroffen und welche Themen dagegen ignoriert werden können.

»Eine verbreitete Maxime – nicht nur unter ManagerInnen – ist: ›Sich an den Fakten orientieren!‹«, konstatiert Oswald Neuberger und kritisiert: »Damit aber wird zugleich meist entkontextualisiert und enthistorisiert, weil Beobachtungen aus ihren sachlichen, sozialen und zeitlichen Zusammenhängen herausgeschnitten, isoliert beziehungsweise willkürlich neu relationiert (›interpunktiert‹) werden.«[7] Führungskräfte konstruieren die Wirklichkeit in Unternehmen aber nicht nur anhand von Fakten. Sie prägen ihr Bild auf Basis ihres Erfahrungshintergrunds und ihrer Interessen. Dabei handelt es sich nicht um ein festgefügtes Weltbild. Häufig konkurrieren völlig unterschiedliche Weltbilder um die Vorherrschaft im Unternehmen. Um zu erklären, wie diese Weltbilder entstehen und welche Funktion sie für das Unternehmen erfüllen, sind Anleihen bei Konstruktivismus und Systemtheorie nötig.

Wie die Realität der Wirtschaft entsteht

Der Konstruktivismus bildet keine einheitliche und in sich geschlossene Theorie, sondern stellt eher einen Diskurs unterschiedlichster Standpunkte dar, deren Wurzeln unter anderem in der Entwicklungspsychologie (zum Beispiel Jean Piaget), der Kybernetik (zum Beispiel Heinz von Förster), der Neurobiologie (zum Beispiel Humberto R. Maturana und Francisco J. Varela) und der Philosophie (zum Beispiel Ernst von Glasersfeld) zu finden sind. Die Vertreter des Konstruktivismus vereint die Ansicht: Eine objektive Erkenntnis der Außenwelt ist nicht möglich, sondern muss vielmehr von den Menschen erzeugt werden. Einfacher: Menschen, jeder für sich und alle gemeinsam, erfinden, konstruieren als bewusst wahrnehmende Wesen die Wirklichkeit.

Im Kontext der vorliegenden Argumentation stellt der radikale Konstruktivismus eine Extremposition dar. Sie ist nicht unumstritten, aber anschaulich. Radikal ist er nach Ansicht des Kommunikationswissenschaftlers Paul Watzlawick, »weil er mit der Konvention bricht und eine Erkenntnistheorie entwickelt, in der die Erkenntnis nicht mehr eine ›objektive‹, ontologische Wirklichkeit betrifft, sondern ausschließlich die Ordnung und Organisation von Erfahrungen in der Welt unseres Erlebens«.[8] Die Radikalität bestehe darin, auf jegliche Realitätsaussagen zu verzichten und entsprechend den Nachweis zu führen, dass dem Menschen ein direkter Zugang zu einer objektiven Wirklichkeit verwehrt bleibe. Um es mit den Worten des Philosophen und Kommunikationswissenschaftlers Ernst von Glasersfeld zu sagen: »Der Radikale Konstruktivismus beruht auf der Annahme, dass alles Wissen, wie immer man es auch definieren mag, nur in den Köpfen von Menschen existiert [...].«[9]

Sein Kollege S. J. Schmidt fasst die wesentlichen Kerngedanken des Konstruktivismus so zusammen: »Wir konstruieren durch unsere vielfältigen Tätigkeiten (Wahrnehmen, Denken, Handeln, Kommunizieren) eine Erfahrungswirklichkeit, die wir bestenfalls auf ihre Gangbarkeit oder Lebbarkeit (viability) hin erproben können, nicht aber auf ihre Übereinstimmung mit einer wahrnehmungsunabhängigen Realität.«[10] Dabei ist der Konstruktionsprozess als unbewusste »Handlung« des Konstrukteurs zu verstehen, die zu nicht unerheblichen Teilen physiologisch begründet ist. Ein Beispiel ist die begrenzte menschliche Wahrnehmungsfähigkeit. Unser Gehirn nimmt die Umwelt nur selektiv wahr. Konsequenz: Es gibt nicht die eine gültige Realität, es gibt nur die Annahme eigener Realitäten durch jeden einzelnen Menschen.

Starke Belege für die These des Konstruktivismus liefern unter anderem die neueren Untersuchungen der Kognitionswissenschaft (»cognoscere«: lat. erkennen, erfahren, kennenlernen). Als Kognitionen werden dabei Vorstellungen bezeichnet, die sich ein Individuum von der Welt (subjektive Realität) aufbaut, dies geschieht auf dem Weg der Verarbeitung von Informationen durch das Gehirn. Der chilenische Biologie, Philosoph und Neurowissenschaftler Francisco J. Varela konstatiert, dass die »wesentliche Behauptung der Kognitivisten ist, dass intelligentes Verhalten die Fähigkeit voraussetzt, die Welt als in bestimmter Weise seiend zu repräsentieren oder abzubilden«.[11] Für den Menschen gilt damit die Kognition, so Humberto R. Maturana in *Biologie der Realität*, als »basale psychologische und somit biologische Funktion [und] steuert seine Handhabung der Welt, und Wissen gibt seinen Handlungen Sicherheit. [...] Kognition ist ein biologisches Phänomen und kann nur als solches verstanden werden. Jegliche epistemologische Einsicht in den Bereich der Erkenntnis setzt dieses Verständnis voraus.«[12] Lebende Systeme seien kognitive Systeme, und Leben als Prozess sei ein Prozess der Kognition, so seine Erkenntnis.

Wirklichkeit basiert also auf der selektiven Wahrnehmung von Daten vor dem Hintergrund von Erfahrungen – Resultaten bisheriger Auswahlhandlungen und biologisch determinierten Prägungen. Diese Erfahrung ist »zwar in vielfältiger Weise aufgeteilt [...], in Dinge, Personen, Mitmenschen usw., doch alle Arten der Erfahrung sind und bleiben subjektiv. Auch wenn ich gute Gründe dafür angeben kann, dass meine Erfahrung der deinen nicht ganz unähnlich ist, habe ich keinerlei Möglichkeit, zu prüfen, ob sie identisch sind. Das Gleiche gilt für den Gebrauch von Sprache und das Verstehen von Sprache.«[13]

George Lakoff, Professor für Linguistik mit dem Spezialgebiet »Kognitive Linguistik«, und seine Kollegin Eva Elisabeth Wehling veranschaulichen in ihrem Buch *Auf leisen Sohlen ins Gehirn – Politische Sprache und ihre heimliche Macht* diesen Zusammenhang. Sie schreiben: »Auf der ganzen Welt und in jeder Kultur findet sich zum Beispiel die Metapher ›Mehr ist oben und Weniger ist unten‹. Wir sprechen davon, dass Preise steigen oder fallen. [...] Wir haben nicht die Metapher ›Mehr ist unten und weniger ist oben‹. Wir würden also nie sagen: ›Der Preis ist gefallen‹, und damit meinen, dass etwas teurer geworden ist. [...] Dann steigen Preise nicht in Wirklichkeit, sondern nur in unseren Köpfen? Korrekt. Preise steigen nur in unseren Köpfen. Was ein Preis tatsächlich macht, ist, dass er mehr wird. Preise sind ein Phänomen der Quantität. Wir begreifen sie als steigend oder fallend, weil wir in der Metapher ›mehr ist oben‹ denken.«[14]

Warum geschieht das? Antwort: »Wir begreifen die Welt mit unseren Gehirnen [...]. Alle Denkprozesse sind immer physische Prozesse. Und Metaphern sind physisch im Gehirn vorhanden. Die interessante Frage ist: Was bestimmt die Beschaffenheit unserer Gehirne? Die Antwort auf diese Frage lautet: unsere Erfahrung in der Welt.«[15] Diese Erfahrungen bilden sich im Gehirn. Sie sind vor allem deshalb nötig, weil der Mensch aufgrund von physiologischen Begrenzungen nur einen verschwindend geringen

Bruchteil aller Daten verarbeiten kann, die seine Umgebung für ihn bietet. Die Neurowissenschaft, so Stephen Kuffler und John G. Nichols in *From Neuron to Brain*, beschreibt das Gehirn als eine »[...] ruhelose Anhäufung von Zellen, die beständig Informationen aufnimmt, verarbeitet und wahrnimmt, und die außerdem Entscheidungen trifft«.[16] Nicht nur die Aufnahme, auch die Verarbeitung der Daten ist beschränkt: Ein Mensch rezipiert pro Sekunde bis zu 10^9 Bit der angebotenen Informationen – er kann in derselben Zeiteinheit allerdings nur 10^2 Bit von dieser Menge *bewusst* verarbeiten. Das heißt: Nur eine von 100 000 Informationen wird im Gehirn verarbeitet werden. Innerhalb des kognitiven Apparates muss es also einen selektiven Mechanismus geben, der diese Datenreduktion vornimmt (Abbildung 36).

Die Konstruktion dieser Realität jedoch erfolgt nicht nur durch das Individuum allein. Die Entstehung einer »Alltagswelt«, wie sie von Peter L. Berger und Thomas Luckmann in *Die gesellschaftliche Konstruktion der Wirklichkeit* beschrieben wird, ist auch eine Gruppenleistung. Sie wird nicht »nur als wirklicher Hintergrund subjektiv sinnhafter Lebensführung

Abbildung 36: Das menschliche Gehirn selektiert eintreffende Zeichen nach Relevanz

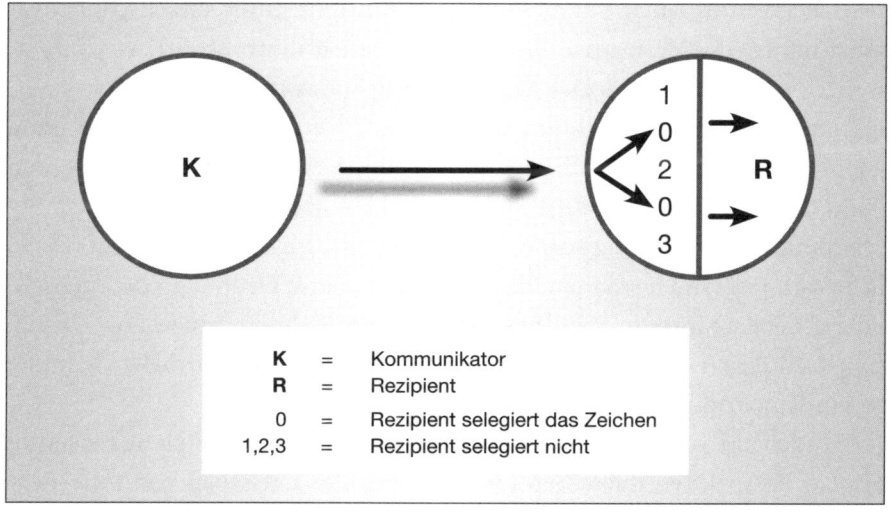

K	=	Kommunikator
R	=	Rezipient
0	=	Rezipient selegiert das Zeichen
1,2,3	=	Rezipient selegiert nicht

In Anlehnung an: Klaus Merten: Einführung der Kommunikationswissenschaft, 1999, Seite 64

von jedermann hingenommen, sondern sie verdankt jedermanns Gedanken und Taten ihr Vorhandensein und ihren Bestand«.[17] Bei der Konstruktion individueller Weltsichten sehen Menschen die »Wirklichkeit der Alltagswelt als eine Wirklichkeitsordnung«, an der sie sich orientieren. Allein die physische Begrenztheit der Möglichkeit, Daten über die Wirklichkeit zu sammeln und zu sinnvollen Zusammenhängen zu verbinden, macht diese Orientierung sinnvoll. Diese Wirklichkeitsordnung bedarf folglich keiner »zusätzlichen Verifizierung. Sie ist einfach da – als selbstverständliche, zwingende Faktizität. [...] Obgleich ich in der Lage bin, ihre Wirklichkeit auch in Frage zu stellen, muss ich solche Zweifel doch abwehren, um in meiner Routinewelt existieren zu können.«[18] So wie die Alltagswelt uns orientiert, »findet [alles] menschliche [...] Sein in einem Geflecht aus Ordnung, Gerichtetheit und Stabilität statt. Damit stellt sich die Frage, woher denn dann die Stabilität humaner Ordnung kommt.«[19]

Der Manager als Konstrukteur von Wirklichkeiten und Sinnstifter für das System Unternehmung

Berger und Luckmann schreiben dazu, es sei ein »unübersehbares Faktum, dass aller individuellen organischen Entwicklung eine Gesellschaftsordnung vorgegeben ist«.[20] Sie führen weiter aus, dass »die ursprüngliche biologische Weltoffenheit der menschlichen Existenz durch Gesellschaftsordnung immer in eine relative Weltgeschlossenheit umtransportiert wird, ja, werden muss«.[21] Grund: Der Mensch, zurückgeworfen auf seine rein organischen Hilfsmittel, würde im Chaos leben. Sie konstatieren ferner, dass keine biologische Gesellschaftsordnung existiert oder hergeleitet werden kann, und dennoch ist »die Notwendigkeit gesellschaftlicher Ordnung überhaupt in der biologischen Verfassung des Menschen angelegt«.[22] So ließe sich folgernd festhalten, dass die konstruierte Ordnung »der menschlichen Lebensführung – im wesentlichen jedenfalls und meistens – Richtung und Bestand [...] [sichert]«.[23] Kurz gesagt: Gesellschaftliche Ordnung ist ein Konstrukt menschlichen Handelns.

Ausgehend von dieser Hypothese kommen sie schließlich aus soziologischer Perspektive zur selben Einsicht über das Entstehen von Unternehmen wie etwa die Institutionenökonomik. Der Zusammenschluss von

Menschen in Institutionen wie einem Unternehmen geschieht auf der Basis sogenannter habitualisierter Handlungen. Durch die bloße Tatsache ihres Vorhandenseins halten solche Institutionen menschliches Verhalten unter Kontrolle, sie ermöglichen eine Vorhersage von Verhalten und sparen daher Kraft und Zeit. Oder in den Worten der Ökonomie: Sie reduzieren Transaktionskosten.«Sowohl die im Management von Unternehmen agierenden Menschen als auch ganze Unternehmen konstruieren als Sozialsysteme eigengesetzliche Wirklichkeiten und legen diese ihrem Handeln zugrunde«, urteilen Dietmar Fink und Bianka Knoblach dazu unter dem Titel *Wie Manager ihre Realitäten konstruieren*.[24]

Soziale Systeme reduzieren Komplexität – die strukturell und informationsbedingt entsteht – durch Kommunikation und Sinngebung. Das zentrale Aufgabenfeld der Führungskraft steht damit fest: Sie ist der Konstrukteur von Wirklichkeiten und der Sinnstifter für das System Unternehmung. Niklas Luhmann schreibt dazu: »Der Systembegriff bezeichnet […] etwas, was wirklich ein System ist, und lässt sich damit auf eine Verantwortung für die Bewährung seiner Aussagen an der Wirklichkeit ein.«[25] Damit ist der Systembegriff innerhalb des Konstruktivismus verankert und kann als ergänzendes Theoriegebilde in die Überlegungen aufgenommen werden. Luhmann bezeichnet Systeme als selbstreferenziell. Sie sind in der Lage, »Beziehungen zu sich selbst herzustellen und diese Beziehungen zu differenzieren gegen Beziehungen der Umwelt«.[26] Systeme bewegen sich also in einer Umwelt und grenzen sich davon oder von anderen Systemen ab, die gleichermaßen in dieser Umwelt existieren. Sie sind nicht nur gelegentlich und nicht nur adaptiv, sie sind strukturell an ihrer Umwelt orientiert und könnten ohne Umwelt nicht bestehen. Die vom System definierten Grenzen lassen dennoch Interdependenzen zur Umwelt oder zu anderen Systemen zu. Es handelt sich um offene Systeme. Sie stellen ihre interne Organisation bei Umweltveränderungen selbstständig um und werden von außen nicht kausal bestimmt, sie folgen dem Paradigma der Selbstorganisation.

Neben dieser »strukturellen Komplexität«, der Vielschichtigkeit der Relationen zwischen Umwelt und System, nutzt Luhmann den Begriff der Komplexität auch als »Maß für [die] Unbestimmbarkeit oder für Mangel an Informationen«,[27] womit er die Bedeutung der Information vorwegnimmt, die später zur Begründung der Informationsökonomik führen wird.

Er konstatiert: »Komplexität ist [...] die Information, die dem System fehlt, um seine Umwelt (Umweltkomplexität) beziehungsweise sich selbst (Systemkomplexität) vollständig erfassen und beschreiben zu können.«[28] Dieses Problem findet sich in Anklängen auch in der Wirtschaftswissenschaft, zum Beispiel in der Frage, wie Entscheidungen unter den Bedingungen der Unsicherheit getroffen werden können – unter Bedingungen also, die Luhmann als »Angstfaktor« und »Planungs- und Entscheidungsproblem« beschreibt.

Reduktion von Komplexität

Um sowohl die strukturelle Komplexität als auch den Mangel an Informationen zu reduzieren, sind die Systeme aus Sicht der Systemtheorie zur Kommunikation gezwungen. »Das System enthält [...] als Komplexität einen Möglichkeitsüberschuss, den es selbstselektiv reduziert. Diese Reduktion wird in kommunikativen Prozessen vollzogen, und dafür benötigt das System eine ›mutualistische‹[29] Grundorganisation – das heißt: eine Zuordnung seiner Elemente zu kommunikationsfähigen Komplexen.«[30] Kommunikation ist also der Schlüssel sozialer Systeme zur Komplexitätsreduzierung und damit zur Verringerung der angesprochenen Unsicherheit. Im sozialen System Unternehmung übernimmt die Führungskraft diese Aufgabe.

Die Funktion sozialer Systeme liegt in der Komplexitätsreduktion. Sie sind Inseln geringer Komplexität in einer überkomplexen Welt. Kommunikation ist dabei das entscheidende Mittel und das konstituierende Element sozialer Systeme. Luhmann: »Ein soziales System kommt zustande, wenn immer ein autopoietischer Kommunikationszusammenhang entsteht und sich durch Einschränkung der geeigneten Kommunikation gegen eine Umwelt abgrenzt. Soziale Systeme bestehen demnach nicht aus Menschen, auch nicht aus Handlungen, sondern aus Kommunikationen.«[31] Kommunikation stellt das kleinste, nicht weiter auflösbare Element sozialer Gebilde dar und zählt als dessen Produkt. Somit sind soziale Systeme immer auch Kommunikationssysteme mit einer starken Eigendynamik: Kommunikation verursacht immer erneut (Anschluss-)Kommunikation.

Soziale Systeme sind also nicht durch fixierte Wert- und Strukturmuster definiert, sondern durch einen Sinnzusammenhang von aufeinander verweisende soziale Handlungen, durch die sie sich wiederum von ihrer Umwelt abgrenzen. »Der Sinnzwang, der allen Prozessen psychischer und sozialer Systeme auferlegt ist«, so Luhmann, »hat Konsequenzen auch für das Verhältnis von System und Umwelt. Nicht alle Systeme verarbeiten Komplexität und Selbstreferenz in der Form von Sinn; aber für die, die dies tun, gibt es nur diese Möglichkeit. Für sie wird Sinn zur Weltformel und übergreift damit Differenz von System und Umwelt.«[32]

Folgt man Heinz K. Stahl und Peter M. Hejl, dann ist eine Unternehmung ebenfalls ein System, das Wirklichkeiten konstruiert, um sich in seinem Umfeld abzugrenzen, zu positionieren, zu orientieren, aber auch, um sich an beobachtete Veränderungen anzupassen. Diese Abgrenzung findet sowohl im eigenen Sinn als auch im Sinne der Unternehmung statt, als Person, Gruppe, Unternehmen oder als Branche.

Die Umwelt verwandelt sich dramatisch. Und sie verwandelt sich dramatisch schnell. Eine konstruktivistische, systemtheoretisch geprägte Sichtweise von Führung ist deshalb entscheidend. Führungskräfte weisen den externen und internen Daten Bedeutung zu. Stahl und Hejl zeichnen diesen Prozess nach: »[…] ›Beschreibungen‹ aktueller Erfahrungen eines Systems mit seiner Umwelt […] und mit sich selbst werden [im Falle der Unternehmen durch Führungskräfte] auf Basis früherer [subjektiver] Erfahrungen und mit Blick auf systemspezifische Werte und Ziele erzeugt und bewertet. Dabei entsteht im System eine Menge von Wirklichkeitsvorstellungen über das System und über seine Umwelt. Diese Vorstellungen enthalten Annahmen darüber, wer oder was zum System beziehungsweise zur Umwelt gehört, welche Eigenschaften (Ziele, Verhaltensweisen) diese Einheiten haben und wie sie zusammenwirken, um das zu bilden, was die Konzepte ›Unternehmen‹, ›Markt‹ oder ›Kunde‹ allgemein beschreiben. Nur diese Verbindung erstens von systeminternen Erfahrungen mit solchen, die durch systemexterne Ereignisse maßgeblich mit beeinflusst werden, und zweitens von früheren mit aktuellen Erfahrungen und schließlich mit Zukunftsprojektionen erlaubt es Unternehmen, in einer sich verändernden Welt Vorstellungen ihrer Umwelt zu entwickeln, mit denen sie erfolgreich handeln können.«[33]

Diese Erfahrungen äußern sich in sogenannten Schemata. Sie werden innerhalb der kognitiven Prozesse abgerufen. Nach Shelley E. Taylor und

Jennifer Crocker ist ein Schema »a cognitive structure that consists in part of the representation of some defined stimulus domain. The schema contains general knowledge about domain, including a specification of relations among its attributes, as well as specific examples of instance.«[34]

Wie bauen sich diese Schemata auf? »Lernen als Prozess«, folgert Maturana, »besteht in der Transformation des Verhaltens eines Organismus durch Erfahrung [...].«[35] Anders: Schemata sind die Bausteine von kognitiven Prozessen. Sie werden nicht kurzfristig gebildet. Sie entstehen vielmehr in langfristigen Lernprozessen, in denen Erfahrungen gesammelt, ausgewertet und eingeordnet werden. Das Gelernte ist durch die vergangene Erfahrung gerechtfertigt. Nach Klaus Merten geschieht dies im Laufe der Ontogenese – der Entwicklung des Denkens: »Das Bewusstsein muss im Laufe der Ontogenese durch einkommende Informationsangebote einerseits erst aufgebaut werden und lernen, sinnvoll zu selektieren, filtert andererseits dann alle weiteren einkommenden Informationsangebote nach Kriterien der Nützlichkeit, des Interesses etc.«[36]

Die entstandenen Schemata erfüllen nach Bertram Scheufele unterschiedliche Aufgaben im Reflektions- und Selektionsprozess:[37]

- Schemata strukturieren Erfahrungen.
- Schemata helfen, Informationen effizient aufzunehmen.
- Schemata bestimmen, welche Informationen aufgenommen werden.
- Schemata sind Abstraktionen bestimmter Objektklassen.
- Schemata erlauben Interpretationen und Inferenzen.
- Neue Informationen gehen ganz in bestehenden Schemata auf oder sie verbinden sich mit diesen zu einem modifizierten Schema.

Hejl fasst zusammen – und wir stützen unsere weiteren Ausführungen auf diese Aussage: »Betrachtet man die ›Wahrnehmung von Wirklichkeit‹ als einen konstruktiven Prozess, dann geht man gleichzeitig davon aus, dass er auch beeinflussbar ist. Das gilt sowohl auf der individuellen wie auf der sozialen Ebene.« Und: »Ich halte dies für eine außerordentlich wichtige Einsicht, gerade mit Blick auf soziale Systeme wie Unternehmen und in einer historischen Entwicklung, die durch Differenzierung und Individualisierung gekennzeichnet ist. [...] Es bedeutet auch eine Ressource, freilich eine, die erhebliche Anforderungen an Organisation und Management stellt.[38]

Unser Augenmerk gilt den Führungskräften. Die Wirklichkeiten, die im Unternehmen geprägt werden und für das Unternehmen gültige Schemata (Vision, Mission oder Bereichsziele) erzeugen, prägt federführend das Topmanagement. Es betrachtet nicht nur einzelne Wirklichkeiten, sondern konstruiert für das Unternehmen Weltbilder, um es im Gesamtkontext von Markt, institutionellen Rahmenbedingungen oder Konkurrenz erfolgreich auszurichten.

Ein neues Bild von Führung

Unternehmensführungen definieren Herausforderungen (oder Probleme), weisen Ressourcen zu, weisen Lösungswege und treffen richtungweisende Entscheidungen. Sie sind verantwortlich für den wirtschaftlichen Erfolg. Oder um es mit den Worten der Klassiker der Betriebswirtschaftslehre, Günter Wöhe und Ulrich Döring, zu sagen: »Die Unternehmensführung hat die Aufgabe, den Prozess der betrieblichen Leistungserstellung und -verwertung so zu gestalten, dass die Unternehmensziele auf höchst möglichem Niveau erreicht werden.«[39]

Doch strategische Unternehmensführung, wie sie allgemein verstanden wird, ist längst nicht mehr mit herkömmlichen Denkmustern zu bewältigen.

Mut zur Führung: Das Weltbild des Unternehmens definieren

Michael Frenzel, Chef des Touristikkonzerns TUI, äußert sich in einem Interview in der *Süddeutschen Zeitung* 2007 – also vor der Krise – über die veränderten Anforderungen an Manager. Auf die Frage, ob es vor zehn Jahren gemütlicher war, Chef eines DAX-Konzerns zu sein, antwortet er: »Nicht gemütlicher, aber anders. Die Kommunikation ist unter den verschärften Regeln des Kapitalmarktes immer schwieriger geworden.« Dies macht er an einem Beispiel deutlich: »Man darf sich einfach nicht zum Getriebenen der kurzfristigen Interessen machen lassen. [...] Wenn zum Beispiel langfristige Investitionen nötig sind, muss man das in der Öffentlichkeit und am Kapitalmarkt vernünftig kommunizieren, was nicht immer einfach ist. Wir sind auf drei Hauptversammlungen verhauen worden, als wir den Billigflieger HLX gegründet haben. Aber hätten wir den Schritt nicht gemacht, würden wir heute auf dem Flugmarkt keine Rolle spielen. Manchmal gehört viel Mut dazu, Dinge zu tun, die nicht schon nach zwei Quartalen wirksam werden.«[40]

Burkhard Schwenker, Chef der Unternehmensberatung Roland Berger Strategy Consultants, spricht in einem Interview mit der Wochenzeitung *Die Zeit* über das Krisenjahr 2009 – aber auch über mutiges Führen. Gefragt nach seinen prägnantesten Erfahrungen, lautet sein Resümee: »Dass wir keine Zahlen mehr haben, keine objektiven Indikatoren, die uns eine Richtung geben können.« Auf die Frage, wie er als Betriebswirt und Mathematiker überhaupt auf Zahlen verzichten könne, antwortet er: »Ich habe etwa verfolgt, wie der Internationale Währungsfonds noch im Oktober 2008 vorausgesagt hat, die Weltwirtschaft werde im Jahr 2009 um 3 Prozent wachsen. Im Januar lag die Prognose bereits bei minus 0,5 Prozent, im April dann bei minus 1,3. Eine Differenz von mehr als 4 Prozentpunkten – eigentlich undenkbar! Das macht Prognosen per se hinfällig, auch jetzt für den Aufschwung.« Welche Auswirkungen diese neue Unsicherheit in den deutschen Vorstandsetagen habe? »Da es keine verlässlichen Zahlen mehr gibt, muss man Mut zur eigenen Meinung haben.«[41]

Mag dies nur ein kleiner Ausschnitt sein, unbestreitbar ist: Führungskräfte in Deutschland müssen sich – wie ihre Kollegen in anderen Weltregionen auch – auf neue Anforderungen einstellen. Die Welt wird unsicherer, oft unüberschaubar, die Halbwertszeit von Zahlen nimmt rapide ab, Wirtschaftszyklen werden augenscheinlich unberechenbar. Der Ausweg? »Mutige Führung erfordert mutige Führer«, so Schwenker. »Das klingt selbstverständlich, ist es aber nicht.« Und er konstatiert: »[Es sind] nicht die Standardsituationen und das Tagesgeschäft, das echte Führung erfordert, sondern Umbrüche, Kurswechsel und Unklarheiten. Aufgabe der Kapitäne ist es, sich für diese Lagen zu rüsten und solche Situationen entschlossen anzugehen – ohne falsche Sicherheiten zu gewährleisten. Führung ist kein Widerspruch zu Ehrlichkeit, sondern vielmehr die Fähigkeit, die Realität zu vermitteln […]«[42] Diese Unsicherheiten entstehen besonders in Zeiten des Umbruchs. Dann gilt es, neue Weltbilder im sozialen System Unternehmung zu verankern – in Zeiten von Change Management. Alte Schemata, die sich im Laufe der kognitiven Prozesse der Unternehmensmitglieder als Alltagswirklichkeit im Unternehmen gebildet haben, müssen überprüft, gegebenenfalls abgesetzt oder ergänzt werden, um dem Unternehmen einen Richtungswechsel oder eine Veränderung zu ermöglichen.

Informationsökonomik und Konstruktivismus bilden daher gemeinsam mit systemtheoretischen Konzepten entscheidende Einblicke in diese zentralen Handlungsfelder von Führungskräften in Unternehmen von heute. Sie lenken die Aufmerksamkeit auf das, was für Entscheider und für das Unternehmen von zentraler Bedeutung ist: die individuelle Interpretation der Lage (Weltbild) als allgemein verbindliche Arbeitsplattform für die gesamte Organisation. Diese Aufgabe beinhaltet nicht nur den reibungslosen Ablauf der Wissensökonomie. Führungskräfte ordnen das Unternehmen in den Gesamtkontext seiner internen Systemkomponenten und seiner externen Umwelt ein. Die Interpretation von Daten und damit deren Kontextualisierung bedeutet, dem System einen *Sinn* zu geben. Die Einordnung des Unternehmens in ein Weltbild begründet alle weiteren Aktivitäten. Weltbilder helfen, Vorstellungen kommunizierbar zu gestalten. Information und Kommunikation als Grundpfeiler zur Erarbeitung des Weltbildes und zur Verankerung sind Führungsaufgaben.

Definition von Wirklichkeiten als Machtinstrument

Gleichzeitig bedeutet die Definition von Wirklichkeiten für das Unternehmen ein zentrales Machtinstrument. Nach Berger und Luckmann schließt »Macht in der Gesellschaft die Macht ein, über Sozialisationsprozesse zu verfügen, und damit die Macht, Wirklichkeiten zu setzen.«[43] Sie konstatieren weiter – und ihre Sichtweise auf die Entstehung gesellschaftlicher Weltbilder kann auch für Unternehmen gelten:»Die monopolistischen Traditionen und ihr Sachwalter genießen in einer solchen Situation die volle Unterstützung der gesamten Machtstruktur. Wer die entscheidenden Machtpositionen innehat, ist bereit, seine Macht für die traditionellen Wirklichkeitsbestimmungen einzusetzen und sie der Bevölkerung [Mitarbeiter] autoritativ aufzuzwingen.«[44] Störungen durch andere Weltbilder sind demnach nicht akzeptabel und sollten unterbunden werden, sofern sie keine gewinnbringende konstruktive Veränderung ermöglichen.

Führungskräfte sind legitimiert, Einfluss auf andere auszuüben. Diese Rolle unterstreichen Berger und Luckmann ausdrücklich: »Wirklichkeit ist gesellschaftlich bestimmt. Aber die Bestimmung wird immer auch verkörpert, d. h.: Konkrete Personen und Gruppen [– Führungskräfte der Unternehmen –] sind die Bestimmer der Wirklichkeit.«[45] Diese Rolle kommt den drei Entscheider-Ebenen (Dirigenten, Solisten und Orchestermusikern) zu. Sie setzen den Rahmen, in dem sich die Mitglieder der Organisation verbindlich bewegen. Jede der drei Entscheidergruppen hat Zugang zu entscheidungsrelevanten Informationen und Machtressourcen, die sie individuell als Führungsperson charakterisieren und es ihnen ermöglichen, in ihrem Rahmen Weltbilder verbindlich zu setzen. Dabei wirken ihre Interpretationen und Vorstellungen in alle organisatorisch möglichen Richtungen – sprich: vertikal, aber, und das ist an dieser Stelle zu betonen, vor allem horizontal.

Führungskräfte sind bestrebt, ihre Vorstellungen durchzusetzen. Konflikte zwischen unterschiedlichen Weltbildern sind also wahrscheinlich – eine kritische Situation. Wirklichkeitskonstruktion kann auch eingesetzt werden, um das eigentlich gültige Weltbild anzufechten oder gar außer Kraft zu setzen. So können Solisten oder Orchestermusiker eigene Konstrukte bilden, um sich selbst zu positionieren und eigene Macht auszuspielen. Sie verfügen über genug Potenzial, um gegen den Dirigenten anzugehen.

Wahre Macht ist, zentrale Probleme im Unternehmen zu definieren. Alle nachgeordneten Ebenen haben ihr Handeln danach auszurichten. Es bedarf keiner Erklärung, dass diese Machtressource in ihrer globalen Gültigkeit für das Unternehmen am schwersten wiegt. Aber auch der Grad der Unsicherheit ist der höchste. Es handelt sich um die abstrakteste Ebene, die ohne bestehende Vorgaben arbeitet – sie ist es, die Sicherheit geben muss. Gleichzeitig ist das Risiko einer Fehlentscheidung jenes, das am schwersten für das Unternehmen wiegt. Die Unternehmensführung trifft daher die Unsicherheit exogener Faktoren am härtesten, und sie muss für nachgeordnete Ebenen ein sicheres Plateau bilden, damit diese gezielt und zielstrebig ihre Lösungs- und Handlungsoptionen ausarbeiten können. Diese Basis, der sich alle anderen Akteure im Unternehmen unterordnen sollen, stellt die Ebene der Dirigenten dar. Interpretation von internen und externen Faktoren führen zu einem Weltbild. Daraus resultierende Problemdefinitionen werden zur Bewältigung an untergeordnete Ebenen weitergeleitet.

Die bereits konstruierte Wirklichkeit und die daraus abgeleiteten Problemdefinitionen legen einen engen Spielraum für die Lösung fest: »Was soll getan werden?« Gerade weil die Lösung auf dem neuen Weltbild basiert, ist dies schon ein Ausdruck von Macht in Form von Legitimation. Definition von Lösung ist aber auch für sich genommen eine Machtressource. Subjektive Wirklichkeit aus Sicht des Akteurs führt dazu, dass nur »die eine Lösung« die richtige sein kann. Sie stellt die neue Wirklichkeit im Unternehmen dar, alle haben sich danach zu richten. Hier hilft das Bild vom Management-Orchester.

Den Solisten kommt insofern eine Schlüsselrolle zu, als sie zwischen den Ebenen der Orchestermusiker und des Dirigenten stehen. Die Informationsweitergabe von unten kann in das eigene Weltbild integriert oder daraus ausgeschlossen werden. Solche Prozesse finden statt, da zum Beispiel die Informationen vielleicht ein Risiko für die eigene Position bedeuten. Es besteht eine andere Gefahr: Das von oben vermittelte Weltbild wird anders interpretiert und um eigene Auffassungen bereichert nach unten weitergegeben.

Orchestermusiker haben die geringste Bandbreite möglicher Wirklichkeitsdefinition – auf dem Papier. Dafür tragen sie die unmittelbare Verantwortung für das operative Geschäft und damit für die Ziele, die von der Unternehmensführung gesetzt werden. Ihre Ressourcen sind Budgets, Arbeitskraft, Maschinen oder Material. Sie bestimmen, wer viel oder wenig Geld benötigt, und was die Prioritäten im Umsetzungsprozess sind. Schon allein deshalb sind sie in der Lage, ihr eigenes Weltbild zu etablieren und durchzusetzen. Konkurrierende Weltbilder aber schaden nicht nur und machen das Leben schwer. Indem Entscheider eigenmächtig handeln, ihre Macht missbrauchen oder ihr eigenes Weltbild gegen das der Dirigenten stellen, gefährden sie das Unternehmen. Purer Egoismus ist einer der Hauptgründe, warum Change-Programme scheitern.

Hinzu kommt: Die Aktualität der teils dramatischen und überfallartigen Entwicklungen führt zu einem Weltbild in ständiger Bewegung. Wiederum steigt die Gefahr unterschiedlicher Versionen. Konnten Auseinandersetzungen um ein gültiges Weltbild früher über einen längeren Zeitraum vorbereitet, mit Verteidigungsstrategien hinterlegt oder durch Koalitionen unterstützt werden, prallen heute konkurrierende Weltbilder zunehmend unvorhersehbar aufeinander. Umso mehr bedarf es einer Instanz, die Wirklichkeit definiert, um Handlungssicherheit zu schaffen.

Die Essenz von Führung ist die Verankerung von Weltbildern in Unternehmen. Jede Führungskraft, gleichgültig auf welcher Ebene, ist in der Lage, ein eigenes Weltbild zu bestimmen. Sie alle nutzen ihre Position und ihren Einfluss, eigene Wirklichkeiten zu schaffen und damit ihre Macht im Herrschaftssystem zu etablieren. Mehrere etablierte Weltbilder blockieren Entscheidungen oder Prozesse. Sie führen zu Konflikten. Sie lähmen das Unternehmen – oder sie führen es sogar in den Ruin. Gail Fairhurst und Robert Sarr verdeutlichen dies an einer situativen Beschreibung: »In den komplexen und chaotischen Umfeldern, in denen die meisten von uns heute arbeiten, können ›die Taten‹ in der einen oder anderen Weise erheblich ›beeinflusst‹ werden. Sicherlich würde es schwerfallen, die Realität bestimmter Ereignisse anzuzweifeln – etwa wenn das Computersystem zusammenbricht. Aber wenn es auch nur die geringste Unsicherheit gibt oder mehrere Möglichkeiten, warum das System nun eigentlich zusammengebrochen ist, dann ist die Wirklichkeit das, von dem wir sagen, dass es die Wirklichkeit ist.«[46] Übergeordnetes Ziel der obersten Führungsebene ist demnach, das Weltbild für alle verbindlich zu gestalten und zu implementieren, vertikal und besonders horizontal. Dort lauern die größten Gefahren.

Framing: Management von Weltbildern leicht gemacht

»Framing« nennen Fachleute die verbindliche Gestaltung eines Weltbilds. Der Frame – oder im deutschen (Deutungs-)Rahmen – entspricht dem Begriff des Weltbilds.

Framing kommt aus der Publizistik-, Kommunikations- und Medienwissenschaft und gewinnt dort an Bedeutung. Frame steht dabei für das Produkt selbst, Framing für den Prozess.

Ein Abnehmer ist die Politik, aber auch in Unternehmen macht das Konzept die Runde: Individuell interpretierte Informationen werden in Form von Bildern, Werten und Meinungen bei Lesern, Zuhörern oder Zuschauern platziert. »Frames strukturieren Informationen in Form von abstrakten, themenunabhängigen Deutungsmustern, welche Komplexität reduzieren und die Selektion von neuen Informationen leiten«, beschreibt Urs Dahinden in *Framing – Eine integrative Theorie der Massenkommunikation* dieses Phänomen.[47] Darüber hinaus ist Framing in der Lage, Interpretationsmöglichkeiten von Rezipienten einzuschränken, beispielsweise durch bewusste Reduzierung von Alternativen oder Sichtweisen.

Die Framing-Definition von Robert Entman ist wohl die am häufigsten zitierte: »To frame is to select some aspects of perceived reality and make them more salient in a communicating text, in such a way as to promote a particular problem definition, causal interpretation, moral evaluation, and/or treatment recommendation for the item described.«[48] Scheufele schreibt als Essenz verschiedener von ihm ausgewerteter Definitionen: »Frames kann man als Interpretationsmuster verstehen, die helfen, neue Informationen sinnvoll einzuordnen und effizient zu verarbeiten. Framing ist der Vorgang, bestimmte Aspekte zu betonen, also salient zu machen, während andere in den Hintergrund treten.«[49]

Frames haben nach Urs Dahinden zwei zentrale Funktionen: »[E]inerseits die Selektion von wahrgenommenen Realitätsaspekten und andererseits die Strukturierung von Kommunikationstexten über diese Realität.« Weiter formuliert er: »Im Gegensatz zum radikalen Konstruktivismus steht beim Framing nicht die rein individualistische, subjektive Perspektive im Zentrum, sondern die Konstruktion einer sozialen, das heißt für die Mitglieder einer Organisation gültigen Wirklichkeit. Framing kann nach unserer Einschätzung deshalb als ein gemäßigter konstruktivistischer Ansatz bezeichnet werden.«[50] Darüber hinaus können vier zentrale Elemente festgehalten werden. »[Frames] bieten zunächst eine *Problemdefinition*, die verbunden ist mit einer *Ursachenzuschreibung*. Des Weiteren wird eine *Bewertung* des Problems abgegeben, die auf moralischen oder anderen Werten beruhen kann und auch mit einer *Handlungsempfehlung* zur Löschung dieser Probleme verbunden ist.«[51]

Fairhurst und Sarr beschreiben im Allgemeinen den Prozess des Framings und zeigen, welche Ziele es verfolgt: »›To hold the frame of a subject‹ heißt, eine (oder mehrere) Bedeutungen über andere zu stellen. Teilen wir unsere Deutung einer Situation, einer Sache einem anderen Menschen mit (der Prozess des Framens), dann stellen wir bereits eine bestimmte Bedeutung her, weil wir davon ausgehen, dass unsere Interpretation zutreffender ist als andere Interpretationen des gleichen Ereignisses und daher eher akzeptiert werden sollte.«[52] Setzt der kommunizierte Frame also den Rahmen der weiterführenden Diskussion, können alle beteiligten Akteure sich nur innerhalb dieses Rahmens bewegen. Wenn die Unternehmensführung definiert, dass die Finanzkrise Bereich A betrifft, aber Teil B nicht, kann die Führungsetage aus Bereich A nicht über den Bereich B diskutieren, der gegebenenfalls aus ihrer Sicht ebenfalls beteiligt ist. Die Diskussion wird durch Grenzen abgesteckt und der Druck auf die Durchsetzung gelegt.

Jetzt zeigt sich das neue Machtverständnis: Der horizontale Machtkampf konzentriert sich auf die Bildung von Weltbildern. Denn Weltbilder durchzusetzen und andere zu bewegen, sich danach zu richten – das ist Macht.

Frames dienen dazu, unternehmensrelevante Informationen zusammenzufassen und in den gewünschten Zusammenhang zu stellen. Sie helfen auch, Weltbilder kommunizierbar und verbindlich zu installieren. Dahinden betont, durch »ihre mehrdimensionale Struktur geben Frames eine dichte Beschreibung von Themen, die mehr bieten, als dies in traditionellen standardisierten Inhaltsanalysen möglich ist.«[53]

Eine solche Wirkung kann nicht durch eine bloße Faktendarstellung geleistet werden, wie dies bei Visionen geschieht. »Die meisten Mitarbeiter in einem Unternehmen betrachten Unternehmensziele als eine jährlich stattfindende Veranstaltung, bei der schriftliche Statements über die erwünschten Ergebnisse für das Jahr veröffentlicht werden. Doch das ist nicht die einzige Art, wie Ziele gesetzt werden«, urteilen Fairhust und Sarr.[54]

Visionen sind ein entscheidendes Element und ein viel gepriesenes Muss in Change-Prozessen. Doch ihre Verbindlichkeit ist angreifbar. Eine Vision kann beispielsweise festlegen, ob die Finanzkrise das Unternehmen tangiert, welche Bereiche davon betroffen sind, welche Maßnahmen ergriffen werden müssen und wie radikal sie möglicherweise sein müssen. Sie grenzen aber nicht ausreichend zwischen den Konfliktparteien ab. Die Fakten bieten Raum für Interpretation. Sie können widerlegt werden. Auf Augenhöhe, wie es in horizontalen Konflikten der Fall ist, kann das fatale Auswirkungen haben. Es steht quasi Aussage gegen Aussage, und es kommt zu einem Vakuum oder einer Pattsituation. Konflikte werden nicht behoben, sie verhärten sich.

Visionen stehen dem Framing-Ansatz in ihrer Einflussmöglichkeit nach. Frames sind leichter zu kontrollieren. Sie decken eher Widerstände und Konflikte auf – und führen deshalb auch zu schnelleren Entscheidungen. »Sind erst einmal die richtigen Frames da, d. h., ist die Situation erst einmal entsprechend bewertet«, so Fairhurst und Sarr, »dann ergibt sich das richtige Verhalten quasi von selbst.«[55]

Was das bedeutet, zeigt eine Beobachtung von Lakoff und Wehling. Ein kleines Experiment soll Studierenden den Einfluss von kognitiver Wahrnehmung bewusst machen. An ihrem ersten Tag werden sie als erstes aufgefordert, nicht an einen Elefanten zu denken. Sie wissen sofort, dass es nicht geht. Menschen können nicht nichts denken. Ein Wort zu negieren bedeutet immer, den Frame zu aktivieren, der dem Wort seine Bedeutung zuschreibt. Das Gehirn ruft die Informationen zum Elefanten automatisch ab – ein Beispiel, wie Frames Menschen beeinflussen können.

Der strategische Nutzen von Frames lässt sich am sogenannten Framing-Effekt festmachen. Dieser Effekt tritt ein, wenn eine Person beispielsweise mehrfach mit einem bestimmten Frame in Kontakt gerät, diesen als wichtig empfindet und sich zukünftig schneller an ihn erinnern kann. Zentral ist, dass dabei die Wahrscheinlichkeit steigt, dass diese Person nicht andere Aspekte heranziehen wird, wenn sie sich ein Urteil bildet oder eine Entscheidung fällt.

Nicht nur der Frame selbst, sondern auch die Form der Präsentation ist entscheidend für die Wirkung. Es lässt sich anhand der Framing-Effekte eine Beeinflussungsmöglichkeit zeigen. Untersuchungen haben ergeben, dass dieser Effekt dann zum Tragen kommt, wenn das Schadensausmaß eines möglichen Ereignisses von den Betroffenen/Angesprochenen beurteilt wird. Im Falle des Change Managements findet eine solche Abwägung statt, wie die Matrix zur Risikobewertung und Einstellung bei organisatorischem Wandel aus Kapitel 3 zeigt. Die Betroffenen wägen ab, ob die

Veränderung ihnen schadet oder ob sie Profiteur sind und positionieren sich demnach gegenüber den anstehenden Neuerungen.

Auch die Ökonomie beschäftigt sich mit dem Begriff Framing. Die Sozialpsychologen Amos Tversky und Daniel Kahneman zum Beispiel, Nobelpreisträger für Wirtschaftswissenschaft 2002 für Arbeiten im Grenzgebiet zwischen Psychologie und Ökonomie, haben die Prospect Theory[56] entwickelt, einen psychologischen Ansatz zur Erklärung der Entscheidungsfindung in Situationen hoher Unsicherheit.

Diese Theorie zeigt auch, wie Framing in der Praxis wirkt, zum Beispiel anhand des ›Asian Disease Problems‹. Dabei wird eine Gruppe von Testpersonen gebeten, sich vorzustellen, dass eine tödliche Epidemie auf ihr Land zukommt, und 600 Personen vom Tod bedroht sind. Die Entscheidungen der Testpersonen bestimmen nun darüber, wie viele der Betroffenen überleben könnten (vergleiche hierzu Abbildung 37).

Zunächst werden zwei Entscheidungsoptionen zur Rettung von Menschenleben eingeführt. Mit dem Programm A können danach 200 Menschen sicher gerettet werden, mit dem Programm B besteht eine Chance von 1/3, alle Betroffenen zu retten, und eine Wahrscheinlichkeit von 2/3, dass alle Betroffenen sterben. Obwohl die durchschnittliche Zahl der Geretteten in beiden Optionen dieselbe ist, werden die Optionen deutlich unterschiedlich bewertet: 72 Prozent wählen die sichere Rettung für 200 Betroffene, also das Programm A, 28 Prozent der Testpersonen die Option B.

Einer zweiten Gruppe wurde dieselbe Entscheidungssituation vorgelegt, allerdings mit einem anderen Frame. Hier stand die Zahl der erwarteten Todesopfer im Mittelpunkt der Darstellung: Das Programm C hätte demnach den sicheren Tod von 400 Menschen zur Folge, das Programm D bedeutet, mit einer Wahrscheinlichkeit von 1/3 stirbt keiner, mit einer von 2/3 sterben alle Betroffenen. Erneut ist die Zahl der Toten im Schnitt dieselbe. Auch hier ist das Bild eindeutig: Nur 22 Prozent wählen Option C und 78 Prozent wählen das Programm D.

Es zeigt sich: Allein das Framing der Handlungsoptionen als Rettungs- oder Todesoption führte zu einem deutlich unterschiedlichen Entscheidungsverhalten, es fällt den Testpersonen erkennbar leichter, das sichere Überleben zu entscheiden, als den sicheren Tod. Auch wenn die Optionen im Kern dieselben Konsequenzen haben.

Abbildung 37: Die Nutzenfunktion verdeutlicht die verschiedenen Optionen A – D des Beispiels

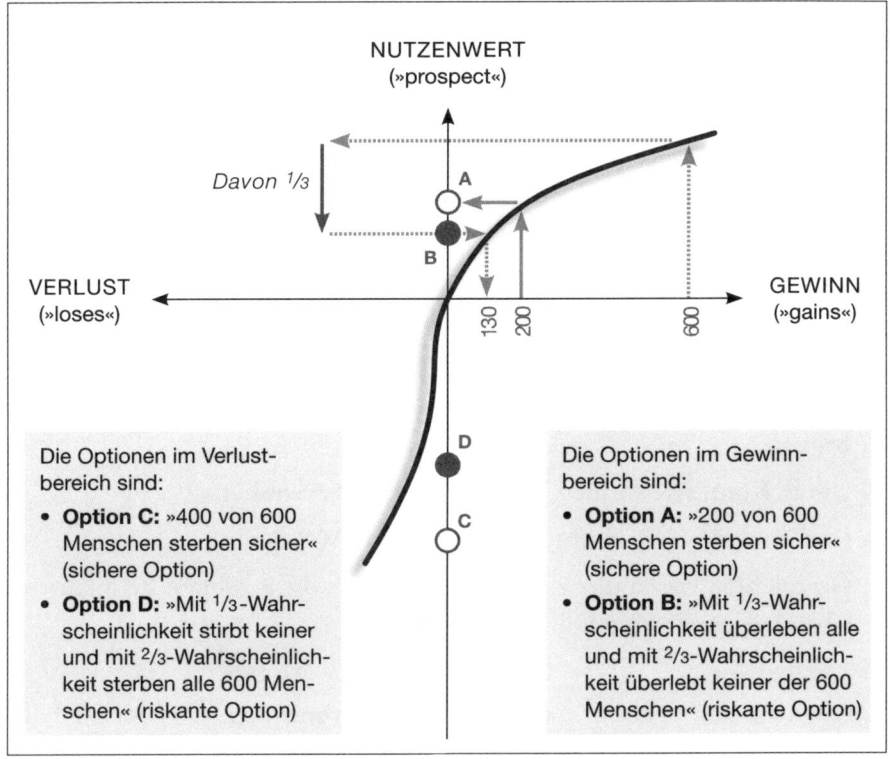

NUTZENWERT
(»prospect«)

Davon 1/3

A

B

VERLUST
(»loses«)

GEWINN
(»gains«)

130 200

600

D

C

Die Optionen im Verlust-
bereich sind:

- **Option C:** »400 von 600
  Menschen sterben sicher«
  (sichere Option)

- **Option D:** »Mit 1/3-Wahr-
  scheinlichkeit stirbt keiner
  und mit 2/3-Wahrscheinlich-
  keit sterben alle 600 Menschen« (riskante Option)

Die Optionen im Gewinn-
bereich sind:

- **Option A:** »200 von 600
  Menschen sterben sicher«
  (sichere Option)

- **Option B:** »Mit 1/3-Wahr-
  scheinlichkeit überleben alle
  und mit 2/3-Wahrscheinlich-
  keit überlebt keiner der 600
  Menschen« (riskante Option)

In Anlehnung an: Bertram Scheufele: *Frames – Framing – Framing Effekte*, 2003, Seite 33

Frames im Change-Management-Prozess

Die Bedeutung dieser Wirkung des Framings für Veränderungsprozesse ist kaum zu überschätzen. Anders als viele Manager vermuten, zählt eben nicht die »normative Kraft des Faktischen«. Die vermeintlich wertfreien Informationen können – je nach Frame – als positiv oder negativ interpretiert werden und damit völlig unterschiedliche Reaktionen hervorrufen.

Zusätzlich zu diesen sogenannten globalen Framing-Effekten nennen Fachleute eine Reihe weiterer Framing-Techniken: Das Attribute-Framing dürfte das bekannteste sein. Hier werden positive oder negative Eigenschaften eines Objektes durch Attribute transportiert und so Frames aktiviert. Diese Technik ist aus Medien wie dem *Spiegel* bekannt, die Persönlichkeiten zum Beispiel ein »Ex« voranstellen, um mit einer scheinbar wertfreien Information über die Vergangenheit die gegenwärtige Person zu charakterisieren. So wird aus einem Politiker ein »Ex-Aufsteiger«, aus einem Volksmusiker ein »Ex-Junkie«, und ein harmloses Attribut aktiviert ganze Vorstellungswelten beim Leser.

Um Frames optimal im Gedächtnis der Rezipienten zu verankern, bieten sich fünf Instrumente:

1. Durch Metaphern wird die Ähnlichkeit zu anderen, bekannten Botschaften hervorgehoben.
2. Insider-Sprache und Schlagworte fassen Aussagen in bekannte Begriffe.
3. Durch Kontraste werden Themen deutlich erkennbar.
4. Der Spin gibt einer Sache eine gewünschte Wendung.
5. Geschichten lassen ihre Kernaussagen durch die erzählten Beispiele lebendiger und verständlicher werden.

Framing ist nach Fairhurst und Sarr ein Instrument professioneller Führung: »Andere zu führen bedeutet im Grunde genommen, […] das Risiko auf sich zu nehmen und die Welt selbst zu interpretieren. Wir übernehmen eine Führungsrolle, ja, wir werden Führungspersönlichkeiten durch unsere Fähigkeit, komplexen und manchmal sogar verwirrenden Situationen einen Sinn zu geben und diesen anderen zu vermitteln.«[57] Es gilt, die richtigen Ausschnitte zu wählen, die richtigen Entscheidungen vor dem Hintergrund des Weltbildes zu treffen und eine klare Botschaft auszusenden: Sie legt die Marschroute verbindlich und damit als alleiniges Weltbild fest.

So sollte Führung heute verstanden werden. Framing wird zum Dreh- und Angelpunkt erfolgreicher Unternehmensführung. Der Frame kommt dabei einer ideologischen Darstellung des Weltbildes nahe. An ihm sollen sich die Beteiligten ausrichten und orientieren.

Ziel ist es nicht, in die Wertestruktur der Unternehmensmitglieder einzugreifen oder Menschen zu manipulieren – ein falsches Verständnis, das allzu leicht entstehen kann. Dies meint Ernst von Glasersfeld in seinen Überlegungen zum Konstruktivismus: »[M]an [kann] sagen, die Sprache übermittelt nicht, sondern, wie Humberto Maturana es ausdrückt, sie orientiert. Das deutet darauf hin, dass die Sprache kein Transportmittel ist, sondern dass man eben durch Sprechen bestenfalls die begriffliche Konstruktion der Zuhörer einschränken und in gewünschte Richtungen leiten kann. Aber man kann ihnen durch Wörter nie das vorschreiben, was man sie denken machen möchte.«[58]

Das Framing hilft, ein funktionales Verständnis von Macht aufzubauen und ein Weltbild für das Unternehmen planbar, kommunizierbar und kontrollierbar zu gestalten. Macht ist nach unserer Definition demnach: die Fähigkeit, das eigene Weltbild und dessen Implikationen als verbindlich in einer Organisation durchzusetzen und gleichzeitig andere Weltbilder ins Abseits zu stellen und damit deren Implikationen zu bekämpfen.

Ein funktionales Machtverständnis für das Management

So eröffnet sich ein neues Machtverständnis innerhalb der Unternehmensführung: Macht ist die Fähigkeit, aus einer Vielzahl von Möglichkeiten einen Realitätsentwurf durchzusetzen. Solche Macht hat gleich mehrere Vorteile und Funktionen:

- Einmal als Systemkonstante etabliert, profitiert die Macht von der Neigung der Systeme, sich selbst zu erhalten – wirkt also selbstverstärkend. Dabei sind sie auf die Definition von Weltbildern angewiesen. Diese Abhängigkeit des Systems ist gleichzeitig Grundlage für einen selbstverstärkenden Prozess des eingesetzten Machtpotenzials der Führungsgruppe. Deutlicher wird diese Dimension mit einem Zitat von Hartmut Bossel: »Alle [...] Systemreaktionen auf Anforderungen der Umwelt stellen im Grunde den Versuch dar, die Systemintegrität zu wahren (eventuell auch über eine lange Generationenfolge und über eine lange Zeit), selbst wenn das mit einer Veränderung der Systemidentität, d. h. des Systemzwecks verbunden ist. Aus dieser Beobachtung lässt sich ableiten, dass ein System, um seine langfristige Erhaltung und Entfaltung in einer unsicheren und oft feindlichen Umwelt zu sichern, sich (implizit oder explizit) an gewissen Leitwerten orientieren muss.«[59] Die erfolgreichen Frames der Führungsebene geben Leitlinien vor, an denen sich die gesamte Organisation und die einzelnen Mitarbeiter orientieren.

- Im besten Fall reichen Frames sogar so weit, dass sie Bestandteil der Wertestruktur des Unternehmens und ihrer sozialen Systeme werden. Talcott Parson erkannte schon 1976: »Der Fokus der Strukturerhaltung richtet sich [...] auf die Strukturkategorie der Werte. Die wesentliche Funktion liegt [...] in der Erhaltung der Stabilität.«[60] Es wird deutlich, dass die durchgesetzten Frames sich mit einer gewissen Eigendynamik aufbauen und schützen. Die Weltbilder, die von einer Mehrzahl der Beteiligten akzeptiert werden, haben eine wichtige Funktion. Sobald sie eine hinreichende Akzeptanz gefunden haben, bestärken sie sich selbst und reduzieren so Unsicherheit und das Risiko, mit den eigenen Entscheidungen völlig falsch zu liegen. Das heißt: Wer Macht ausübt, kann eine gewisse Zeit sicher sein, dass ihm diese Macht auch erhalten bleibt.

- Macht ist eine »universelle« Währung. Sie lässt sich tauschen – gegen Geld, Status oder Reputation. Ist der Frame im Unternehmen erst aktiv, liegen die Vorteile der Machtinhaber auf der Hand. Fred Hirschs Monografie *Social Limits to Growth*, ebenfalls aus dem Jahr 1976, spricht von der Existenz einer besonderen Güterart, eben von Positionsgütern. Hirsch definiert sie so: »Die Ökonomie der Positionsgüter [...] bezieht sich auf alle Eigenschaften von Gütern, Dienstleistungen, Berufspositionen und andere gesellschaftliche Verhältnisse, die entweder 1. absolut oder gesellschaftlich knapp sind oder 2. bei extensiverem Gebrauch zu Engpässen führen.«[61] Wer ein Positionsgut für sich beanspruche, ergänzt der bekannte Konflitforscher Erich Weede, »muss dazu beitragen, dass andere es nicht erwerben können«.[62] Wer Bundeskanzler ist, muss anderen Aspiranten den Zugang zu diesem Amt verwehren. Offensichtlich kann nicht jeder Kanzler sein. Beim Kampf um Positionsgüter komme es nicht auf die absolute Ressourcenausstattung an, sondern darauf, dass man mehr als andere habe – beispielsweise Wählerstimmen, Geld oder Prestige. »Wer eine Führungsposition einnimmt, verwehrt deshalb anderen den Zugang zu dieser Führungsposition.«[63]

- Diese Macht hat eine entscheidende funktionale Dimension: Sie erleichtert die Führung eines Unternehmens. Schon das intensive Bewusstsein für Macht kann zur Vermeidung von Konflikten beitragen.

Die Macht des Framings wird nicht nur unterschätzt. Sie ist in vielen Fällen als Instrument für die Durchsetzung der Interessen und Ziele der Unternehmführung nicht einmal bekannt. Dabei sind Frames das ideale Instrument, um Change-Prozesse effizienter zu gestalten. Damit verliert auch der Begriff Macht seine schädliche Wirkung: Im Framing dient Macht dem Allgemeinwohl.

Anmerkungen

1 Wolff, Birgitta: Gabler Wirtschaftslexikon zum Begriff Informationsökonomik, http://wirtschaftslexikon.gabler.de/Definition/informationsoekonomik.html
2 Ebd.
3 Forst (1999): Information und Wissen (Teil 1): Die neuen betrieblichen Ressourcen, in: *doculine News,* Februar 1999, http://www.doculine.com/news/1999/Februar/info-wiss.htm.
4 Schwarze (1998), S. 24 (Fußzeile 19).
5 In enger Anlehnung an Homburg (2000), S. 101 f.
6 Fink, Dietmar und Knoblach, Bianka (2009): *Wie Manager ihre Realitäten konstruieren – Weltbilder und Modethemen,* in: Oltmanns et al. (2009), S. 4 f.
7 Neuberger (2002), S. 597.
8 Watzlawick (2008), S. 23.
9 Glasersfeld (1997), S. 22.
10 Schmidt (2003), S. 14.
11 Varela (1993), S. 39.
12 Maturana (1998), S. 22 und 24.
13 Glasersfeld (1997), S. 22.
14 Lakoff und Wehling (2009), S. 16.
15 Ebd., S. 17.
16 Kuffler und Nichols (1976) zitiert nach Varela (1993), S. 39.
17 Berger und Luckmann (1969), S. 21 f.
18 Ebd., S. 26.
19 Ebd., S. 54.
20 Ebd.
21 Ebd., S. 55.
22 Ebd., S. 56.
23 Ebd.
24 Fink/Knoblach (2009), S. 7.
25 Luhmann (1984), S. 30.
26 Ebd., S. 31.
27 Ebd., S. 50.
28 Ebd., S. 50 f.
29 Mutualismus, mutualistische Symbiose: Form der Symbiose, bei der verschiedene Or-

ganismenarten zum beiderseitigen Nutzen zusammenwirken, wobei diese Organismen jedoch weitgehend getrennt voneinander leben.

30 Ebd. S. 66 f.

31 Luhmann (1986), S. 269.

32 Luhmann (1984), S. 95.

33 Stahl und Hejl (2000), S. 17 f.

34 Taylor, Shelley E. und Crocker, Jennifer (1981): Schematic bases of social information processing, in E. T. Higgins et al.: *Social Cognition – The Ontario Symposium on Personality and Social Psychology*, S. 89–134.

35 Maturana (1998), S. 63.

36 Merten (1999), S. 64.

37 Scheufele (2003) S. 14; Beispiele für Originalquellen a. a. O.

38 Hejl (2000), S. 57.

39 Wöhe und Döring (2008), S. 52.

40 *Süddeutsche Zeitung* (2007): »Getrieben vom Markt«, Interview mit Michael Frenzel, 26. 07. 2007, http://www.sueddeutsche.de/wirtschaft/541/342383/text/.

41 *Zeit online* (2009): Dieses Jahr vergisst keiner, Interview von Götz Hamann und Arne Storn mit Burkhard Schwenker, 23.11.2009, http://www.zeit.de/2009/48/Interview-Schwenker.

42 Schwenker (2008).

43 Berger und Luckmann (1969): S. 128.

44 Ebd., S. 130.

45 Ebd., S. 124.

46 Fairhurst und Sarr (1999), S. 23.

47 Dahinden (2006), S. 308.

48 Entman, Robert (1993): Framing – Toward Clarification of a Fractured Paradigm, in: *Journal of Communication*, Vol. 43, 4. S. 51–58

49 Scheufele (2003), S. 33.

50 Dahinden (2006), S. 14 und S. 309.

51 Ebd., S. 14.

52 Fairhurst und Sarr (1999), S. 22.

53 Dahinden (2006), S. 308.

54 Fairhurst und Sarr (1999), S. 47.

55 Ebd., S. 22.

56 Nähere Erläuterungen zur Prospect Theory in Zusammenhang mit Framing siehe: Volker Stocké (2002): Framing und Rationalität: die Bedeutung der Informationsdarstellung für das Entscheidungsverhalten, S. 87 f.

57 Fairhurst/Sarr (1999), S. 20.

58 Glasersfeld (1995), S. 39.

59 Bossel (2004), S. 47.

60 Parsons (1976), S. 15.

61 Hirsch (1980), S. 52.

62 Weede, Erich (2003): Evolution und Planung: Überlegungen zur Wirtschafts- und Friedensordnung, in: *Analyse & Kritik – Zeitschrift für Sozialtheorie*, 2003 (25), Heft 1, http://www.analyse-und-kritik.net/2003-1/AK_Weede_2003.pdf.

63 Weede (1992), S. 128.

Kapitel 7

Wie man Change richtig macht

Bisher haben wir die Grundzüge eines konstruktivistischen Verständnisses von Führung formuliert und die Verankerung von Weltbildern für die Unternehmung als die zentrale Aufgabe des Managements beschrieben. Damit ergänzen wir die betriebswirtschaftliche Betrachtung um eine funktionale Dimension der Macht. Sie ist nicht mehr nur Störfaktor eines idealen Marktes, sondern eine Möglichkeit, um Effizienz zu erreichen. Am Beispiel des Change Managements wird dies besonders deutlich. Bisher zielt das Change Management vor allem darauf ab, vertikale Konflikte abzumildern. Weil deren Zahl und Härte jedoch abnimmt und mehr horizontale Konflikte auftreten, kommt der Macht als einer Möglichkeit, Konflikte zu entscheiden, eine wichtige Rolle zu.

Konflikte entscheiden: Eine Managementaufgabe

Wir haben Macht als die Fähigkeit definiert, das eigene Weltbild als verbindlich durchzusetzen. Dies bedeutet, dass eine bestimmte Interpretation der Realität als gültig anerkannt und seine Konsequenzen realisiert werden, selbst wenn nicht jeder von dieser spezifischen Weltsicht überzeugt sein sollte.

Die Etablierung eines solchen Rahmens erfolgt in drei Phasen, das Ziel ist es, Konflikte auch im Bereich der Führung zu entscheiden und damit schnell die Umsetzung der beabsichtigten Veränderungen zu erreichen. Dieser Prozess kann dabei erheblich dazu beitragen und so den Wandel deutlich beschleunigen (dies wird in Abbildung 38a deutlich).

Abbildung 38a: Der neue Ansatz verringert gezielt den Grad der Beeinflussung durch Konflikte

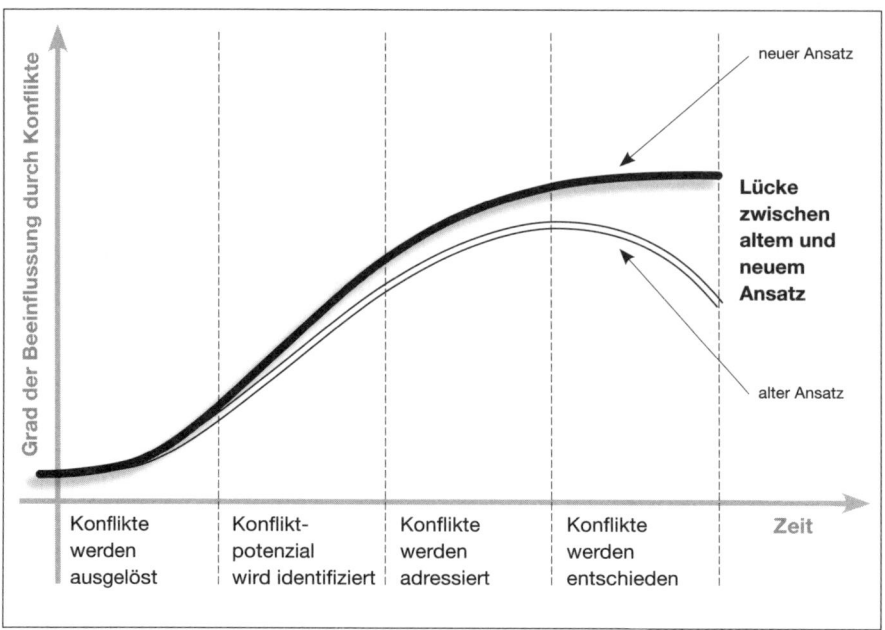

Neue Ziele wecken nicht nur irrationale Ängste, sondern auch rationale Kalküle: Wie valide ist die Analyse, wie überzeugend sind die Ableitungen, werde ich durch den Umbau verlieren oder gewinnen? Auch Teile des Managements konzentrieren sich in Umbruchsituationen auf diese Fragen, die Konflikte auslösen können. Hier gilt es, das neue Weltbild rasch und nachhaltig zu verankern, Mut zur Entscheidung von Konflikten zu zeigen und nicht darauf zu setzen, dass Change-Management-Experten die Widersprüche im Rahmen der schrittweisen Implementierung und im Laufe der Zeit weitgehend auflösen werden.

Strategische Analyse – den Konfliktfall antizipieren

Der Wandel und damit ein neues Realitätsverständnis sollte strategisch geplant und systematisch verankert werden. Dafür sind drei Schritte notwendig: die Bildung eines geeigneten Weltbildes, die Formulierung eines geeigneten Frames und die Definition von Instrumenten für die Durchsetzung. Zur Durchsetzung gehört es, den Frame zu kommunizieren, Riten zu seiner Verankerung zu etablieren, konkurrierende Interessen früh zu erkennen und mit Anreizen und Sanktionen darauf zu reagieren.

Abbildung 38b: Die Entscheidung von Konflikten
erhöht die Effizienz der Veränderung

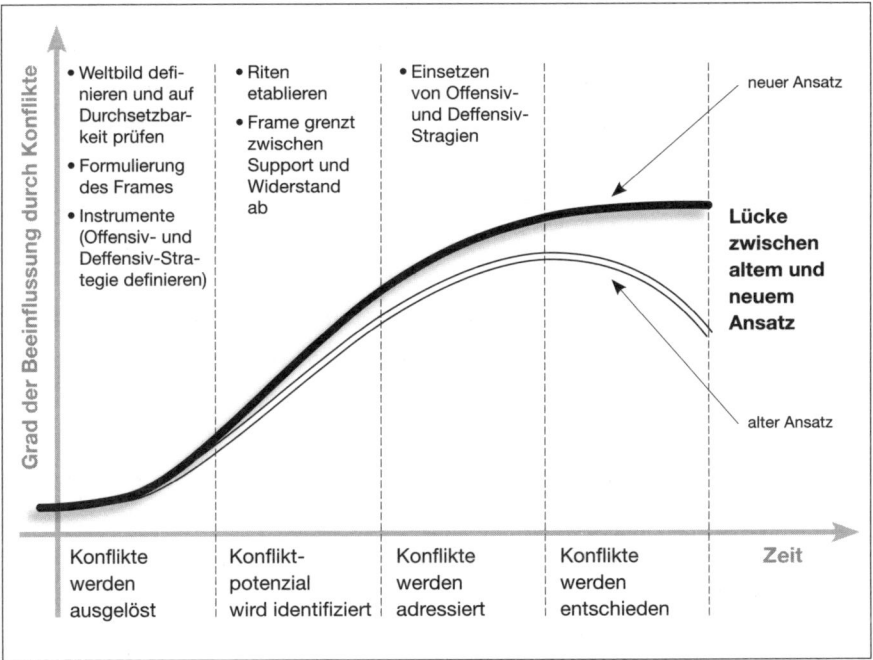

Zuerst geht es darum, das neue Weltbild zu definieren. Dazu reichen die Aufbereitung der Zahlen und schmissige Parolen nicht aus. Es geht darum, eine Geschichte zu erzählen, die Gut und Böse unterscheidbar macht und die Mitarbeiter mit der Zwangsläufigkeit der Veränderung konfrontiert. Wichtig ist auch, dass dieses Weltbild darauf abgeklopft wird, ob und wie es sich gegen konkurrierende Interpretationen verteidigen lässt und Spielräume für weitere Veränderungen lässt.

Ein Weltbild soll und muss kommuniziert werden – jedoch erst dann, wenn die Führung des Unternehmens sich über das Konfliktpotenzial auf der horizontalen Ebene im Klaren ist und weiß, welche Maßnahmen nötig wären, um das Weltbild durchzusetzen, und ob es über das Vermögen verfügt, diese Maßnahmen auch wirklich durchzuführen. Mit anderen Worten: Nicht nur die vermeintlich nüchternen Daten sollten über Start und Richtung des Veränderungsprozesses entscheiden, sondern auch die Einschätzung der eigenen Fähigkeiten, die gewünschte Art von Change auch gegen Widerstand zu realisieren.

Dazu gehört eine nüchterne Analyse der eigenen Position – auch das Topmanagement ist nicht automatisch in der Lage, seine Ansichten durchzusetzen, es muss sich kritische Fragen nach der eigenen Durchsetzungsfähigkeit beantworten. Eine Konsequenz solcher Prüfungen kann die Einsicht sein, dass die Umsetzung aussichtslos ist, ein kritisches Stadium erreicht hat und kurz davor steht, zu scheitern. So werden bereits im strategischen Planungsprozess oder in der Konzeptionsphase für das Change Management anhand einer detaillierten Situationsanalyse die eigene Lage und die Position möglicherweise konkurrierender Weltbilder in Bezug auf die jeweilige Durchsetzungsfähigkeit genauer bestimmt sowie das Verhältnis von Chancen und Risiken austariert.

Der Frame, den es hier zu setzen gilt, wird also bereits vor Beginn des eigentlichen Managements der Veränderungen kritisch hinterfragt. Für diese Analyse bietet sich ein klassisches Tool der Betriebswirtschaftslehre an: die SWOT-Analyse (für Strenghts, Weaknesses, Opportunities, Threats). Sie soll Aussagen über Chancen und Risiken sowie Stärken und Schwächen eines Unternehmens transparent einander gegenüberstellen. Stärken und Schwächen beschreiben die Ressourcen und Fähigkeiten der Führung in Hinsicht auf die Durchsetzungsfähigkeit des Weltbildes. Chancen und Risiken dagegen analysieren die Situation des Unternehmens, dessen dynamische Prozesse sowie Veränderungen des Verhaltens bei betroffenen Akteuren, die das Weltbild unterstützen oder gefährden könnten.

Wer seine Durchsetzungsfähigkeit in Stärken und Schwächen bemisst, muss sich zunächst einmal Gewissheit darüber verschaffen, wer im Management in welcher Form von der Veränderung konkret betroffen ist. Nur relevante Helfer oder Konkurrenten sind für eine Betrachtung der eigenen Stärken und Schwächen bedeutend und ermöglichen eine gezielte Analyse. Nur wer direkt Einfluss nehmen kann, sei es in positiver oder negativer Form, wird in die Überlegung einbezogen, ob ein Weltbild ausgerufen wird oder nicht. Entscheider können dabei besser, aber auch schlechter gestellt werden – ganz im Sinne der intrinsischen und extrinsischen Arbeitsmotive (Machtsituation, sozialer Status etcetera). Vier grundsätzliche Varianten sind hierbei denkbar:

1. Alle Entscheider profitieren vom neuen Weltbild.
2. Kein Entscheider profitiert oder wird schlechter gestellt.
3. Wenige Entscheider werden schlechter gestellt.
4. Viele Entscheider werden schlechter gestellt.

Profitieren alle Entscheider von der anstehenden Veränderung analog dem Weltbild, besteht kein Handlungsbedarf. Es gibt keine Unsicherheiten, zum Beispiel Angst um die eigene Karriere oder vor einer Neuverteilung der Ressourcen. Die langfristige Perspektive, die in herkömmlichen Change-Situationen häufig unter die Räder kommt, bleibt erhalten und löst kein eigeninteressiertes Verhalten aus. Ebenso besteht kein Handlungsbedarf, wenn keiner der Entscheider von der Veränderung profitiert oder schlechter gestellt wird (möglich bei der Auflösung eines Unternehmens). Sind wenige Entscheider oder sogar viele Entscheider im Unternehmen durch den neuen Frame schlechter gestellt, so ist die Wahrscheinlichkeit von Konflikten hoch. Man kann auch davon ausgehen, dass in dieser Situation die Anzahl konkurrierender Weltbilder steigt. Umgekehrt gilt: Je mehr Entscheider von der Veränderung profitieren, desto größer ist die Zahl der Unterstützer.

Variante 1 und 2 sind also kein Grund zur Aufregung. Gefährlich sind dagegen die Varianten 3 und 4. Schon eine kleine Minderheit im Management kann großes Konfliktpotenzial entwickeln. Es kommt also nicht so sehr darauf an, wie viele Führungspersonen sich querstellen, sondern welche Qualität ihr Widerstand hat. Die bloße Zahl der Entscheider, die mutmaßlich schlechter gestellt werden, dient lediglich der Einschätzung der Lage. Dennoch sollten sie identifiziert werden, und zwar mit dem jeweiligen Grad der Betroffenheit.

Erst auf dieser Basis ist eine systematische Analyse von Stärken und Schwächen möglich. Die zentrale Frage dabei lautet: Besteht ausreichend Durchsetzungskraft im Topmanagement, das Weltbild verbindlich und notfalls gegen konkurrierende Weltbilder und Akteure im Unternehmen zu verankern?

Kein leichtes Unterfangen. Viele Detailfragen sind damit verbunden: Was legitimiert eigentlich das eigene Weltbild? Wie realistisch ist es überhaupt? Was hilft wirklich, das Weltbild zu verankern? Oder: Welche Machtinstrumente stehen für die Durchsetzung zur Verfügung? Welche Positionsgüter könnten entzogen werden? Wer ist ein Mitstreiter und kann womöglich als Unterstützer mit seinem eigenen Machtpotenzial eingesetzt werden? Schwächen der Gegner bedeuten eigene Stärken: Wo sind Konkurrenten verletzlich und angreifbar? Wer ist leicht zu überzeugen? Welche Abhängigkeitsverhältnisse bestehen, die genutzt werden können? Dabei handelt es sich um einen äußerst selbstkritischen Prozess. Unbequeme Wahrheiten tun weh. In *Mastering the Power Zone* schreibt Claudia Heimer: »The challenge is to stop thinking about yourself as a lone hero while you consider the specific change situation you have initiated or are faced with. You live and work in groups and somebody helped you get to where you are now. Who is helping you stay where you are and support you?«[1]

Das ist bitter nötig: Was sind die eigenen Schwächen? Wie angreifbar bin ich und wo? Wo bestehen Unsicherheiten hinsichtlich der eigenen Position? Welche Argumentationslücken gibt es? Welche konkurrierenden Weltbilder gibt es? Was legitimiert ihr Weltbild? In welcher Position stehen die Konkurrenten zum eigenen Weltbild? Wie stark ist der Einzelne oder die Koalition insgesamt? Welche Machtinstrumente zur Durchsetzung des Weltbilds stehen ihr zur Verfügung? Es geht in erster Linie darum, herauszufinden, wer gegen das Weltbild arbeiten wird, um im Anschluss daran zu definieren, wie stark der Widerstand sein könnte und mit welchen Mitteln er möglicherweise ausgetragen wird.

Lutz von Rosenstiel nennt es naiv, Führungskräfte als rein rationale Akteure zu deuten, die ausschließlich im Sinne des Unternehmenswohls agieren, ausschließlich ihrer sozialen oder funktionalen Rolle gerecht werden, Individualinteressen hintanstellen und auf die Bewertung von Zielen und

Vorgaben verzichten. Tatsächlich ist es realistischer, anzunehmen, dass die Akteure mögliche Alternativen abschätzen und sich bei ihrer Entscheidung auch davon abhängig machen, welchen persönlichen Sanktionen sie bei ihrer Verfolgung ausgesetzt sein könnten. Und natürlich: Es werden Opportunitäten bewertet. Die Gefahr steigt, Schlüsselfiguren zu verlieren. Die Leistungsstärksten machen sich als Erste davon – die Probleme werden größer.

Entscheider-Landkarte

Führungspersonen, die in einem ersten Schritt als betroffen identifiziert worden sind, genießen also ganz besondere Aufmerksamkeit. Es gilt nun, sich einen konkreten Überblick über ihre Beziehungsstrukturen und die möglichen Konstellationen einer Konfliktsituation auf horizontaler Ebene zu verschaffen – es entsteht eine Landkarte, ein realistisches Abbild der gegenseitigen Verhältnisse in der eigenen Führungsmannschaft. Erst dann ist mit der Analyse der Stärken und Schwächen eine eigene Standortbeschreibung möglich: Wo stehe ich selbst? Auf welche Mitstreiter kann ich bauen? Oder anders: Es wird klar, ob man selber in der Lage ist, das Weltbild verbindlich zu platzieren. Heimer unterscheidet vier »Verhaltenskoalitionen«, um die Verhältnisse zwischen den Führungskräften zu kategorisieren und anschaulich zu gestalten:[2]

- Kooperation
- Potenzielle Zusammenarbeit
- Potenziell konkurrierend
- Konkurrierend

Anhand solcher Einschätzungen können alle Akteure mit Blick auf ihre Interessen im Veränderungsprozess eingeschätzt und auch die Frage beantwortet werden, wie repräsentativ bestimmte Haltungen für ein Unternehmen sind. Lassen sich starke Widerstände oder Gruppen von Veränderungsverlieren erkennen – dann ist es vielleicht höchste Zeit, den geplanten Wandel noch einmal zu überdenken. Ein Ergebnis dieser Betrachtungen ist eine Übersicht, wer wie stark von der Veränderung profitiert, wie tief die

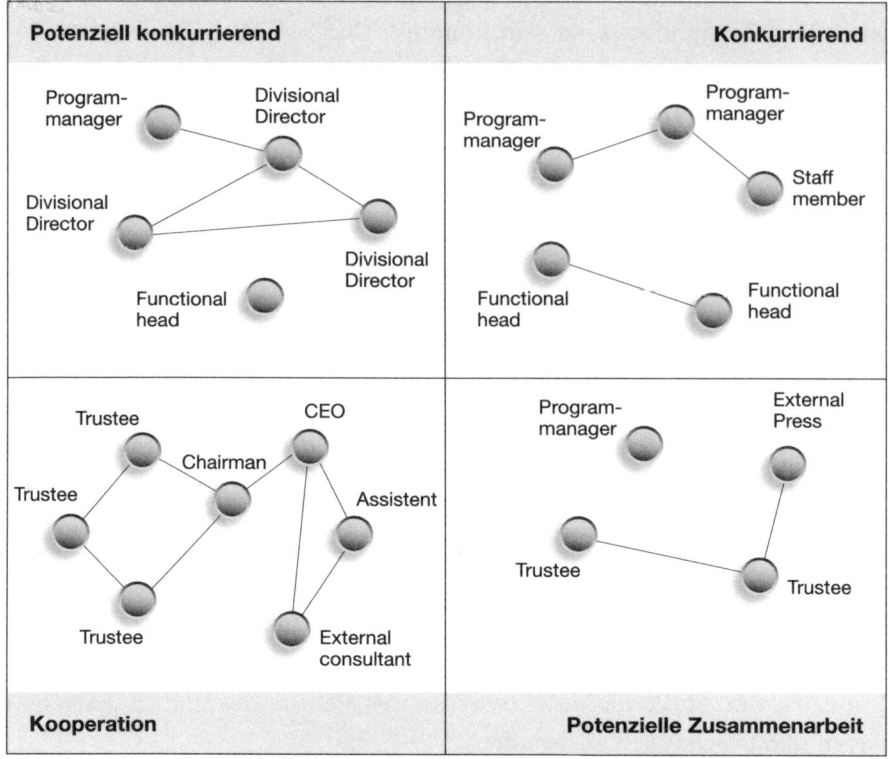

In Anlehnung an: Claudia Heimer: *Mastering the Power zone*, 2007, The Ashridge Journal

Einschnitte der Veränderung sind, wessen Interessen sich gegebenenfalls im Gesamtprozess noch berücksichtigen lassen, und welche Lösungen außerhalb des Möglichen liegen.

Systematische und schonungslose Analyse der eigenen Stärken und Schwächen

Es ist anzunehmen, dass die Führung von Unilever in dem von uns geschilderten Fall von Veränderungsmanagement mithilfe dieser Betrachtungen zu einem anderen Verständnis ihres Wachstumsprogramms gekommen wäre.

Immerhin handelt es sich offenbar um einen Fall, bei dem die Veränderung nicht am massiven Widerstand der Belegschaften, sondern an der Ablehnung vieler hoch betroffener Manager gescheitert ist. Die Change-Manager hätten diesen Umstand mithilfe einer systematischen Analyse der eigenen Stärken und Schwächen in Bezug auf den Veränderungsprozess entdecken können. Sie hätten das Change-Programm und in der Folge auch die Verankerung des neuen Weltbildes entscheidend anpassen können.

Chancen und Risiken für die Durchsetzung eines Weltbildes

Neben den Stärken und Schwächen sollten die Chancen und Risiken für die Durchsetzung eines Weltbildes nicht in den Hintergrund rücken. Sie

Abbildung 40: Handlungsbedarf und Handlungsspielraum sind abhängig vom Unternehmenszustand

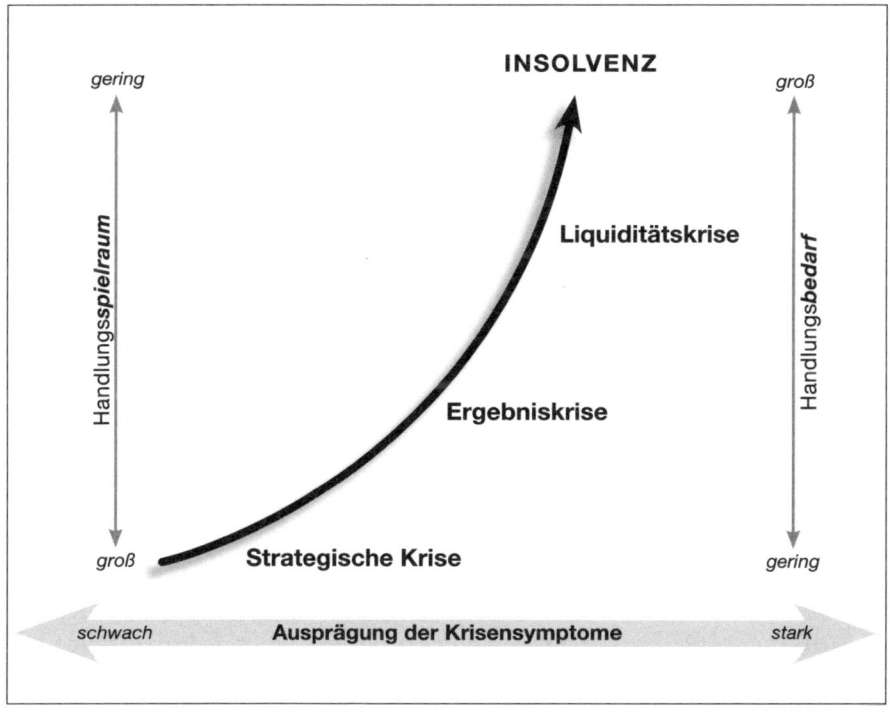

In Anlehnung an: Brunke und Klein

verdeutlichen die Handlungsspielräume und Handlungsbedarfe für eine Unternehmensführung in einer Veränderungssituation. Selbstverständlich analysieren die Unternehmen am Beginn eines solchen Prozesses die Art der Krise, in der sie sich befinden (Abbildung 40). Die wenigsten jedoch brechen diese Einsicht auf die Analyse der Profiteure und Verlierer in einem Change-Prozess herunter.

Krisen sind durch eine Reihe externer und interner Faktoren definiert:

Extern:

- Kundenebene (Stammkundenverlust, hohe Außenstände, Forderungsausfälle viele Kundenbeschwerden)
- Marktsituation (steigender Wettbewerb, Verlust an Marktanteilen, sinkende Umsätze, zunehmender Preisdruck)
- Finanzgeber (schlechtere Konditionen wie höhere Zinsen etc., Vertrauensschwund, Rahmenkürzung, Kündigung von Engagements)
- Politik/öffentliches Leben (neue Richtlinien, neue Gesetze, Gesellschaftswandel)
- Lieferanten (nachlassende Liefertreue, schlechtere Konditionen (für betroffene Firma), Lieferung nur noch gegen Vorauskasse)

Intern:

- Management (unklare Verantwortungsbereiche, ständiges Aufschieben von Entscheidungen, hohes Maß an persönlichen Differenzen, hartes Arbeiten ohne erkennbares Resultat)
- Personal (wichtige Positionen werden nicht besetzt, Personal ist nicht ausgelastet, sinkende Produktivität, hohe Fluktuation, hohe Fehlzeiten)
- Finanzen (Liquiditätsreserven schrumpfen, ständiges Überziehen der Kreditlinie, pünktliches Rechnungzahlen nicht mehr möglich, Kredite können nicht mehr bedient werden)
- Controlling (Zahlen nicht aktuell oder gar nicht verfügbar, schlechte Strukturierung der Zahlen, Zahlen oft unbrauchbar, Kontoauszüge dirigieren das Management)
- etcetera

Es sind unterschiedliche kritische Situationen denkbar: Das Unternehmen befindet sich in einer *strategischen Krise:* es hat sich verfahren. Es gibt die *Ergebniskrise:* Umsätze brechen weg, die Kosten explodieren. Daraus entsteht leicht eine – Alarmstufe rot! – *Liquiditätskrise:* Das Geld wird knapp, und wenn alle Stricke reißen, die Insolvenz – das Geld ist alle. Ende. Aus die Maus.

Eine strategische Krise bedeutet nicht nur ein dringendes aktuelles Problem. Sie kann auch bedeuten, dass die Firma in Zukunft von einer Krise bedroht sein könnte und deshalb erster und ernster Veränderungsbedarf besteht. Dabei ist der bestehende Handlungsspielraum groß und der Handlungsbedarf vergleichsweise gering. Dieses Krisenstadium ist also weniger dringlich, aber auf keinen Fall zu unterschätzen: Die Übergänge der Zustände sind fließend und werden häufig zu spät erkannt. Sicherheit ist trügerisch – plötzlich ist es zu spät. In dieses Szenario passen proaktive Strategiewechsel, zum Beispiel ein sogenanntes anorganisches, also künstliches Wachstum durch Akquisitionen oder den Zusammenschluss mit einem Konkurrenten. Merger haben in der Regel den Sinn, einer drohenden Übernahme zuvorzukommen und anschließend in Einzelteile zerlegt zu werden.

In einer Ergebniskrise brechen Umsätze und Gewinne weg. Sie zeigt also bereits empfindlich spürbare Symptome von Schwäche. Die Dringlichkeit ist höher als bei einer strategischen Krise. Der Handlungsspielraum beginnt kleiner zu werden. Nicht alle offensiven Strategien lassen sich ab diesem Stadium noch realisieren. Das Change Management ist zunehmend einem höheren Widerstand ausgesetzt. Hoffnungen auf langfristige Optionen lösen sich bereits zu diesem Zeitpunkt in Luft auf. Beispiel Unilever: Der harte Wettbewerb drückt auf den Profit. Zusätzlich geraten die Gewinne durch die Kannibalisierung der verschiedensten Hausmarken unter Druck. Gleichzeitig beginnt das Unternehmen, unter der Kostenlast zu ächzen. Vermeintliche Fehleinkäufe verschärfen das Problem.

Der Fall der Liquiditätskrise beschreibt bereits eine Form des Endstadiums. Das Unternehmen kann die ersten Verbindlichkeiten nicht mehr begleichen, der Handlungsspielraum für offensive Gegenmaßnahmen wird bedrohlich kleiner. Die langfristigen Optionen der Führungskräfte schrumpfen nun dramatisch. Gleichzeitig wird der Handlungsbedarf für die Durchsetzung des Weltbildes immer größer. Das Tempo der Veränderung ist hoch. Der Druck auch. Das letzte Stadium: kurz vor der Insolvenz. Das Unternehmen zieht die Notbremse, um den Zusammenbruch abzuwenden. Die Handlungsspielräume sind nun äußerst gering, dafür ist der Grad der Dringlichkeit am höchsten. Beispiel Bundeswehr und g.e.b.b.: Die Dringlichkeit für eine Veränderung war hoch, das zeigte allein schon der Einsatz der Weizsäcker-Kommission. Budgets wurden stetig weiter gekürzt. Die Schere zwischen Einsatzfähigkeit und Einsatzbedarf war bereits gefährlich weit aufgegangen.

Um das Risiko des Scheiterns für konkrete Veränderungsprojekte einzuschätzen, sollte eine Risikomatrix (wie in Abbildung 41 veranschaulicht)

Abbildung 41: Schlüsselrisiken ergeben sich aus Eintrittswahrscheinlichkeit und Relevanz

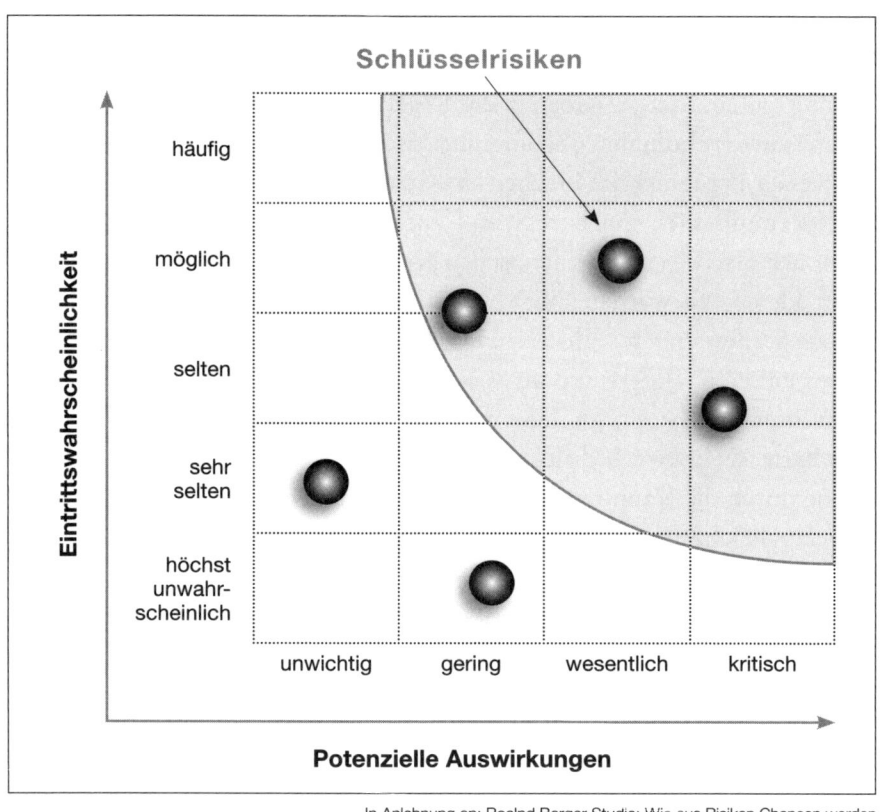

In Anlehnung an: Roalnd Berger Studie: Wie aus Risiken Chancen werden

verwendet werden. Eine solche Analyse hat bisher vor allem in der Debatte über die strategische Ausrichtung eines Unternehmens ihren Platz, nicht aber bei der Diskussion der notwendigen Veränderungsprojekte. Gerade hier kann sie aber genutzt werden, um die möglichen Risiken und deren Eintrittswahrscheinlichkeiten einzuschätzen. Die daraus resultierende Liste zeigt die Schlüsselrisiken für den geplanten Change-Prozess.

Für die Aufstellung der möglichen Risiken sind Kreativität und Antizipation mindestens ebenso wichtig wie quantifizierbare Faktoren. Von der Veränderung Betroffene verhalten sich mitunter überraschend, ihr Verhalten lässt sich nicht aus dem bisher Beobachteten fortschreiben. Auch können vermeintlich sichere Unterstützer die Seiten wechseln. Ebenso können sich zunächst als wesentlich angesehene Kriterien, etwa aktuelle Zwänge der Ablauf- und Aufbauorganisation, Geschäftsordnung oder Eigentümerverhältnisse, im Laufe der Veränderungsprozesse ändern.

Die STEP-Analyse im Change-Prozess

Es gibt weitere Risikofaktoren für die erfolgreiche Etablierung des Weltbildes, die STEP-Analyse liefert dafür Hinweise. STEP steht für Sociological, Technological, Economical and Political Change. Die Analyse listet Faktoren der einzelnen Kategorien auf, die einer möglichen Veränderung unterliegen könnten und damit auch Auswirkungen auf das Change Management, die Definition des Weltbildes und mögliche Maßnahmen haben können:

- soziologische Faktoren (Werte, Lebensstil oder Demografie),
- technologische Faktoren (Forschung, neue Produkte oder Prozesse),
- ökonomische Faktoren (Wachstum, Inflation oder Zinsen),
- politische Faktoren (Wettbewerbsaufsicht, Gesetze, Ideologie).

Aus diesen einzelnen Faktoren entsteht schließlich eine Risikolandkarte mit unterschiedlichen Eintrittswahrscheinlichkeiten und den potenziellen Auswirkungen auf das Unternehmen. Fehlen quantitative Faktoren, kann das Management die Eintrittswahrscheinlichkeit nach subjektiven Erwägungen entscheiden. Hilfreich ist dabei eine Szenario-Analyse. Sie ermittelt, wie realistisch das Eintreten einer bestimmten Situation ist.

Die potenziellen Auswirkungen zeigen den Schaden auf, der dem Unternehmen während des Change-Projekts mutmaßlich entsteht. Eine mögliche Konsequenz: Die Risikostufe verändert sich, das Unternehmen schlittert von der Ergebniskrise geradewegs in die Liquiditätskrise. Eine solche Veränderung wirkt sich gravierend auf das individuelle Verhalten der Akteure aus. Handlungsoptionen und Handlungsbedarf verändern sich rapide.

Nicht nur bestimmte Krisensituationen eines Unternehmens lassen sich unterscheiden. Auch die Risiken selbst können kategorisiert werden. Es gibt Bagatellen, Unfälle, Störfälle – und es gibt die Katastrophe. Unfälle, sogar Bagatellen sind nicht zu unterschätzen. Doch Störfälle und Katastrophen sind Schlüsselrisiken. Darauf konzentrieren Unternehmen ihre höchste Aufmerksamkeit. Sie sind der Anlass für strategische Gegenmaßnahmen. Grundsätzlich stehen dafür vier Möglichkeiten zur Verfügung. Sie können, je nach Risikobereitschaft und Risikoart, einzeln oder kombiniert genutzt werden: akzeptieren, verhindern, reduzieren, finanzieren. Sollte es keine Lösungen für ein Risiko geben, steht notfalls das gesamte Weltbild zur Diskussion.

Stärken und Schwächen, Chancen und Risiken sind die Richtschnur für das Weltbild. Sie enthüllen auch, ob es in der vorliegenden Form über die gesamte Konfliktphase hinweg durchsetzbar ist. Doch reichen die Stärken aus, um Schwächen auszugleichen? Werden alle Chancen genutzt? Können Risiken durch identifizierte Stärken abgewehrt werden? Sind die zur Durchsetzung des Weltbildes geplanten Maßnahmen mit den verfügbaren Ressourcen realisierbar? Kann das Weltbild an den Schwächen und Risiken scheitern? Reichen die Durchsetzungspotenziale aus, sich gegen konkurrierende Weltbilder zu behaupten? Rechtfertigt das Ziel den Aufwand des Machtkampfes? – lauter Fragen, denen sich das Management in diesem Prozess stellen muss. Von den Antworten hängt es ab, ob das Weltbild überhaupt eine Chance hat – oder verworfen werden muss. Der Prozess beginnt dann von vorn.

Eine schonungslose Stärken-Schwächen-Analyse hätte den Unilever-Verantwortlichen mit großer Wahrscheinlichkeit ein besseres Gespür dafür vermittelt, warum die Durchsetzung des neuen Weltbildes gegen 1.200 unmittelbar betroffene Markenverantwortliche auf einen Schlag nicht realistisch ist. Das Weltbild hätte unbedingt einer strategischen Änderung unterzogen werden müssen. Es gibt in einer solchen Situation keinen Königsweg. Aber vielleicht hätten Change-Prozesse in den jeweiligen Markengruppen wie Margarine oder Waschmittel eher zum Erfolg geführt. Konflikte wären auch so nicht zu verhindern gewesen; sie wären jedoch antizipierbar, überschaubarer geworden – und damit beherrschbar.

Ein durchsetzungsfähiges Weltbild gehört in einen Frame. Dieser Frame dient als Kommunikationsplattform, er ist die Basis für die Formulierung und Verkündung der Inhalte des Weltbilds im Change-Prozess. Dabei ist der Frame alles andere als eine Faktensammlung Er vermittelt vielmehr ein ideologisches Verständnis für die Entwicklung des Unternehmens. Der Frame setzt sich über eine einfache Argumentation durch Fakten hinweg und verhindert damit bereits einen Großteil von Gegenargumenten, die in den Arsenalen der Widerständler lauern.

»Know your values and frame the debate«, empfiehlt das von Lakoff gegründete Rockridge Institute. Erkenne deine Werte und schaffe entsprechende Frames. Fünf zentrale Punkte sollte ein solcher Frame neben den sprachlichen Gestaltungsmöglichkeiten (Metaphern, Insider-Sprache, Kontraste, Spin und Geschichten) erfüllen:

1. Für die Identifikation von konkurrierenden Weltbildern ist eine »wirksame« Dichotomie der zentrale Aspekt des Frames. Er sollte die Unterscheidung zwischen »Gut« und »Böse« auf einfache Weise ermöglichen. »Wirklich starkes Framing entsteht, wenn man eine sehr klare Vorstellung davon hat, warum etwas gut ist, und warum Opfer oder besonders große Anstrengungen gerechtfertigt sind«, konstatieren Fairhurst und Sarr.[3]

2. Der Frame sollte den unbedingten Durchsetzungswillen der Führung zu erkennen geben. Konkurrenten drohen bei nicht konformem Verhalten Konsequenzen, Maßnahmen sind bereits eingeleitet.

3. Der Frame muss die Spielzüge möglicher Kontrahenten antizipieren und offen genug formuliert sein, um Unerwartetes zu integrieren.

4. Die Formulierung sollte einen normativen Charakter haben. Im Idealfall löst der Frame einen selbstverstärkenden Prozess mit dem Aufbau einer neuen Wertestruktur aus, die auch zur gegenseitigen Disziplinierung aller Beteiligten führt.

5. Ein Frame kann zusätzlichen Druck erzeugen, wenn er an einschlägige Ereignisse geknüpft wird, die entweder aktuell oder in guter Erinnerung geblieben sind, etwa die Krise oder die Pleite eines Konkurrenten – der ideale Aufhänger für die Überlegenheit des eigenen Weltbildes.

Eine Reihe dieser Voraussetzungen erfüllt zum Beispiel der »Harmel-Bericht« – ein Frame, der eine umfassende und erfolgreiche Veränderung der Bundeswehr eingeleitet hat. Der belgische Verteidigungsminister Pierre Harmel beschrieb darin 1967 die NATO-Strategie der massiven Vergeltung, die einen vernichtenden nuklearen Gegenschlag auf jede sowjetische Aggression in Mitteleuropa vorsah. Dieser Plan stellte einen dramatischen Strategieschwenk für eine Armee dar, die bis dahin lediglich auf eine Landesverteidigung vorbereitet war. Harmels Frame lautete: Verteidigung ist die ausreichende militärische Stärke zur Abschreckung, sie muss mit Entspannung kombiniert werden, dem Aufbau dauerhafter Beziehungen zu »kritischen« Ländern, und das Ergebnis ist Sicherheit.

Die Gleichung »Verteidigung plus Entspannung ist Sicherheit« verknüpfte das bis dahin gültige Paradigma mit einer neuen Idee, die zum einen eine moralische Aufladung leistet: Sicherheit erreicht nur der, der auch zur Vergeltung bereit ist, bedeutet im Umkehrschluss, dass all jene die Sicherheit des Landes gefährden, die sich auf Entspannung und Landesverteidigung konzentrieren. Die Konsequenzen für die Gegner dieses Weltbildes müssen in diesem Fall gar nicht erst konstruiert werden – wer in diesem Fall gegen das neue Paradigma ist, riskiert, vom Gegner bestraft zu werden, in diesem Fall dem Ostblock. Die benutzten Begriffe – Vergeltung, Verteidigung, Entspannung, Sicherheit – sind politisch definiert und weisen einen vergleichsweise großen Spielraum für Anpassungen auf, die normativen Begriffe verlieren ihre Gültigkeit nicht automatisch, sobald sich einzelne Facetten der Realität verändern. Und schließlich ist der Frame implizit an Ereignisse geknüpft – nicht zuletzt die Harmel-Doktrin wird heute als ein wichtiger Schritt zu Realisierung zweier zentraler Ziele der NATO gewertet: der Erhaltung des Friedens in Mitteleuropa und der Auflösung des sowjetischen Einflussbereiches.

Die Harmel-Doktrin hat umfangreiche Neuorganisationen der Bundeswehr nach sich gezogen und dabei ein über Jahrzehnte gültiges Framework definiert. Dies war den folgenden Plänen für die Reformen der Bundeswehr selten vergönnt. Ein Fehler dabei scheint uns, dass die Vermittlung der Reform-Notwendigkeit in der Regel auf die Darstellung von Fakten konzentriert war. Solche »Visionen« sind nicht nur selten motivierend, sie machen es allen Kontrahenten leicht, das jeweilige Weltbild anzugreifen: Es reicht zumeist, wesentliche Abweichungen von Zahlen zu konstatieren oder eine Argumentation in einem wichtigen Bereich anzugreifen, um die Vision als solche zu torpedieren. Dies traf im Fall der Bundeswehr-Reform 2000 sicher zu. Anstelle eines Frames sollten Personalmodelle und Einsatzbedarfe vermitteln, warum diese oder jene Maßnahme stichhaltig und notwendig war, den Rahmen setzte der Bundeshaushalt, dessen Einzelplan für die Bundeswehr eine aussichtslose finanzielle Lage zu verdeutlichen schien. Aus einem Aufbruch für eine neue Art der Armee wurde ein verbittert geführter Streit um einzelne Haushaltsstellen.

Aber nicht nur der Frame und seine Qualität, auch die geeigneten Anreize für seine Durchsetzung sind für den Erfolg des Veränderungsprozesses entscheidend.

Strategieentwicklung – Konflikte adressieren und managen

Es lässt sich ein geeigneter Maßnahmenmix anhand einer einfachen Matrix definieren (Abbildung 42), die den Grad des Wettbewerbs unter den Führungskräften – von Kooperation bis Konkurrenz – und die Dringlichkeit einer Veränderung gegeneinanderstellt, von der strategischen Krise bis zur drohenden Insolvenz. Die zwei grundsätzlichen Möglichkeiten, auf die betroffenen Führungskräfte Einfluss zu nehmen, sind Incentives und Disincentives. Dabei ist es ebenso klar, dass die Unterstützer Anreize erhalten, wie es klar ist, dass die Verhinderer des Wandels Disincentives erfahren. Die Kunst besteht vielmehr darin, die Gruppen der potenziell Kooperations- oder Ablehnungsbereiten zu identifizieren und sie der Situation angemessen mit Anreizen oder Sanktionen zum Mittun zu bewegen. Natürlich sind diese Überlegungen im Rahmen eines Veränderungsprozesses immer wieder anzustellen, denn auch für Veränderungssituationen gilt, was Clausewitz über den Zusammenhang von Planung und Krieg gesagt hat: Friktionen sind das, was den realen Konflikt vom Konflikt auf dem Papier unterscheidet.[4]

Abbildung 42: Die Lage des Unternehmens bestimmt die Art der Lösung von Konflikten

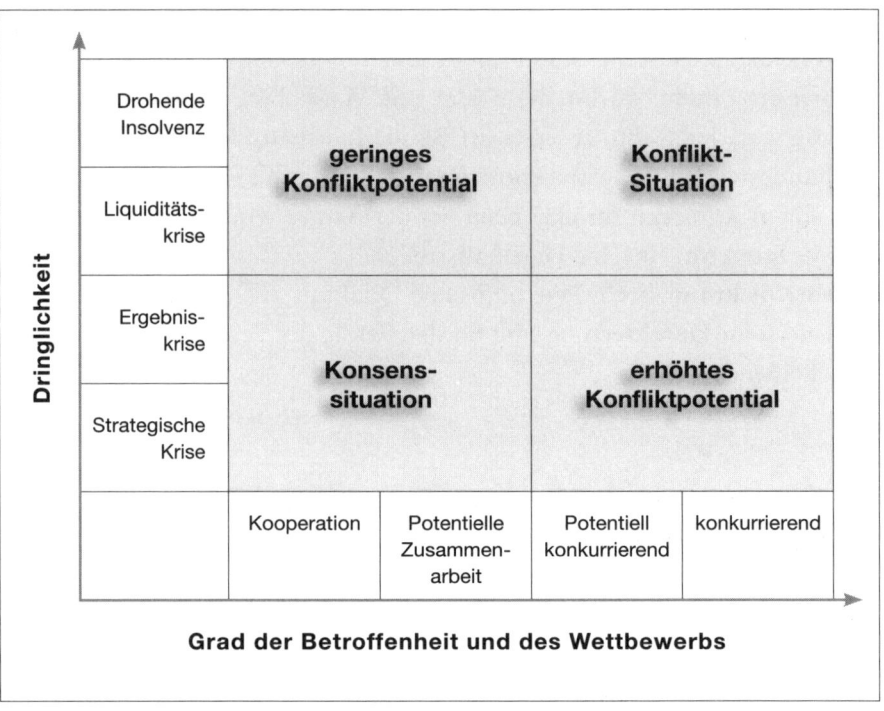

Der Einsatz von Incentives und Disincentives lässt sich für jede der vier Situationen – Konsens- und Konfliktsituation, erhöhtes und geringes Konfliktpotenzial – in den Unternehmen danach analytisch so herleiten:

- *Konsenssituation:* Im Fall einer Konsenssituation ist das Unternehmen aufgrund der Lage noch ausreichend handlungsfähig, und die Spannungen zwischen den Betroffenen sind als gering eingestuft worden. Im Fokus liegen daher verstärkt Offensivstrategien. Deshalb sind hier in der Regel Incentives das Mittel der Wahl: Sie sollen Führungskräfte (-Koalitionen) dazu bewegen, loyal zu sein und diese Loyalität zu demonstrieren. Häufig ist dies leicht, weil das gesamte Management von einer Veränderung zum Guten profitiert und deshalb motiviert ist, den Wandel zu unterstützen. Im Fokus der Anreizstrategie stehen dabei nicht nur die kooperativen, sondern vor allem auch die potenziell kooperativen Führungskräfte (-Koalitionen), die es zu gewinnen gilt, um eine kritische Masse von Veränderungsgegnern nicht entstehen zu lassen. Dabei gilt, je weniger die Einzelnen von der Veränderung profitieren, desto attraktiver müssen die Anreize sein.

- *Geringes Konfliktpotenzial:* Im Fall von geringem Konfliktpotenzial steht die bedrohliche Unternehmenssituation im Vordergrund der Maßnahmenwahl. Während der Handlungsspielraum an der Unternehmensführung kleiner wird, müssen die Incentives für die Betroffenen attraktiver werden, denn ihre Verhinderungsmacht wächst. Nicht alle Unterstützer haben sich allerdings in dieser ausweglos scheinenden Situation verabschiedet, sie sofort und langfristig zu belohnen ist häufig der einzige Schritt, um die eigenen Veränderungspläne noch durchzusetzen. Daher gilt es, unmittelbar gültige Anreize zu schaffen, ansonsten sind vor allem Garantien auf künftige Erträge möglich, die die Teilhabe und damit Motivation der Betreffenden auch über einen kurzfristigen Horizont hinaus bindend gestalten. Dies kann beispielsweise durch Beteiligungsmodelle gelingen. Die Incentives sowohl für kooperierende als auch für potenziell kooperierende Führungskräfte richten sich vor allem danach, wie stark die Akteure von der zukünftigen Lage profitieren werden und in welchem Zeitraum die Anreize gelten müssen, um die Veränderung auch nachhaltig zu gestalten. *Erhöhtes Konfliktpotenzial:* Im Falle von erhöhtem Konfliktpotenzial nimmt die Qualität und damit der Einfluss der Konflikte auf Veränderungsvorhaben zu. Sie bedrohen die erfolgreiche Umsetzung zunehmend. Handlungsmöglichkeiten sind vielfach auf Defensivaktionen, also Disincentives begrenzt. »Potenziell konkurrierenden« und »konkurrierenden« Akteuren winken noch bessere Angebote. Diese allerdings sind an klare und kurzfristig sanktionierbare Bedingungen geknüpft. Auch sie sollten, wie im Falle des geringen Konfliktpotenzials, an das langfristige Eintreffen der Veränderungsziele gekoppelt werden, um einen dauerhaften Anreiz zu setzen. Konflikte in diesem Stadium sind kostspielig und in der Lage, die Krisensituation weiter zu verschärfen. Sie sollten mit Bedacht gewählt werden.

- *Konfliktsituation:* Die Freiheitsgrade im Falle einer Konfliktsituation kurz vor der Insolvenz tendieren gegen null. Konkurrierende Weltbilder tauchen nun häufig auf, sind auf keinen Fall mehr zu tolerieren, um nicht kostbare Energien und Zeit zu verschwenden. Gleichzeitig sind Offensivstrategien häufig nicht mehr bezahlbar und, wie im Falle der Principal-Agent-Theorie gezeigt, greifen sie aufgrund der wenigen Spielzüge, die noch übrig bleiben, häufig nicht. Soll heißen: Disincentives können bei potenziell »konkurrierenden« Akteuren durchaus greifen. Aber Sanktionen, von Degradierung bis hin zur Freisetzung, demonstrieren eine harte Gangart, die Fehlverhalten unmittelbar bestraft und den letzten, aber möglichen Ausweg demonstrieren, um das Veränderungsvorhaben auf Spur zu halten.

Offensiv kommunizieren und steuern

Das Weltbild ist durchsetzungsfähig, der Frame in passender Form steht, das Risikomanagement ist definiert – jetzt wird der Frame als verbindlich kommuniziert, und zwar in drei Schritten. Es geht um die konkreten Kommunikationsmaßnahmen, das Etablieren von Riten zur Identifikation von Konflikten und die aktive Ansprache von Konkurrenten, die dem Weltbild der Führung im Wege stehen oder ihr eigenes Süppchen kochen.

»Ich weiß, dass die Hälfte meiner Werbeausgaben sinnlos zum Fenster hinausgeworfenes Geld ist, ich weiß nur nicht, welche Hälfte«, sagte einst der große Automobilbaron Henry Ford. Der Spruch gehört seither zum Basiswissen von Werbe- und Marketingleitern – und trotzdem: Die Situation hat sich nicht geändert. Auch die Kommunikationsexperten fragen sich bange, wie viel ihrer Arbeit wohl vergebliche Liebesmüh ist. Sie hoffen ebenfalls auf (nur) 50 Prozent.

Unternehmen in Change-Prozessen haben keine Wahl. Kommunikation ist Notwendigkeit und Erfolgsrezept zugleich. Jede Form der Kommunikation, herkömmlich oder ungewöhnlich, ist willkommen, um das Weltbild auf die Beine zu stellen und möglichst lange am Leben zu erhalten – angefangen von firmeninternen Veranstaltungen und Workshops über Intranet, Werbeaktionen, Rundschreiben und Newsletter bis hin zu Postern, Stickern und Informationsbroschüren. So unterschiedlich die Kommunikationsformen auch sein mögen – an einer Erkenntnis kommen Unternehmen in Veränderungsprozessen nicht vorbei: Die exzessive Darstellung des Frames ist genauso wichtig wie dessen Erstellung.

Sollen offensive und defensive Strategien zusammen mit dem Frame oder erst im Fall der Konfliktsituation kommuniziert werden? Der Ablauf des Phasenmodells der Konfliktbekämpfung setzt den Einsatz von Offensiv- und Defensiv-Strategie bewusst hinter die eigentliche Identifikation von Konflikten. Es kann aber vorbeugende, motivierende oder gar abschreckende Wirkung haben, mögliche Sanktionen gleich mit zu verkünden – je nach Situation, in der sich das Unternehmen befindet. In einigen Fällen kann es durchaus sinnvoll sein, klar definierte Offensiv- und Defensivstrategien zu verkünden, besonders dann, wenn die Dringlichkeit hoch und der Druck auf die Organisation gleich zu Beginn verstärkt werden muss.

Neben der verbindlichen Kommunikation gibt es symbolische Aktionen (Riten). Sie helfen, die Einstellung der Betroffenen kennen- und einschätzen zu lernen. So werden mögliche Konflikte rechtzeitig erkannt. Regelmäßige Meetings, Workshops oder auch persönliche Gespräche offenbaren individuelle Einstellungen zum Weltbild. Diskussionen geben darüber Aufschluss, wo die Parteien stehen. Statusberichte unterstützen den Prozess. Einzelne Personen oder ganze Abteilungen werden aufgefordert, eine Rolle in und damit Verantwortung für den Erfolg der Veränderung zu übernehmen. Riten verlieren so den bitteren Beigeschmack von Kontrollinstanzen.

Im letzten Schritt ist der Durchsetzungswille und die Durchsetzungsfähigkeit der Unternehmensführung gefragt: Versprochene Anreize müssen eingehalten, angedrohte Sanktionen umgesetzt werden. Die Glaubwürdigkeit des Managements steht auf dem Spiel.

Eine solche Unternehmensführung geht Konflikte offensiv an und reagiert damit gezielt auf die Konkurrenzsituation zwischen den Führungskräften. Es handelt sich entgegen landläufiger Überzeugung um einen strategischen Prozess. Er ist in der Planung auf der Führungsebene verankert und kann nicht delegiert werden. Besonders für das Change Management gilt es, diesen Prozess klar und deutlich herauszuarbeiten. Über die drei Phasen kann der gezielte Einsatz des Framings das Weltbild verbindlich und als alleinige Marschroute durchsetzen. Die Matrix hilft dabei, die Situation zu fassen und die geeignete Strategie zwischen offensiv und defensiv auszuwählen, um Konflikte im Ernstfall zu entscheiden. Dabei wird vor allem der Anspruch, Change schnell und damit kostengünstig auszuführen, erfüllt – der Weg vom Schock zur Integration wird bei Führungskräften verkürzt.

Change lässt sich nicht delegieren

Neben den beschriebenen Schwächen der etablierten Change-Methodik und der Notwendigkeit, die nötige Macht zur Veränderung aufzubauen, besteht eine weitere wichtige Voraussetzung für erfolgreiches Umsteuern in der Implementierung. Die Pläne für den nötigen Change werden in der Regel vom Top-Management gemacht, ihre Realisierung jedoch delegiert. Das Mittel-Management der Unternehmen jedoch verfügt nur selten über die Erfahrung und die nötigen Instrumente, um die Veränderung zum Erfolg zu führen. Zudem lösen die geplanten Veränderungen häufig Macht- und Verteilungskampf auch innerhalb der Führungsebene aus, die vom Mittel-Management nicht gelöst werden können.

Für die schnelle und nachhaltige Veränderung eines Unternehmens sind geeignete Konzepte und eine professionelle Kommunikation nötig, die informiert, überzeugt und motiviert. Es ist aber auch die Fähigkeit nötig, Konflikte machtvoll zu entscheiden und die Erfahrung in der Anwendung der dafür nötigen Instrumente – zwei Voraussetzungen, die auch das leistungsfähigste Mittel-Management eines Unternehmens kaum erfüllt, weil es selten eine vergleichbare Situation meistern musste. Das Top-Management kann deshalb die Verantwortung für die Veränderung nicht aus der Hand geben und sich gleichzeitig erfahrener Realisatoren bedienen, die häufiger erfolgreich die Veränderungs-Blockaden überwunden haben. Diese Fachleute sollten als temporärer Stab der Geschäftsleitung oder des Vorstands eingesetzt werden und mit dessen Autorität die Realisierung des Veränderungsplanes steuern und wo nötig selbst eingreifen. Der Change-Stab sollte von Beginn an eine definierte Lebensdauer haben, damit die

Organisation sich nicht bedroht fühlt, und er sollte mit Unternehmens-Externen besetzt werden, damit es den Veränderungsrealisatoren leichter fällt, ohne Rücksicht auf Loyalitäten und bestehende Netzwerke das Nötige zu tun.

Anmerkungen

1 Heimer, Claudia (2007): Mastering the power zone, in: *360° – The Ashridge Journal*, August, S. 17–23.
2 Vgl. ebd.
3 Fairhurst/Sarr (1999), S. 111.
4 Vgl. Clausewitz (1980), S. 262.

Kapitel 8

Effizienter Change durch starke Führungskräfte

Immer häufiger werden Unternehmen vor dem Hintergrund rascher und komplexer Veränderungen der Unternehmensumwelt vor die Frage gestellt, ob ein Festhalten an bisherigen Zielen noch sinnvoll erscheint oder ob ein aktives Umsteuern – mit teils erheblichem Veränderungsbedarf – unvermeidbar ist. Doch schnelle und einschneidende Kurswechsel sind heute mit herkömmlichen Management-Methoden kaum mehr zu leisten. In Anbetracht der Dynamik der Märkte und des Zwangs, sich diesem teils extremen Wandel zu stellen, nimmt die Bedeutung von Change Management weiter zu, wenn auch in einem neuen Verständnis.

Der herrschende Ansatz des Change Managements fokussiert in erster Linie auf der Mobilisierung der Mitarbeiter. Ziel ist es in jedem Fall, die Mitarbeiter von der Veränderung zu überzeugen – wer die Notwendigkeit eines bestimmten Wandels einsieht, der wird sich nicht dagegen sperren und die Konsequenzen in tägliches Handeln umsetzen. Trotz engagierter Anwendung und Analyse von Change Management bleiben die Erfolge meist unbefriedigend.

Change Management muss ergänzt werden!

Nicht selten wird die Realisierung dieser Art von Change in der »Umsetzungsphase« oft nahezu vollständig an spezialisierte Anbieter delegiert. Fehlschläge werden dann meist dem operativen Versagen dieser Anbieter oder dem »Widerstand in der Fläche« zugeschrieben. Dabei wird ein wichtiger Aspekt übersehen: Der Ansatz des Change Managements, wie er gebräuchlich ist, greift zu kurz.

Change Management, wie es heute angewandt wird, bedarf einer entscheidenden Ergänzung: Es ist vor allem auf die Vermeidung vertikaler Konflikte konzentriert, Auseinandersetzungen zwischen Führung und Belegschaft eines Unternehmens. Diese erzieherische Komponente des Change Managements hat historische Wurzeln, muss aber spätestens seit dem Auseinanderbrechen der Deutschland AG und den damit einhergehenden fundamentalen Veränderungen ergänzt werden. Zwar hilft er nach wie vor, Veränderungs-Widerstände einzudämmen und zu reduzieren, aber ihm fehlen die Konzepte und Instrumente, um die horizontalen Auseinandersetzungen, die Konflikte innerhalb des Managements, anzugehen. Kurz: Die Zeiten haben sich gewandelt, das Change Management nicht.

Dies ist die Leitschnur, um die notwendigen Anpassungen von Prozessen und Feinabstimmungen, wie sie der Tagesablauf eines jeden Unternehmens mit sich bringt – das Mikromanagement – vom weitaus umfassenderen Veränderungsmanagement zu differenzieren. Die Anwendung von Change-Management-Konzepten betrifft also die hier beschriebenen Fälle des Wandels zweiter Ordnung. Sie haben im Wesentlichen zwei Ursachen:

Zum einen kann eine dramatische Veränderung des wirtschaftlichen Umfelds oder, wie man es auch nennen könnte, die externe Veränderung der Lage, der Grund dafür sein, warum ein Unternehmen seine strategischen Ziele verfehlt.

Zum anderen können interne Entwicklungen dazu führen, dass ein Unternehmen versagt. Die Probleme, die zu einer Veränderung führen, sind hausgemacht, die Akteure nicht in der Lage, selbstständig auf neue Herausforderungen zu reagieren.

In jedem Fall verlangt die Veränderung der Unternehmenswirklichkeit eines, und zwar schnell: Bewegung. So liegt die folgende Definition für den Begriff »Change Management« nahe:

Change Management ist die effektive und effiziente Anpassung der Aufbau- und Ablauforganisation eines gesamten Unternehmens oder signifikanter Teile an gravierende Veränderungen der

Unternehmensstrategie. Diese Anpassung erfolgt als Reaktion auf sprunghafte Veränderungen der Unternehmensumwelt (teleologische Ursache) oder veränderte Zielsetzungen (dialektische Ursache).

Veränderungen, die durch das Change Management nur begleitet werden, setzen Führungskräfte unter enormen Druck. Dies bedeutet zunehmende Konflikte auf horizontaler Ebene, Konflikte um Positionsgüter oder Zugang zu Ressourcen zum Beispiel. Nicht selten geht es um alles: die eigene Aufgabe und die berufliche Zukunft.

Wenn es um diese Phänomene geht, ist die Betriebswirtschaft auf einem Auge blind. Sie kennt vor allem den »Homo oeconomicus«, der seine Interessen dadurch verfolgt, dass er den Interessen des Unternehmens dient, weil beide über Anreize miteinander verbunden sind. Doch durch die Veränderungen in den Unternehmen wird der »Homo oeconomicus« nicht selten zum »Homo Eigennutz«, der seine Interessen gegebenenfalls auch zu Ungunsten des Unternehmens verfolgt – zum Teil mit gravierenden Auswirkungen auf Change-Management-Prozesse: Blockaden, Verhandlungen um Einzellösungen, während der Gesamtprozess stockt, und Ähnliches erschweren den Erfolg des Change Managements.

Ein Bewusstsein für innerbetriebliche Konflikte ist notwendig!

Erst durch das Bewusstsein, dass eine Verschiebung der innerbetrieblichen Konflikte von vertikal zu horizontal stattgefunden hat, eröffnen sich neue Reaktionsfelder und neue Maßnahmenbündel. Um einen hohen Mobilitätsgrad auch auf der Führungsebene zu erreichen, müssen die angesprochenen Konflikte entschieden werden. Eine Lösung der Konflikte ist nicht möglich, da die üblichen Anreize in Zeiten der Unsicherheit keine Wirkung zeigen. Zusätzlich zu den bereits bestehenden Ansätzen gilt es also, den von uns entwickelten strategischen Planungsprozess für die Durchsetzung des Weltbilds auf horizontaler Ebene zu integrieren.

Vertikale und horizontale Konflikte können vielfach durch einen raschen und entschlossenen Einsatz von Macht entschieden werden. Viele

Beschäftigte sehnen sich nach solchen klaren Entscheidungen. Um sie populär zu machen, gilt es, den Machtbegriff von der ausschließlich negativen Konnotation zu befreien. Während Macht etwa in der Soziologie der Verwaltung seit Max Weber eine anerkannte Funktion einnimmt und für Effizienz und Klarheit sorgt, ist sie für Unternehmen verpönt.

Wer Macht als die Fähigkeit definiert, verbindliche Ziele und Regeln zu setzen, prägt einen neuen, funktionalen Machtbegriff. Der Einsatz einer solchen Macht kann erheblich dazu beitragen, Konflikte zu entschärfen, Transaktionskosten zu senken und Change erheblich zu beschleunigen. Macht ist dann nicht mehr zwangsläufig ein Störfaktor. Mehr als je zuvor ist es heute Aufgabe des Managements, Orientierung zu schaffen, dies hat nicht zuletzt die Krise gezeigt. Unternehmen sind Sinneinheiten, und es ist wichtig, dass die geltenden Weltbilder für alle Beteiligten verbindlich und Verstöße dagegen geahndet werden. Das gilt ganz besonders für Veränderungssituationen. Hier ist Klarheit nötig, in Zeiten, in denen Unsicherheit die Regel ist.

Im herkömmlichen Ansatz von Change Management wurden Führungskräfte häufig von Konflikten überrascht und standen ihnen hilflos gegenüber. Erst durch die neue Interpretation von Change Management ist eine gezielte Planung, Kontrolle und Steuerung der Konflikte in den Folgephasen – Ausgestaltung und Umsetzung – des Change Managements möglich.

Dahinter steht die Vorstellung von einem Management, das Konflikte offensiv angeht. Macht steht in diesem Zusammenhang für Klarheit und Effizienz, nicht für Willkür und Angst. Wird mit diesem Ansatz das traditionelle Change Management obsolet? Keineswegs. Er schließt nur eine, wenn auch eklatante Lücke in der bisherigen Herangehensweise und kommt zu einem umfassenden Ansatz.

Anmerkung

1 Der Wandel zweiter Ordnung dagegen umfasst einen geplanten und tiefgreifenden Eingriff in das Unternehmen. Komplexität und Intensität sind hoch, die Resultate gravierend: Reorganisationen, Fusionen, Veränderungen der gesamten Unternehmenskultur. Das System der Unternehmung selbst wandelt sich grundlegend – Veränderung im Sinne von teleologischem Theorieverständnis und Dialektik.

Literatur

Arendt, Hannah: Between past and future, Viking Press, 1968.

Baumöl, Ulrike: Change Management in Organisationen – Situative Methodenkonstruktion für flexible Veränderungsprozesse, Gabler, 2008.

Beck, Ulrich: Was ist Globalisierung? Irrtümer des Globalismus – Antworten auf Globalisierung, Suhrkamp, 2008.

Berger, Peter L., und Luckmann, Thomas: Die gesellschaftliche Konstruktion der Wirklichkeit, Fischer, 22. Aufl. 1980.

Bertelsmann Lexikon Institut: Chronik Macht und Religion. Kampf um die Seelen, wissenmedia, 2009.

Bossel, Hartmut: Systeme, Dynamik, Simulation – Modellbildung, Analyse und Simulation komplexer Systeme. Norderstedt: Books on Demand, 2004.

Brunke, Bernd und Klein, Johannes: Turnaround/Restrukturierung von Unternehmen in Konkurrenzsituationen, in: Bamberger, Ingolf: Strategische Unternehmensberatung. Konzeptionen, Prozesse, Methoden, Gabler, 5. Auflage, 2008.

Clausewitz, Carl v.: Vom Kriege, Fred. Dümmlers Verlag, 1980.

Dahinden, Urs: Framing – Eine integrative Theorie der Massenkommunikation, UVK, 2006.

Dahl, Robert A.: The Concept of Power, Bobbs-Merrill, 1957.

Dahrendorf, Ralf: Lebenschancen. Anläufe zur sozialen und politischen Theorie, Suhrkamp, 1979.

Dill, Günter: Clausewitz in Perspektive: Materialien zu Carl von Clausewitz: Vom Kriege, Ullstein, 1980.

Doppler, Klaus et al.: Unternehmenswandel gegen Widerstände, Campus, 2002.

Doppler, Klaus und Lauterburg, Christoph: Change Management. Den Unternehmenswandel gestalten, Campus, 12. Aufl. 2008.

Duda, Helga: Macht oder Effizienz? Eine ökonomische Theorie der Arbeitsbeziehungen im modernen Unternehmen, Campus, 1987.

Dyson, Tom: The politics of German Defence and Security: Policy Leadership and Military Reform in the Post-Cold War Era, Berghahn Books, 2007.

Fairhurst, Gail T. und Sarr, Robert A.: Die Kunst, durch Sprache zu führen – So erwecken Sie Aufmerksamkeit und erzeugen den Willen zur Veränderung, Fit for Business, 1999.

Foucault, Michel: Dispositive der Macht: über Sexualität, Wissen und Wahrheit, Merve, 1978.

Gattermeyer, Wolfgang und Al-Ani, Ayad: Change Management und Unternehmenserfolg. Grundlagen – Methoden – Praxisbeispiele, Gabler, 2. aktualisierte und erweiterte Auflage, 2001.

Glasersfeld, Ernst v.: Radikaler Konstruktivismus – Ideen, Ergebnisse, Probleme, Suhrkamp, 1997.

Haberkamp, Günter: Triebgeschehen und Wille zur Macht: Nietzsche – zwischen Philosophie und Psychologie. Nietzsche in der Diskussion, Königshausen & Neumann, 2000.

Haferkamp, Hans: Soziologie der Herrschaft. Analyse von Struktur, Entwicklung und Zustand von Herrschaftszusammenhängen, Studienbücher zur Sozialwissenschaft, Bd. 48, 1983.

Held, Martin, et al.: Jahrbuch Normative und institutionelle Grundfragen der Ökonomik: Macht in der Ökonomie. Normative und institutionelle Grundfragen der Ökonomik. Band 7, Metropolis, 2008.

Hirsch, Fred: Die sozialen Grenzen des Wachstums – eine ökonomische Analyse der Wachstumskrise, Rowohlt, 1980.

Hoerster, Norbert: Ethik und Interesse, Reclam, 2003.

Homburg, Christian: Quantitative Betriebswirtschaftslehre – Entscheidungsunterstützung durch Modelle, Gabler, 3. Auflage, 2000.

Hood, Christopher: The Limits of Administration, Wiley, 1976.

Hood, Christopher: The Art of the state – culture, rhetoric and public management, Oxford University Press, 1998.

Hood, Christopher et al.: Controlling Modern Government – Variety, Commonality and Change, Edward Elgar Publishing, 2004.

Jaspers, Karl: Nietzsche – Einführung in das Verständnis seines Philosophierens, de Gruyter, Nachdruck der 4. Auflage, 1981.

Joas, Hans: Lehrbuch der Soziologie, Campus, 3. überarbeitete und erweiterte Auflage, 2007.

Jordan, Ann T.: Business Anthropology, Waveland, 2003.

Kasper, Walter: Lexikon für Theologie und Kirche, Herder, 3. Auflage, 2006.

Kaune, Axel und Bastian, Harald: Change Management mit Organisationsentwicklung – Veränderungen erfolgreich durchsetzen, Erich Schmidt, 2004.

Kiechl, Rolf: Macht im kooperativen Führungsstil: Theorie und Praxis, mit drei Testbeispielen und einem Diagnoseinstrument, Haupt, Band 48 von Schriftenreihe des Instituts für Betriebswirtschaftliche Forschung an der Universität Zürich, 1985.

Kluge, Friedrich und Seebold, Elmar: Etymologisches Wörterbuch der deutschen Sprache, de Gruyter, 24. überarbeitete Auflage, 2002.

Kotter, John P.: Power and influence, Free Press, 1985.

Kotter, John P.: Chaos, Wandel, Führung – Leading Change, Econ, 1998.

Kotter, John P.: Das Prinzip Dringlichkeit. Schnell und konsequent handeln im Management, Campus, 2009.

Krause, Diana E.: Macht und Vertrauen in Innovationsprozessen – ein empirischer Beitrag zu einer Theorie der Führung, Gabler, 2004.

Krüger, Wilfried: Macht in der Unternehmung – Elemente und Strukturen, Schaeffer-Poeschel, 1976.

Krüssel, Peter: Ökologieorientierte Entscheidungsfindung in Unternehmen als politischer Prozess – Interessengegensätze und ihre Bedeutung für den Ablauf von Entscheidungsprozessen, Hampp, 1996.

Küpper, Willi und Ortmann, Günther: Mikropolitik: Rationalität, Macht und Spiele in Organisationen, Westdeutscher Verlag, 1992.

Lakoff, George und Wehling, Elisabeth: Auf leisen Sohlen ins Gehirn – Politische Sprache und ihre heimliche Macht, Carl-Auer-Verlag, 2. aktualisierte Auflage, 2009.

Leiphold, Helmut: Kulturvergleichende Institutionenökonomik, Lucius & Lucius, 2006.

Luhmann, Niklas: Soziale Systeme – Grundriss einer allgemeinen Theorie, Suhrkamp, 1984.

Luhmann, Niklas: Ökologische Kommunikation, Westdeutscher Verlag, 1986.

Luthans, Fred et al.: Real managers, Ballinger, 1988.

Lukes, Steven: Power, a radical view, Macmillan, 1974.

MacMillan, I. C.: Strategy Formulation: power and politics, West Publishing, 2nd ed., 1986.

Marx, Karl und Engels, Friedrich: Werke, Dietz, Ergänzungsband, 1. Teil, 1973.

Maturana, Humberto R.: Biologie der Realität, Suhrkamp, 3. Auflage, 1998.

Matys, Thomas: Macht, Kontrolle und Entscheidungen in Organisationen – Eine Einführung in organisationale Mikro-, Meso- und Makropolitik, VS Verlag für Sozialwissenschaften, 2006.

Merten, Klaus: Einführung in die Kommunikationswissenschaft, Lit-Verlag, Bd. 1 Grundlagen der Kommunikationswissenschaft, 1999.

Merten, Klaus et al.: Die Wirklichkeit der Medien: eine Einführung in die Kommunikationswissenschaft, Westdeutscher Verlag, 1994.

Mintzberg, Henry et al.: Strategy Safari, Ueberreuter, 1999.

Mohr, Niko und Woehe, Jens M.: Widerstand erfolgreich managen, Professionelle Kommunikation in Veränderungsprojekten, Campus, 1998.

Montinari, Mazzino: Nietzsche lesen, de Gruyter, 1982.

Neuberger, Oswald: Mikropolitik – Der alltägliche Aufbau und Einsatz von Macht in Organisationen, Enke, 1995.

Neuberger, Oswald: Mikropolitik und Moral in Organisationen, Lucius & Lucius, 2. Auflage, 2006.

North, Klaus: Wissensorientierte Unternehmensführung – Wertschöpfung durch Wissen, Gabler, 3. aktualisierte und erweiterte Auflage, 2002.

Oltmanns, Torsten et al.: Kommunikation und Krise – wie Entscheider die Wirklichkeit definieren, Gabler, 2009.

Parsons, Talcott: Zur Theorie sozialer Systeme, Westdeutscher Verlag, 1976.

Popitz, Heinrich: Phänomene der Macht, Mohr Siebeck, Nachdruck, 2004.

Richter Gregor: Die ökonomische Modernisierung der Bundeswehr. Sachstand, Konzeptionen und Perspektiven, VS Verlag für Sozialwissenschaften, 2007.

Richter, Rudolf, und Furubotn, Eirik G.: Neue Institutionenökonomik – eine Einführung und kritische Würdigung, Mohr Siebeck, 3. Aufl. 2003.

Riesenbeck, Hajo und Perrey, Jesko: Mega-Macht Marke: Erfolg messen, machen, managen, Redline Wirtschaftsverlag, 2. aktualisierte und erweiterte Auflage, 2005.

Sander, Karl: Prozesse der Macht, Physica-Verlag Heidelberg, 2. Aufl. 1993.

Scherm, Ewald und Pietsch, Gotthard: Organisation – Theorie, Gestaltung, Wandel. Oldenbourg, 2007.

Scott-Morgan, Peter: Die heimlichen Spielregeln: die Macht der ungeschriebenen Gesetze im Unternehmen, Campus, 1995.

Scheufele, Bertram: Frames – Framing – Effekte – Theoretische und methodische Grundlegung des Framingansatzes sowie empirische Befunde zur Nachrichtenproduktion, Westdeutscher Verlag, 2003.

Schmidt, Heinrich und Schischkoff, Georgi: Philosophisches Wörterbuch, Kröner, 1999.

Schmidt, Siegfried J.: Kognitive Autonomie und soziale Orientierung. Konstruktivistische Bemerkungen zum Zusammenhang von Kognition, Kommunikation, Medien und Kultur, Lit-Verlag, 2003.

Schwarze, Joche: Informationsmanagement: Planung, Steuerung, Koordination und Kontrolle der Informationsversorgung im Unternehmen, Neue Wirtschafts-Briefe, 1998.

Schwenker, Burkhard: re:think CEO, Strategisch denken – Mutiger führen, Bruno-Media, 2008.

Stahl, Heinz K. und Hejl, Peter M.: Management und Wirklichkeit – das Konstruieren von Unternehmen, Märkten und Zukünften, Carl-Auer-Systeme Verlag, 2000.

Spranger, Eduard: Lebensformen, Niemeyer, 2. völlig neu bearbeitete und erweiterte Auflage, 1921.

Staehle, Wolfgang H.: Management. Eine Verhaltenswissenschaftliche Perspektive, Vahlen, 8. überarbeitete Auflage, 1999.

Theologische Realenzyklopädie: Leonardo da Vinci – Malachias von Armagh, de Gruyter, Band XXI, 1991.

Trebesch, Karsten: Organisationsentwicklung – Konzepte, Strategien, Fallstudien. Wegweisende Beiträge aus der Zeitschrift OrganisationsEntwicklung, Klett-Cotta, 2000.

Vahs, Dietmar und Leiser, Wolf: Change Management in schwierigen Zeiten, DUV, 2. Auflage, 2004.

Varela, Francisco J.: Kognitionswissenschaft – Kognitionstechnik, Suhrkamp, 5. Auflage, 1993.

Viguerie, Patrick et al.: The Granularity of Growth: How to Identify the Sources of Growth and Drive Enduring Company Performance, John Wiley and Sons, 2008.

Watzlawick, Paul: Die erfundene Wirklichkeit. Wie wissen wir, was wir zu wissen glauben? Piper, 4. Auflage, 2008.

Weber, Max: Wirtschaft und Gesellschaft – Grundriss der verstehenden Soziologie, Mohr, 5. rev. Auflage 1976.

Weede, Erich: Mensch und Gesellschaft: Soziologie aus der Perspektive des methodologischen Individualismus, Mohr, 1992.

Wöhe, Günter und Döring, Ulrich: Einführung in die allgemeine Betriebswirtschaftslehre, Vahlen, 23. vollständig neu bearbeitete Auflage, 2008.

Wright, Susan: Anthropology of Organizations, Routledge, 1994.

Zorn, Rudolf: Autorität und Verantwortung in der Demokratie, Werkbund-Verlag, 1960.

Peter F. Drucker
Management

2009. 732 Seiten,
2 Bände im Schuber
ISBN 978-3-593-39130-4

Der ganze Drucker

Peter Drucker ist der größte Managementvordenker aller Zeiten und seine
Lehre gültig wie nie. Woran liegt das? Als Erster hat er gezeigt, dass Management gelernt werden kann: Manager ist ein Beruf, keine Berufung. Und
wie kein anderer machte Peter Drucker deutlich, dass Manager eine soziale
Verantwortung haben und Management eine gesamtgesellschaftliche Größe
ist – in Unternehmen, Institutionen, Verwaltungen. Diese komplett neu
strukturierte, aktualisierte und in die Gegenwart fortgeschriebene Ausgabe
von »Management« enthält Peter Druckers vollständige Managementlehre
und damit alles, was eine Führungskraft in der heutigen Zeit braucht.

»Er schaute aus dem Fenster, nicht in den Spiegel.« **Jim Collins**
»Peter F. Drucker hat als erster die Schlüsselprobleme von Management
gesehen, erfasst und gelöst.« **Fredmund Malik**

Mehr Informationen unter
www.campus.de

Frankfurt · New York